计算机应用实验教程

（第 2 版）

李　文　主编

邓　艳　屈建军　贺兴怡　参编

U0332881

◆　上机实验指导

◆　计算机考级训练精选题库

西南交通大学出版社
·成 都·

内 容 简 介

本教程分为四部分：第一部分是上机实验指导，包括计算机基本操作实验、Windows XP 实验、Word 2003 实验、Excel 2003 实验、PowerPoint 2003 实验、多媒体实验、Internet 应用实验；第二部分是知识点讲解，包括计算机基础知识、Windows XP、Word 2003、Excel 2003、Powerpoint、Internet 的应用及操作知识；第三部分是理论复习题，内容围绕第二部分的知识点；第四部分提供了全面覆盖计算机一级等级考试训练的精选题库。

本教程的实验目的明确、内容具体、操作性强；习题内容丰富、覆盖面广，是学习计算机基础知识和上机实践的实用参考书，本书可作为高职高专、中职学校计算机基础课程的上机教学用书。教师在教学中针对不同层次的学生要求应略有不同，中/高职学生应多加强实际操作技能的训练，大专学生在掌握实际技能的同时还应掌握相关理论知识。

图书在版编目（ＣＩＰ）数据

计算机应用实验教程/李文主编. —2 版. 一成都：西南交通大学出版社，2012.8
21 世纪职业教育公共课规划教材
ISBN 978-7-5643-1816-1

Ⅰ. ①计… Ⅱ. ①李… Ⅲ. ①电子计算机－职业教育－教材 Ⅳ. ①TP3

中国版本图书馆 CIP 数据核字（2012）第 176411 号

21 世纪职业教育公共课规划教材
计算机应用实验教程
（第 2 版）
李 文 主编
*

责任编辑　张华敏
特邀编辑　杨开春　陈正余
封面设计　墨创文化

西南交通大学出版社出版发行
（成都二环路北一段 111 号　邮政编码：610031　发行部电话：028-87600564）
http://press.swjtu.edu.cn
成都蜀通印务有限责任公司印刷
*
成品尺寸：185 mm×260 mm　　印张：15.75
字数：382 千字
2012 年 8 月第 2 版　　2012 年 8 月第 3 次印刷
ISBN 978-7-5643-1816-1
定价：31.50 元

第 2 版前言

随着计算机技术的飞速发展,计算机越来越成为现代生活中必不可少的工具。"计算机应用基础"课程是中/高职及大专院校学生的一门必修课。本课程的任务是:使学生掌握必备的计算机应用基础知识和基本技能,培养学生应用计算机解决工作与生活中的实际问题的能力。

本教程是"计算机应用基础"课程的实验、习题配套教材,自 2010 年出版以来,受到了师生们的一致好评。目前,根据读者和专家的建议以及我们在教学中的体会,决定对第一版进行修订,目的是使教学紧跟中/高职教育的最新发展,以适应现代社会对中/高职学生的新的素质要求。修订后的教程分为四部分:第一部分是上机实验指导,包括计算机基本操作实验、Windows XP 实验、Word 2003 实验、Excel 2003 实验、PowerPoint 2003 实验、Internet应用实验,引导学生通过实验加强对教材所涉及内容的理解和掌握,一些实验内容取自于实际工作,该部分内容实用性、操作性强;第二部分是对各单元的知识点进行讲解;第三部分提供了全面覆盖计算机一级等级考试训练的精选题库,并且相对于第一版而言,第二版按小节对习题进行了归类,便于学生在每堂课后进行复习总结;第四部分提供了针对全国计算机一级等级考试 B 的理论和上机模拟训练题库,相对于第一版,这些练习题的针对性更强一些。

本教程实现了理论与实践的有机结合,既能满足实践教学的要求,也能满足全国计算机等级考试的需要。

由于编者水平有限,加之时间仓促,书中难免有错误和不足之处,敬请读者批评指正,以便修订完善。

编　者
2012 年 7 月

目　录

第一部分　上机实验指导

第一章　计算机基础知识及基本操作 ·· 3
　实验一　计算机的基本操作 ·· 3

第二章　Windows XP 操作系统 ·· 6
　实验一　认识 Windows XP 桌面及窗口的基本操作 ······························· 6
　实验二　应用程序操作 ·· 8
　实验三　文件和文件夹操作（一） ··· 10
　实验四　文件和文件夹操作（二） ··· 13
　实验五　管理计算机 ·· 14

第三章　Word 2003 ·· 18
　实验一　Word 2003 的基本操作 ··· 18
　实验二　Word 文档的格式设置（一） ·· 21
　实验三　Word 文档的格式设置（二） ·· 22
　实验四　Word 2003 的版面设置（一） ·· 26
　实验五　Word 2003 的版面设置（二） ·· 28
　实验六　Word 2003 的表格创建与设置 ··· 30
　实验七　Word 2003 的表格排序与计算 ··· 33
　实验八　Word 2003 图文混合处理（一） ·· 36
　实验九　Word 2003 图文混合处理（二） ·· 41
　*实验十　Word 综合上机练习 ·· 43

第四章　Excel 2003 ·· 45
　实验一　Excel 的基本操作 ·· 45
　实验二　编辑和格式化工作表（一） ·· 47
　实验三　编辑和格式化工作表（二） ·· 51
　实验四　Excel 2003 的数据计算 ·· 55
　实验五　Excel 2003 的数据处理（一） ·· 57
　实验六　Excel 2003 的数据处理（二） ·· 59
　实验七　Excel 2003 的图表操作 ·· 63
　实验八　Excel 2003 的页面设置 ·· 65

第五章　PowerPoint 2003 ·· 68
　实验一　PowerPoint 2003 的基本操作（一） ··· 68

　　实验二　PowerPoint 2003 的基本操作（二）·································· 70
　　实验三　PowerPoint 2003 的动画设置及母版应用···························· 74
　　实验四　PowerPoint 2003 的动画及外观设置······························· 78
　　实验五　PowerPoint 2003 的放映、打包及发布······························ 81

第六章　Internet 应用基础··· 85
　　实验一　IE 浏览器的基本使用··· 85
　　实验二　IE 浏览器的高级使用··· 87
　　实验三　电子邮件的收发··· 90
　　实验四　下载工具的使用··· 91
　　实验五　Internet 的接入·· 93

第二部分　知识点讲解

计算机基础知识相关知识点·· 99
Windows XP 操作系统相关知识点··· 106
Word 2003 相关知识点··· 114
Excel 2003 相关知识点·· 126
Powerpoint 2003 相关知识点··· 135
Internet 应用相关知识点··· 139

第三部分　理论复习题

计算机基础知识复习题··· 145
　　计算机的发展、特点、分类及应用·· 145
　　计算机系统的组成··· 146
　　计算机中的信息表示及进制转换··· 150
　　微型计算机的组成、基本操作及安全·· 152

Windows XP 操作系统复习题·· 159
　　Windows XP 基础知识和基本操作··· 159
　　Windows XP 文件及文件夹管理··· 162
　　Windows XP 系统设置·· 167

Word 2003 复习题·· 169
　　Word 基础知识及基本操作··· 169
　　Word 基本编辑操作·· 172
　　Word 文档格式化··· 174
　　页面编排··· 177

表格制作 ·· 179
图片、艺术字及文本框 ··· 181

Excel 2003 复习题 ·· 184
Excel 基础知识和基本操作 ··· 184
工作表的移动、复制、改名、删除及格式化 ············· 185
数据计算 ··· 187
数据管理 ··· 188
图表操作 ··· 189

PowerPoint 2003 复习题 ·· 193

Internet 应用基础复习题 ·· 198

第四部分　全国计算机等级考试（一级 B）训练题库

基础知识选择题 ··· 203
第 1 套 ·· 203
第 2 套 ·· 204
第 3 套 ·· 206
第 4 套 ·· 207
第 5 套 ·· 209
第 6 套 ·· 210
第 7 套 ·· 212
第 8 套 ·· 214
第 9 套 ·· 216
第 10 套 ·· 217

上机操作题 ·· 220
上机考试试卷 1 ·· 220
上机考试试卷 2 ·· 223
上机考试试卷 3 ·· 225
上机考试试卷 4 ·· 227
上机考试试卷 5 ·· 229
上机考试试卷 6 ·· 231
上机考试试卷 7 ·· 233
上机考试试卷 8 ·· 235
上机考试试卷 9 ·· 237
上机考试试卷 10 ·· 239
上机考试试卷 11 ·· 240

参考文献 ·· 243

第一部分

上机实验指导

第一部分

土木实验指导书

第一章　计算机基础知识及基本操作

实验一　计算机的基本操作

【实验目的】

➢ 掌握启动和关闭计算机的方法。

➢ 了解键盘的布局及使用。

➢ 练习中文输入法。

【实验内容】

1. 启动和关闭计算机。

2. 认识键盘。

3. 指法练习。

4. 练习中文输入法。

【实验要点指导】

1. 启动和关闭计算机

✧ 启动计算机，应该先接通外设电源，再接通主机电源，计算机会自动启动操作系统 Windows XP，启动完成后出现 Windows 的桌面。

✧ 关闭计算机时，应先关闭所有打开的应用程序，执行【开始】|【关闭计算机】命令，在出现的对话框中选择【关闭】，则系统自动关机并关闭主机电源，用户最后再关闭外设电源。

2. 键盘的认识。键盘可以用为 4 个区：主键区、功能键区、编辑键区和数字键区。

（1）主键区

【Tab】键：制表位键，可将插入点快速移到下一个制表位。

【CapsLock】：大写锁定键，在大、小写字母间切换，指示灯亮为大写输入状态，相反为小写字母输入状态。

【Shift】：上档键，输入上档字符或输入与大小写状态相反的字母。

【Space】：空格键，按一次输入一个空格。

【BackSpace】：退格键，删除插入点左边的一个字符。

【Enter】：回车键，用于确认或换行。

【Alt】和【Ctrl】：组合键或控制键，不单独使用，通常与其他键组合使用。

Windows 功能键：用于打开或关闭【开始】菜单。

（2）功能键区

【F1】至【F12】键，在不同的 软件中这些功能键的作用不同。但【F1】一般用于获取帮助信息。

（3）编辑键区

【PrtSc】：屏幕硬拷贝键,复制整个屏幕画面到剪贴板，同时按下【ALT】和【PrtSc】，则复制当前活动窗口到剪贴板。

【Insert】：插入/改写切换键，用于在"插入"和"改写"两种状态间切换。

【Delete】：删除键，可删除插入点右边的字符。

【Home】:快速将插入点移到行首，按下"Ctrl+Home"，可将插入点移到文件头。

【End】：快速将插入点移到行尾，按下"Ctrl+End"，可将插入点移到文件尾。

【PgUp】：向前翻页。

【PgDn】：向后翻页。

（4）数字键区（又称小键盘）

【NumLock】：数字锁定键，使小键盘在数字输入键和编辑键两者之间切换。当指示灯亮时，表示小键盘处于数字输入状态，相反则处于编辑键状态。

3．指法练习

（1）正确的打字姿势

◇ 身体保持正直，手臂与键盘桌面平行为适度。

◇ 手指放在 8 个基准键上，手腕平直，键盘手指分管图见图 1.1。

◇ 显示器应放在用户正前方，输入原稿应放在显示器的左侧。

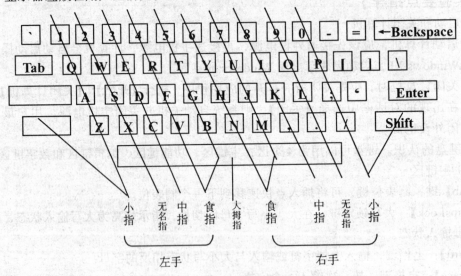

图 1.1　键盘手指分管图

（2）击键要领

◇ 手腕要平直，手指要保持弯曲，指尖后的第一关节弯成弧形，分别轻轻地放在基准键的中央。

◇ 输入时手抬起，只有要击键的手指才可以伸出基准键，击键后立即回到基准键位上。

◇ 击键要轻而有节奏。

（3）正确的指法

【F】和【J】键上有一凸起的小横杠，称为定位键，同一行上的"ASDFJKL;"为基准键位，即不击键时，左手的食指到小指分别放在 F、D、S、A 键上，而右手的食指到小指分别放在 J、K、L 和；键上，两手的大拇指均放在空格键上。

4. 提高录入质量的要点

录入质量有两方面的要求，即准确率和速度，其中，准确率最为重要，离开准确率谈速度是没有意义的。指法训练从一开始就要遵循以下几点：

◇ 手指分工明确，千万不要那个指头方便就用那个指头，这样的习惯以后很难纠正。

◇ 在练习中熟记键盘，特别是基准键及其它键与基准键的关系，即他们的相对位置。初学者要完全不看键盘是不可能的，如果在练习过程中有些键找不着时，可以将手拿开找一找，找到以后将将手放好后再击（常有些初学者找不着键时很着急，一旦找到，也就不管基本姿势了，随便用一个指头击键）。

◇ 集中精力，力求做到不受周围声音的干扰，力求保持镇定，如果心不在焉地录入，就很容易击错键。初学者击错键在所难免，切不可烦躁，要有信心，认真、专注地练习。

注意：初学者一定不要贪快，只有练到一定的熟练程序后提高速度，才能保证在输入准确前提下的快速。

5. 练习中文输入法

启动"金山打字通"，进行英文指法练习、中文输入法练习。

第二章　Windows XP 操作系统

实验一　认识 Windows XP 桌面及窗口的基本操作

【实验目的】
➢ 掌握 Windows XP 的桌面操作。
➢ 掌握 Windows XP 的窗口的基本操作。

【实验内容】

1. 启动 Windows XP。

2. 练习鼠标的基本操作：定位、单击、双击、拖曳、单击右键、右键拖动。

3. 练习在 Windows XP 默认菜单及经典菜单中切换，观察 Windows XP 桌面及图标有何不同。以下内容均在"经典「开始」菜单"的基础上完成。

4. 对桌面图标分别按名称、大小、类型、修改时间进行排列，观察其区别。

5. 单击"开始"按钮，观察"程序"、"文档"、"搜索"等各选项的具体内容。

6. 双击桌面上的"我的电脑"、"我的文档"图标。

✧ 练习窗口的打开、最大化、最小化、还原、移动、大小调整。

✧ 练习工具栏、状态栏的显示/隐藏。

✧ 练习多窗口的层叠、平铺。

✧ 练习多窗口切换（用多种方法 Alt+Tab、Alt+Esc）。

✧ 打开"我的电脑"窗口的【文件】菜单（用多种方法，Alt+F，F10 等），观察其中的各个菜单项，认识热键和快捷键的区别；练习菜单关闭。

✧ 练习用多种方法关闭窗口（如使用菜单、按钮、快捷键 Alt+F4 等）。

✧ 按下 Ctrl+Alt+del 键，在"关闭程序"对话框中选择"我的电脑"。

7. 右击桌面空白地方以及"我的电脑"图标，观察弹出的快捷菜单有何不同。

8. 练习任务栏高度和位置的改变，练习任务栏的自动隐藏、锁定、时钟的显示/隐藏。

9. 启动【附件】下的"记事本"应用程序，进行以下操作：

✧ 各种输入法切换（快捷键 Ctrl+Shift）。

✧ 中英文输入法切换（快捷键 Ctrl+空格）。

✧ 中英文标点切换（快捷键 Ctrl+句点）。

✧ 全角/半角切换（快捷键 Shift+空格），并在两种状态下输入数字、字母、英文标点。观察其区别。

✧ 输入以下中文标点符号：句号、逗号、分号、冒号、问号、感叹号、顿号、双引号、单引号、书名号、括号、省略号、破折号、居中实心圆点、连字符、人民币符号。

◇ 练习软键盘的打开/关闭，以及各种软键盘的选择。使用软键盘输入以下符号：

①②③④㈠㈡㈢㈣㈤　　　　　　Ⅰ　Ⅱ　Ⅲ　Ⅳ

‰%℃ $ £ ¥兆吉厘毫微　　　　α β γ δ μ ξ η ω φ

ā á ǎ à　　　　　　◎ ◇ ◆ □ ※ § ■ △ ▲ → ← ↑↓

10. 学习使用 Windows 的帮助功能：了解"搜索文件或文件夹"的具体方法。

11. 关闭 Windows。

【实验要点指导】

1. 在 Windows XP 默认菜单及经典菜单中切换。右击"任务栏"，选择"属性"，出现如图 2.1 所示的"任务栏和「开始」菜单属性"对话框；单击"[开始]菜单"选项卡，选择"「开始」菜单"或"经典「开始」菜单"可以在 Windows XP 默认菜单与经典菜单间切换。

2. 任务栏的设置。右击"任务栏"，选择"属性"，出现如图 2.2 所示的"任务栏和「开始」菜单属性"对话框；单击"任务栏"选项卡，在其中设置显示/隐藏任务、锁定任务栏、显示/隐藏时钟等。

图 2.1 "开始菜单属性"对话框　　　　图 2.2 "任务栏属性"对话框

3. 软键盘的使用。Windows 提供了 13 种软键盘，单击输入法状态条的"软键盘"按钮，可以显示 PC 软键盘，再次单击该按钮则隐藏软键盘；若右键单击"软键盘"按钮，则弹出如图 2.3 所示的软键盘选择菜单，用户可选择所需的软键盘。

4. 使用帮助。单击"开始"按钮，选择"帮助和支持"，出现"帮助和支持中心"窗口，选择"Windows 基础知识"的帮助主题，如图 2.4 所示，在出现的窗口左侧列表中点选"搜索信息"，再在右侧窗口点选"搜索文件或文件夹"，了解"搜索文件或文件夹"的具体方法。

PC键盘	标点符号
希腊字母	数字序号
俄文字母	数学符号
注音符号	单位符号
拼音	制表符
日文平假名	特殊符号
日文片假名	

图 2.3 软键盘选择菜单

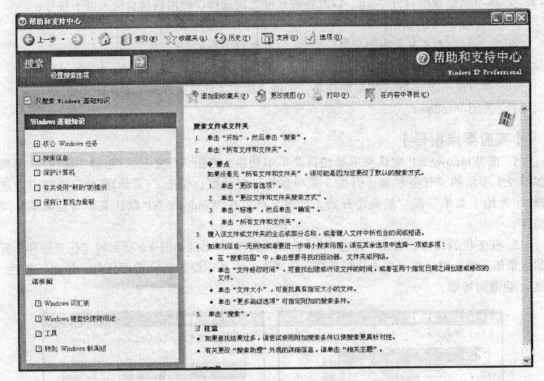

图 2.4　Windows 帮助窗口

实验二　应用程序操作

【实验目的】

➤ 掌握 Windows XP "剪贴板" 的操作。
➤ 掌握 Windows XP "记事本" 的操作。
➤ 掌握 Windows XP "计算器" 的操作。
➤ 掌握 Windows XP "画图" 的操作。

【实验内容】

1. 屏幕拷贝键【PrtSc】的使用以及查看并保存剪贴板中的内容
◇ 使用屏幕拷贝键【PrtSc】将当前屏幕显示的所有内容以图片的形式复制到剪贴板。
◇ 启动剪贴簿查看器，将剪贴板中的内容另存为 "我的桌面.clp"（启动方法见实验要点指导）。
◇ 打开 "我的电脑" 窗口，使用【Alt】+【PrtSc】键把 "我的电脑" 窗口内容以图片的形式复制到剪贴板。
◇ 利用剪贴簿查看器将当前剪贴板上的内容另存为 "我的电脑窗口.clp"。
2. "画图" 应用程序的使用
◇ 启动 "画图"，在 "画图" 窗口中，选择【编辑】菜单的【粘贴】命令，刚刚复制到剪贴板的"我的电脑"窗口复制到了"画图"窗口中。

✧ 单击【图像】菜单，选择【属性】，弹出"属性"对话框，将宽度和高度改为 400 和 300 并确定，观察画面的变化。

✧ 将图像水平拉伸 150%，并设置反色，在其中绘制一个正方形并填充红色。

✧ 最后将结果保存在桌面上，取名为"我的画图作业.bmp"。

3. "计算器"应用程序的使用

✧ 启动"计算器"。

✧ 使用【查看】菜单下的命令，将计算器切换到"科学型"。

✧ 计算以下内容：

2^5=　　　　　　　　3！=　　　　　1/127=　　　　　　半径为 3.5 的圆的面积

2 的平方根=　　　　32 度角的正弦值=

4. "记事本"应用程序的使用

✧ 启动"记事本"，输入如图 2.5 所示字符。

✧ 单击【格式】菜单，观察"自动换行"勾选与不勾选两种状态下的区别，并将字体设为宋体、三号字。

✧ 使用【编辑】菜单下的【时间/日期】命令在文档结尾处插入当前系统时间和日期。

✧ 将结果保存在桌面上，取名为"我的记事本作业.txt"。

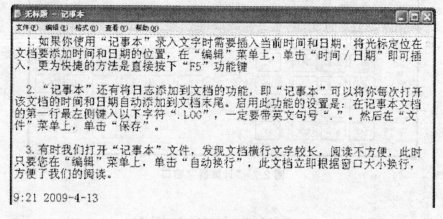

图 2.5　完成效果图

【实验要点指导】

1.【PrtSc】键和剪贴簿查看器的使用。按下屏幕拷贝键【PrtSc】可以将当前屏幕上的画面作为一幅图放于剪贴板上，而使用【ALT】+【PrtSc】键可以将当前活动窗口或对话框作为一幅图放于剪贴板上。

如图 2.6 所示，在【开始】菜单【运行】命令的对话框中输入 clipbrd 能打开剪贴簿查看器。使用"剪贴簿查看器"用户可以观察剪贴板上的内容，亦可将其中的内容以文件形式保存到磁盘上，文件的扩展名为".clp"。

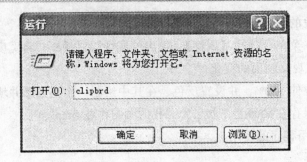

图 2.6 "运行"对话框

2. "画图"的使用。通过单击【开始】|【程序】|【附件】|【画图】命令，可以启动 Windows XP 自带的"画图"软件，同学们利用它可以绘制和修饰简单的图形，绘制圆、正方形等图形时需按下"Shift"键，生成的文件扩展名为".bmp"。

3. "计算器"的使用。启动"计算器"，单击【查看】菜单，选择【科学型】，如图 2.7 所示，能进行较复杂的计算。

图 2.7 "计算器"窗口

实验三　文件和文件夹操作（一）

【实验目的】

➢ 掌握 Windows XP 文件的操作。
➢ 掌握 Windows XP 文件夹的操作。

【实验内容】

1. 启动"资源管理器"窗口，以详细信息方式显示 C 盘中所有文件和文件夹，并按日期排序；调整文件夹框和文件夹内容框的大小；展开或折叠某一个文件夹；练习选定一个、多个连续、多个不连续的文件或文件夹以及反向选择、全选、取消选择等操作。

2. 单击"资源管理器"窗口的【查看】菜单，分别以缩略图、平铺、图标、列表、详细信息的方式观察窗口的变化。

3. 在 D 盘上建立如图 2.8 所示的目录结构（文件夹）。

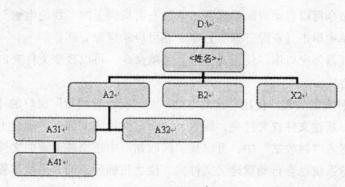

图 2.8　目录结构图

4. 在 B2 文件夹中新建文件名为 abc 的空 word 文档。（注意此处要建的是"文件"，而不是文件夹。）

5. 打开【工具】菜单下的【文件夹选项】命令，设置文件夹选项的"隐藏已知文件类型的扩展名"，显示（或隐藏）文件的扩展名，如图 2.9 所示，观察 B2 文件夹中文件的显示效果。

6. 在 C 盘上（或 D 盘上，由老师视具体情况指定）查找文件名以 a 开头，扩展名为 wmf，且文件的大小不超过 3 KB 的所有文件。

7. 将上一步找到的若干文件中的任意一个文件复制到 A31 文件夹中，并将该文件改名为 pic.wmf。

8. 在桌面上创建文件 pic.wmf 的快捷方式，双击该快捷方式，观察操作结果。

9. 将文件 pic.wmf 复制到 X2 文件夹中，并设置"隐藏"属性，单击【工具】菜单下的【文件夹选项】，选择"查看"选项卡，如图 2.9 所示，可以设置显示或不显示隐藏文件，观察 X2 文件夹中 pic.wmf 的显示变化。

10. 删除 A31 文件夹中的文件 pic.wmf。

11. 双击桌面上文件 pic.wmf 的快捷方式，观察会出现什么情况。

12. 删除 A31 文件夹和 A32 文件夹。

13. 还原文件 pic.wmf，观察系统是否会重建其父文件夹 A31。其同级的文件夹 A32 会被还原吗？文件夹 A31 中的其他文件和文件夹会被还原吗？

14. 在前面建立的 word 文档 abc 中插入两幅图，一幅为整个桌面，另一幅为执行【开始】菜单中的【运行】命令弹出的对话框，并保存。（提示：使用【PrtSc】键或【Alt】+【PrtSc】键）

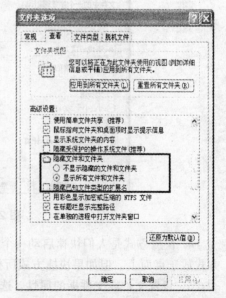

图 2.9　"文件夹选项"对话框

【实验要点指导】

1. 资源管理器的使用。使用"我的电脑"和"资源管理器"都可以对文件和文件夹进行管理。启动资源管理器的方法有多种，使用【开始】|【所有程序】|【附件】|【Windows 资源管理器】菜单命令可以启动资源管理器；通过右击桌面上的"我的电脑"图标或【开始】按钮，在快捷菜单中单击【资源管理器】命令亦可启动资源管理器。

在"资源管理器"窗口中，使用【查看】菜单命令，可以改变文件夹内容区的显示方式以及图标的排列方式。

2. 文件及文件夹的管理。使用"我的电脑"和"资源管理器"窗口的【文件】菜单或使用快捷菜单，可以新建文件或文件夹，删除、重命名文件或文件夹。硬盘上的文件或文件夹被删除后默认会送入"回收站"中，可以从"回收站"中还原被误删的文件或文件夹，即使其父文件夹被删除系统也会自动重建父文件夹，使之正确还原到其原始位置。使用【编辑】菜单或快捷键可以完成文件或文件夹的复制和移动。

3. 文件及文件夹的查找。在资源管理器窗口中单击"搜索"按钮，或使用【开始】|【搜索】菜单命令，会出现图 2.10 所示的"搜索助理"任务窗格，在其中输入查找条件，此处文件或文件夹的名字可以使用通配符"*"和"?"，"*"代表任意多个任意字符，"?"代表一个任意字符。此实验中应输入"a*.wmf"，本实验的搜索条件设置如图 2.10 所示。

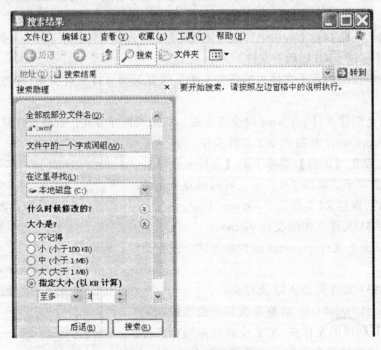

图 2.10　"搜索结果"窗口

4. 快捷方式是人们快速启动一个程序或打开一个文件或文件夹的一种捷径，通常将快捷方式放于桌面上，但如果快捷方式所指向的对象被删除则该快捷方式不起作用。

5. 设置文件或文件夹的属性。选择其快捷菜单中的"属性"命令，打开"属性"对话框如图 2.11 所示，可以设置文件或文件夹的"只读"、"隐藏"属性。

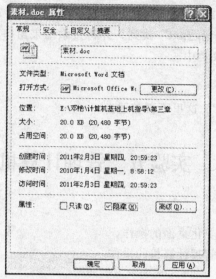

图 2.11 设置文件的属性

实验四 文件和文件夹操作（二）

【实验目的】

➢ 掌握 Windows XP 文件的操作。

➢ 掌握 Windows XP 文件夹的操作。

【实验内容】

1. 在 D 盘上建立如图 2.12 所示的目录结构。

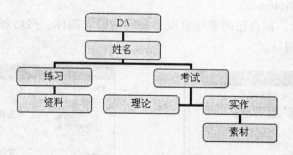

图 2.12 目录结构图

2. 在"练习"文件夹中新建名为"练习题.doc"的空 word 文档。（注意此处是创建的文件）

3. 在 C 盘上（或 D 盘上，由老师视具体情况指定）查找扩展名为 bmp，且文件大小不超过 3 KB 的文件，将其中任意的一个文件复制到"资料"文件夹中，并将该文件改名为"练习资料.bmp"。

4. 复制"练习资料.bmp"到"素材"文件夹中，并改名为"考试素材.bmp"。

5. 删除"资料"文件夹中的文件"练习资料.bmp"。

6. 在"理论"文件夹中新建名为"理论题.txt"的空文本文档。（注意此处是创建的文件）

7. 在"实作"文件夹中新建名为"实作题.doc"的空 word 文档。（注意此处是创建的文件）

8. 用搜索功能将"理论题.txt"找到，并将搜索结果窗口用屏幕拷贝键复制到剪贴板并粘贴到"实作题.doc"的文档中。

【实验要点指导】

可参考本章"实验三"，这里不再赘述。

实验五　管理计算机

【实验目的】

➢ 掌握 Windows XP 美化桌面的操作。
➢ 掌握 Windows XP 管理计算机的操作。

【实验内容】

1. 打开"我的电脑"，查看各磁盘的可用空间，设置 C 盘的卷标为"系统盘"，并对 D 盘进行磁盘清理。

2. 了解你所使用的计算机的操作系统版本、内存大小及 CPU 型号。

3. 将计算机的描述设置为"学生用机"。

4. 在 D 盘上新建一个名为"作业"的文件夹，设置共享，如图 2.13 所示，单击"权限"按钮看看能否设置允许网络用户更改所共享的文件夹中的内容。

5. 通过网上邻居或 IP 地址访问刚刚共享的"作业"文件夹。双击"网上邻居"—"查看工作组计算机"—找到共享文件夹计算机的编号便可进行访问；或单击【开始】|【运行】，输入计算机的 IP 地址（如：\\192.168.1.1）并"确定"亦可访问。

6. 设置桌面为"Autumn"。

7. 如图 2.14 所示，按自己的喜好更改"我的电脑"图标，然后观察实际效果；隐藏桌面上的"我的文档"图标。

图 2.13 "文件夹属性"对话框

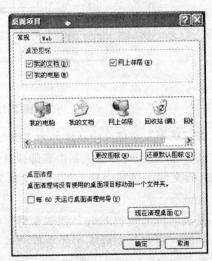

图 2.14 "自定义桌面"对话框

8. 设置屏幕保护程序为"三维飞行物",样式为"彩带",等待时间设置为 1 分钟,然后观察实际效果。

9. 如图 2.15 所示设置桌面外观,使菜单都为红色;菜单中的文字为隶书 15 号;恢复以上项目设置前的状态。

10. 设置显示器的分辨率为"800*600",然后又调整为"1024*768"像素;设置刷新频率为 75 赫兹。

11. 练习安装/卸载一款软件。(具体软件由教师指定)

12. 练习添加/删除打印机。

13. 设置系统的日期/时间。

14. 设置回收站属性为 D 盘"删除时不将文件移入回收站,而是彻底删除"。

15. 打开控制面板,切换到分类视图,利用"日期、时间、语言和区域设置"窗口,如图 2.16 所示,设置数字格式的"小数位数"为 3 位,"负数格式"为(1.1)。

图 2.15 "高级外观"对话框

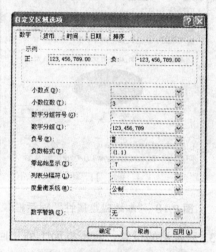

图 2.16 "自定义区域选项"对话框

16. 添加/删除"郑码"输入法。

17. 如图 2.17 所示,更改鼠标的指针方案为"放大(系统方案)"。

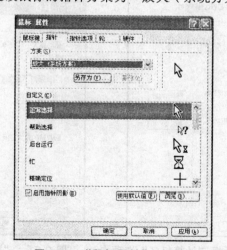

图 2.17 "鼠标属性"对话框

【实验要点指导】

1. 查看并清理磁盘。在"我的电脑"窗口中右击某磁盘，在弹出的菜单中选择【属性】命令，出现如图 2.18 所示的对话框，在"常规"选项卡中可以设置磁盘的名称、对磁盘进行清理。

2. 查看操作系统的版本、内存大小及 CPU 型号以及修改计算机名。右击"我的电脑"图标，选择【属性】菜单，出现"系统属性"对话框，在其中的"常规"选项卡中可以查看操作系统的版本、计算机的内存大小及 CPU 型号，如图 2.19 所示。在"计算机名"选项卡中可设置计算机的描述，如图 2.20 所示。

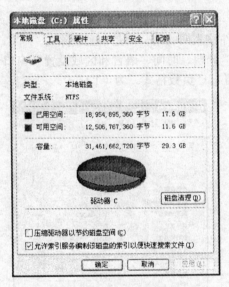 

图 2.18 "本地磁盘属性"对话框　　　图 2.19 "系统属性"对话框的"常规"选项卡

3. 回收站的设置。右击桌面上的"回收站"图标，在弹出的快捷菜单中选择"属性"命令，出现如图 2.21 所示的对话框，在其中进行设置。

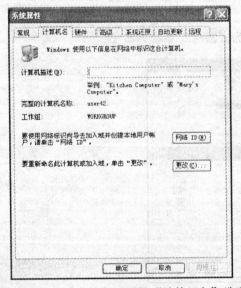 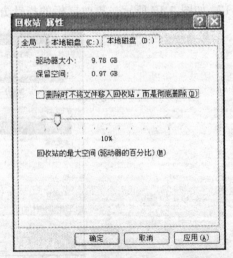

图 2.20 "系统属性"对话框"计算机名"选项卡　　　图 2.21 "回收站属性"对话框

4. 显示器的设置。通过右击桌面空白处，在快捷菜单中选择【属性】命令，可以快速打开 "显示属性" 对话框，如图 2.22 所示，在其中可以完成有关显示器的相关设置。

5. 控制面板。通过使用控制面板，用户可以对系统进行设置，包括显示设置、日期时间设置、语言区域设置、鼠标设置、键盘设置、添加/删除硬件（如打印机等）、添加/删除软件、添加/删除输入法等。

单击【开始】|【设置】|【控制面板】菜单命令，可以打开控制面板窗口，如图 2.23 所示，同学们若不习惯 Windows XP 控制面板的显示方式，可以切换到经典视图。其中的操作此处不再赘述，请同学们按实验内容的要求上机练习。

图 2.22　"显示 属性" 对话框

图 2.23　"控制面板" 窗口

第三章　Word 2003

实验一　Word 2003 的基本操作

【实验目的】

➢ 认识 Word 2003 窗口。

➢ 掌握 Word 2003 的基本操作。

【实验内容】

1. 在 D 盘上创建学生姓名文件夹，以后创建的文件均保存姓名文件夹中。

2. 启动 Word 2003（用桌面快捷图标和开始菜单两种方式各启动一次）。观察 Word 2003 窗口的组成，包括标题栏、菜单栏、工具栏、状态栏、水平标尺、垂直标尺以及滚动条。

3. 练习显示/隐藏标尺、段落标记、状态栏。

4. 打开【视图】菜单中的【工具栏】命令，观察 Word 2003 提供的默认工具栏有哪些，练习显示"表格和边框"工具栏，隐藏"绘图"工具栏。改变工具栏的显示位置，使"常用"工具栏和"格式"工具栏分两排或并排显示。

5. 录入图 3.1 所示的短文，保存为"素材.doc"。后面的 Word 实验均采用这个文件。

> 请节约用水！
>
> 据水利部统计，全国 669 座城市中有 400 座供水不足，110 座严重缺水；在 32 个百万人口以上的特大城市中，有 30 个长期受缺水困扰；在 46 个重点城市中，45.6%水质较差，14 个沿海开放城市中有 9 个严重缺水。北京、天津、青岛、大连等城市缺水最为严重。 水危机已经是全球性的事实。无数有识之士为此忧心忡忡。早在 1977 年联合国就召开水会议，向全世界发出严重警告：水不久将成为一个深刻的社会危机，继石油危机之后的下一个危机便是水。
>
> 把水看成取之不尽、用之不竭的时代已经过去，把水当成宝贵资源的时代已经到来。1993 年 1 月 18 日，联合国大会通过决议，将每年的 3 月 22 日定为"世界水日"，用以开展广泛的宣传教育，提高公众对开发和保护水资源的认识。每次世界水日，都有一个特定的主题，至今已度过 17 届世界水日。
>
> ——源自网络

图 3.1　录入的文字内容

6. 将文档"素材.doc"另存为"实验一.doc"，插入以下符号、图片、数字和系统日期，注意"插入"和"改写"方式的切换，效果如图 3.2 所示。

7. 对正文的 2 个段落进行多次复制，使文档达到 3 页内容。

8. 练习文本的选取操作（选一行、多行、一段、全选、矩形块、跨页选择）。

9. 练习切换视图的模式。

请节约用水！

据水利部统计，全国 669 座城市中有 400 座供水不足，110 座严重缺水；在 32 个百万人口以上的特大城市中，有 30 个长期受缺水困扰；在 46 个重点城市中，45.6%水质较差，14 个沿海开放城市中有 9 个严重缺水。北京、天津、青岛、大连等城市缺水最为严重。 水危机已经是全球性的事实。无数有识之士为此忧心忡忡。早在 1977 年联合国就召开水会议，向全世界发出严重警告：水不久将成为一个深刻的社会危机，继石油危机之后的下一个危机便是水。①

把水看成取之不尽、用之不竭的时代已经过去，把水当成宝贵资源的时代已经到来。1993 年 1 月 18 日，联合国大会通过决议，将每年的 3 月 22 日定为"世界水日"，用以开展广泛的宣传教育，提高公众对开发和保护水资源的认识。每次世界水日，都有一个特定的主题，至今已度过 17 届世界水日。②

——源自网络

2010 年 4 月 4 日

图 3.2　完成效果图

10. 练习改变文档的显示比例。

11. 练习打印预览文档（单页/多页预览、改变显示比例、在预览视图中编辑文本）。

12. 在文档中查找所有"世界水日"，并将其全部替换为"水资源日"。

13. 撤销上一步的操作，注意快捷键（Ctrl+Z）的使用。

14. 恢复上一步的操作，注意快捷键（Ctrl+Y）的使用。

15. 设置 Word 的自动保存时间间隔为 8 分钟。

16. 设置"素材.doc"文件的修改密码为"12345"。

【实验要点指导】

1. 标尺、段落标记、状态栏的显示和隐藏。打开【视图】菜单，单击【标尺】和【段落标记】菜单命令，通过勾选或取消勾选这两项菜单命令，显示或隐藏标尺、段落标记。单击【工具】菜单中的【选项】命令，出现如图 3.3 所示对话框，在其"视图"选项卡中勾选或取消勾选"状态栏"复选框，可以显示或隐藏状态栏。

2. 工具栏的显示和隐藏，调整工具栏的显示位置。选择【视图】菜单中的【工具栏】命令，在级联菜单中选择"表格和边框"选项，取消"绘图"选项。选择【工具】菜单中的【自定义】命令，出现如图 3.4 所示的对话框，在其"选项"标签中勾选"分两排显示"常用工具栏和"格式"工具栏。Word 中的工具栏是浮动的，鼠标指向工具栏左端的竖线处，当指针的形状变为四向箭头时，拖动鼠标，亦可将工具栏移动到所需位置。

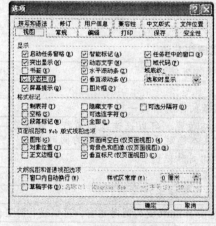

图 3.3　"选项"对话框

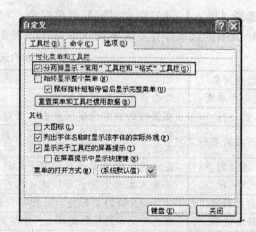

图 3.4　"自定义"对话框

3. 特殊字符的输入。在插入字符时，要保证当前的文档处于"插入"状态，而不是"改写"状态，通过反复按【Insert】键或用鼠标双击状态栏上的【改写】框，可以在"插入"和"改写"两种状态之间切换。

选择【插入】菜单中的【符号】菜单命令，出现如图 3.5 所示的对话框，在对话框的"符号"选项卡中选择字体"Wingdings"，可插入所需的图片☺和▥。

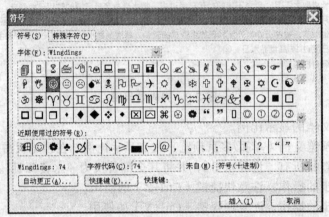

图 3.5 "符号"对话框

选择【插入】|【特殊符号】菜单命令，出现如图 3.6 所示的对话框，在其中的"数字序号"选项卡中选择①和②。

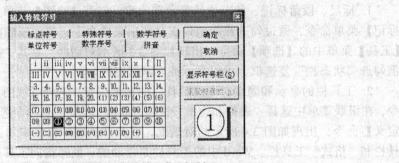

图 3.6 "插入特殊符号"对话框

选择【插入】|【日期和时间】菜单命令，可插入系统日期。

4. 文本的选取操作。文本的选取操作如表 3.1 所示。

表 3.1 文本的选取操作方法

选择对象	操作方法
选一个单词	双击该单词的任意位置
选一行	在该行的文本选定区单击，可以选择鼠标所指的一行
选连续的多行	在文本选定区单击并拖动鼠标到相应位置，可以选连续的多行。或在第一行的文本选定区单击，在所选的最末行的文本选定区按下 Shift 键的同时单击
选不连续的多行	在所选行的文本选定区按下 Ctrl 键的同时单击
选一段	双击文本选定区，可以选择鼠标所指的一段
矩形列块	按下 Alt 键的同时拖动鼠标可以选定一个矩形块
跨页选择	在选定文本的开始处单击，在结束处按下 Shift 键的同时单击，可以进行跨页选择
全选	使用 Ctrl+A，或在文本选定区按下 Ctrl 键的同时单击鼠标

实验二 Word 文档的格式设置（一）

【实验目的】
➢ 掌握 Word 2003 字符格式的设置。
➢ 掌握 Word 2003 段落格式的设置。

【实验内容】
1. 打开"素材.doc"，另存为"实验二-1.doc"，按下列要求设置文档格式，效果如图 3.7 所示。

请节约用水!

据水利部统计，全国 669 座城市中有 400 座供水不足，110 座严重缺水；在 32 个百万人口以上的特大城市中，有 30 个长期受缺水困扰；在 46 个重点城市中，45.6%水质较差，14 个沿海开放城市中有 9 个严重缺水。北京、天津、青岛、大连等城市缺水最为严重。 水危机已经是全球性的事实。无数有识之士为此忧心忡忡。早在 1977 年联合国就召开水会议，向全世界发出严重警告：水不久将成为一个深刻的社会危机，继石油危机之后的下一个危机便是水。

把水看成取之不尽，用之不竭的时代已经过去，把水当成宝贵资源的时代已经到来。1993 年 1 月 18 日，联合国大会通过决议，将每年的 3 月 22 日定为"世界水日"，用以开展广泛的宣传教育，提高公众对开发和保护水资源的认识。每次世界水日，都有一个特定的主题，至今已度过 17 届世界水日。

——源自网络

图 3.7 完成效果图

✧ 设置标题为楷体、居中对齐；正文第一段为宋体；正文第二段为华文中宋；最后一行为华文新魏。
✧ 设置第一行标题为红色，"请节约用!"为小一号，"水"为初号；正文为小四号。
✧ 设置正文第一段为阴影字，字符间距加宽 2 磅。
✧ 设置正文第二段的第一句加波浪下划线；正文第一段的最后一句加着重号；最后一段字符倾斜、右对齐。
✧ 正文各段左右各缩进 1 字符，首行缩进 2 字符；段后间距 0.5 行，正文行距为单倍行距。
2. 建立文档"实验二-2.doc"，在其中录入图 3.8 所示内容，按照以下要求进行格式设置：
✧ 标题为隶书，小一号，段后间距为 2 行，居中对齐。
✧ 第二、三、四段为宋体，小四号，行距为 1.5 倍行距，各段首行缩进 2 个字符；
✧ 第四段设为分散对齐，字体加粗。
✧ 最后 2 段为宋体，五号，右对齐。
✧ 第五段段前间距为 2 行。

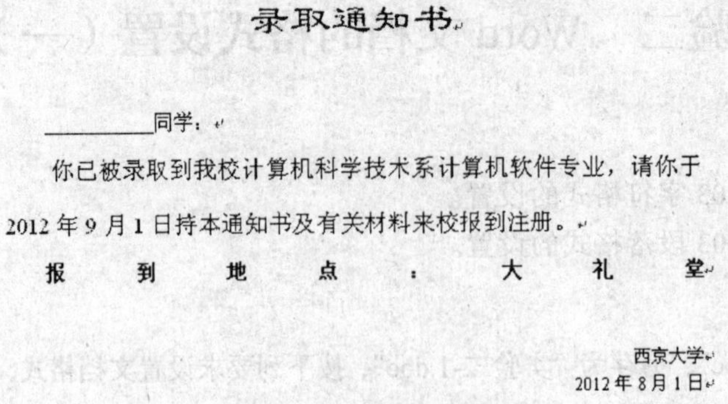

录取通知书

_____同学：

你已被录取到我校计算机科学技术系计算机软件专业，请你于

2012 年 9 月 1 日持本通知书及有关材料来校报到注册。

报　到　地　点：　大　礼　堂

西京大学
2012 年 8 月 1 日

图 3.8　完成效果图

【实验要点指导】

1. 在对文档进行格式化操作时，应先选取被格式化的字符或段落。

2. 对于设置字体、字号、字符颜色、加粗、倾斜、加下划线、段落对齐方式等操作，可以通过"格式"工具栏快速完成。

3. 设置"阴影"、着重号效果、字符间距等操作，需打开【格式】|【字体】对话框进行设置，如图 3.9 所示。

4. 设置段落的对齐方式、缩进方式、行间距、段间距，需通过【格式】|【段落】对话框进行设置，如图 3.10 所示。

图 3.9　"字体"对话框

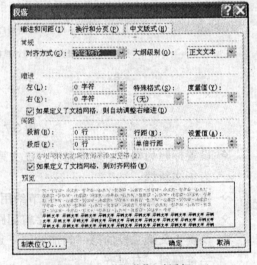

图 3.10　"段落"对话框

实验三　Word 文档的格式设置（二）

【实验目的】

➢ 掌握 Word 2003 字符格式的设置。

➢ 掌握 Word 2003 段落格式的设置。

【实验内容】

1. 打开"素材.doc"，另存为"实验三-1.doc"，按下列要求设置文档格式，效果如图 3.11 所示。
✧ 设置标题文字为黑体，小二号，红色，加粗，加灰色 80% 的波浪线，字符间距加宽 2 磅，水平居中，与段后间距 1 行。
✧ 复制正文前两段文字为四个自然段，设置字体为楷体小四号。
✧ 为正文第一段添加深蓝色双线型 1/2 磅的边框。
✧ 设置正文第一段首行缩进 2 个字符，行距为 1.2 倍行距。
✧ 设置正文第二段悬挂缩进 2 个字符，行距为固定值 15 磅。
✧ 设置正文第三段左缩进 4 个字符，右缩进 2 个字符，行距为单倍行距。
✧ 设置正文第四段左缩进 2 个字符,右缩进 3 个字符，行距为单倍行距。
✧ 设置最后一段的文字边框为双波浪线；右对齐。
✧ 对正文第四段设置首字下沉，首字的字体设为隶书，下沉 2 行。

请节约用水！

> 据水利部统计，全国 669 座城市中有 400 座供水不足，110 座严重缺水；在 32 个百万人口以上的特大城市中，有 30 个长期受缺水困扰；在 46 个重点城市中，45.6%水质较差，14 个沿海开放城市中有 9 个严重缺水。北京、天津、青岛、大连等城市缺水最为严重。 水危机已经是全球性的事实。无数有识之士为此忧心忡忡。早在 1977 年联合国就召开水会议，向全世界发出严重警告：水不久将成为一个深刻的社会危机，继石油危机之后的下一个危机便是水。

　　把水看成取之不尽、用之不竭的时代已经过去，把水当成宝贵资源的时代已到来。1993 年 1 月 18 日，联合国大会通过决议，将每年的 3 月 22 日定为"世界水日"，用以开展广泛的宣传教育，提高公众对开发和保护水资源的认识。每次世界水日，都有一个特定的主题，至今已度过 17 届世界水日。

　　据水利部统计，全国 669 座城市中有 400 座供水不足，110 座严重缺水；在 32 个百万人口以上的特大城市中，有 30 个长期受缺水困扰；在 46 个重点城市中，45.6%水质较差，14 个沿海开放城市中有 9 个严重缺水。北京、天津、青岛、大连等城市缺水最为严重。 水危机已经是全球性的事实。无数有识之士为此忧心忡忡。早在 1977 年联合国就召开水会议，向全世界发出严重警告：水不久将成为一个深刻的社会危机，继石油危机之后的下一个危机便是水。

把水看成取之不尽、用之不竭的时代已经过去，把水当成宝贵资源的时代已经到来。1993 年 1 月 18 日，联合国大会通过决议，将每年的 3 月 22 日定为"世界水日"，用以开展广泛的宣传教育，提高公众对开发和保护水资源的认识。每次世界水日，都有一个特定的主题，至今已度过 17 届世界水日。

——源自网络

图 3.11　完成效果图

2. 新建 word 文档"实验三-2.doc"，使用制表位建立如图 3.12 所示的清单。

商品名	单价	数量	总价
铅笔	0.50	100	50.00
橡皮擦	0.35	200	70.00
圆珠笔	0.32	300	64.00

图 3.12　完成效果图

3. 打开"素材.doc"，另存为"实验三-3.doc"，复制第二、三段正文，在其中插入项目符号和编号，效果如图 3.13 所示。

请节约用水！

📖 据水利部统计，全国 669 座城市中有 400 座供水不足，110 座严重缺水；在 32 个百万人口以上的特大城市中，有 30 个长期受缺水困扰；在 46 个重点城市中，45.6%水质较差，14 个沿海开放城市中有 9 个严重缺水。北京、天津、青岛、大连等城市缺水最为严重。水危机已经是全球性的事实。无数有识之士为此忧心忡忡。早在 1977 年联合国就召开水会议，向全世界发出严重警告：水不久将成为一个深刻的社会危机，继石油危机之后的下一个危机便是水。

📖 把水看成取之不尽、用之不竭的时代已经过去，把水当成宝贵资源的时代已经到来。1993 年 1 月 18 日，联合国大会通过决议，将每年的 3 月 22 日定为"世界水日"，用以开展广泛的宣传教育，提高公众对开发和保护水资源的认识。每次世界水日，都有一个特定的主题，至今已度过 17 届世界水日。

A. 据水利部统计，全国 669 座城市中有 400 座供水不足，110 座严重缺水；在 32 个百万人口以上的特大城市中，有 30 个长期受缺水困扰；在 46 个重点城市中，45.6%水质较差，14 个沿海开放城市中有 9 个严重缺水。北京、天津、青岛、大连等城市缺水最为严重。水危机已经是全球性的事实。无数有识之士为此忧心忡忡。早在 1977 年联合国就召开水会议，向全世界发出严重警告：水不久将成为一个深刻的社会危机，继石油危机之后的下一个危机便是水。

B. 把水看成取之不尽、用之不竭的时代已经过去，把水当成宝贵资源的时代已经到来。1993 年 1 月 18 日，联合国大会通过决议，将每年的 3 月 22 日定为"世界水日"，用以开展广泛的宣传教育，提高公众对开发和保护水资源的认识。每次世界水日，都有一个特定的主题，至今已度过 17 届世界水日。

——源自网络

图 3.13　完成效果图

【实验要点指导】

1. 选择【格式】|【字体】命令，打开如图 3.14 所示的对话框，在"字体"选项卡中可以设置下划线的线型以及下划线的颜色。

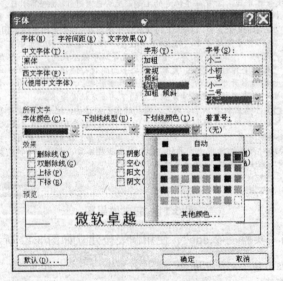

图 3.14　"字体"对话框

2. 选择段落，选择【格式】|【边框和底纹】命令，打开如图 3.15 所示的对话框，在"边框"选项卡中可以设置段落的边框。当仅设置文字的边框，需要将"应用于"的下拉列表项改为"文字"。

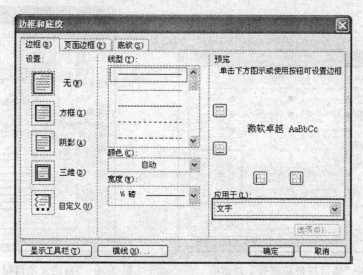

图 3.15　"边框和底纹"对话框

3. 选择【格式】菜单下的【首字下沉】命令，可以打开如图 3.16 所示的对话框设置段落的首字下沉。

4. 使用【格式】|【制表位…】命令，出现如图 3.17 所示的"制表位"对话框，在其中设置各制表位的位置及对齐方式。

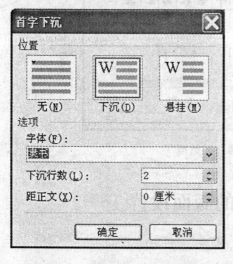
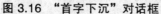

图 3.16　"首字下沉"对话框

图 3.17　"制表位"对话框

5. 选择要设置项目符号的段落，执行【格式】|【项目符号和编号…】命令，出现如图 3.18 所示的对话框，在"项目符号"标签上单击"自定义…"按钮，弹出图 3.19 所示的对话框，单击其中的"字符…"按钮，弹出图 3.20 所示的对话框，可以将所选符号设置为项目符号。

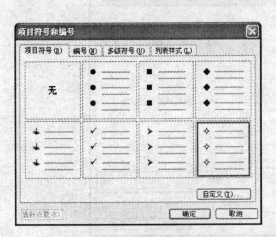

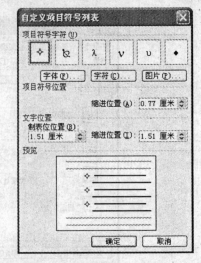

图 3.18　"项目符号和编号"对话框　　　　　图 3.19　"自定义项目符号列表"对话框

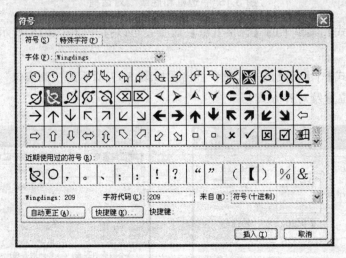

图 3.20　"符号"对话框

实验四　Word 2003 的版面设置（一）

【实验目的】

➢ 掌握 Word 2003 的页面设置。

➢ 掌握 Word 2003 页眉和页脚的设置。

➢ 掌握 Word 2003 的分栏设置。

【实验内容】

打开"素材.doc"，删除第一段和最后一段，另存为"实验四.doc"，按下列要求设置文档格式，效果如图 3.21 所示。

1. 设置页边距上、下为 2.5 厘米，左、右为 3 厘米；纸型为 16 开。

2. 将正文第一段设置为首字下沉，首字的字体为楷体，下沉行数为 3 行。

3. 为正文第一段设置底纹，颜色为 10% 的灰色；并为第一段最后一句添加 1/2 磅的双实线边框。

4. 将正文第二段设置为不等宽的两栏格式，第一栏栏宽为 13 字符，栏间距 3 字符，加分隔线。

5. 设置页眉为文章标题"请节约用水！"，居中对齐；页脚为页码，右对齐。

图 3.21 完成效果图

【实验要点指导】

1. 面设置。选择【文件】|【页面设置】命令，打开"页面设置"对话框，如图 3.22 所示，可设置纸张大小以及上下左右边距。

2. 分栏。选择需进行分栏的部分文档，执行【格式】|【分栏】命令，打开"分栏"对话框，如图 3.23 所示，可对所选文字设置分栏效果。同学们可以切换到"普通视图"，观察整个文档共分为几节。

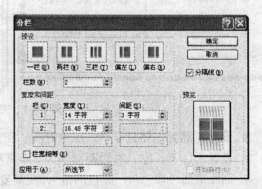

图 3.22 "页面设置"对话框   图 3.23 "分栏"对话框

3. 页眉/页脚的设置。选择【视图】|【页眉页脚】命令，进入页眉页脚的编辑状态，同时自动出现"页眉和页脚"工具栏。

实验五　Word 2003 的版面设置（二）

【实验目的】

➢ 掌握 Word 2003 的页面设置。
➢ 掌握 Word 2003 页眉和页脚的设置。
➢ 掌握 Word 2003 的分栏设置。

【实验内容】

1. 打开"素材.doc"，另存为"实验五.doc"，按下列要求设置文档格式，效果如图 3.24 所示。

图 3.24　完成效果图

2. 设置标题为宋体三号字，居中对齐；正文字体为宋体四号。
3. 设置上、下、左、右边距分别为 2.6 厘米，纸宽 19.5 厘米，纸高 27.5 厘米。
4. 删除最后一段"——源自网络"，反复复制正文两段，使文档达到 4 页左右。
5. 设置正文每段首行缩进 2 字符。

6. 设置页眉/页脚，要求首页、奇偶页不同，在首页页眉中显示"第 X 页共 Y 页"，在奇数页页眉中显示学生本人姓名，在偶数页页眉中显示文件名；在奇数页和偶数页页脚中显示页码，奇数页页码右对齐，偶数页页码左对齐。

7. 对除标题以外的文字内容设置分栏，分 2 栏，栏宽相等，加分隔线，且要求最后一页上两栏高度保持均衡。

8. 设置整篇文档的页面边框为苹果图案，且宽度为 15 磅。

【实验要点指导】

1. 设置首页、奇偶页不同的页眉页脚。选择【视图】|【页眉页脚】命令，弹出如图 3.25 所示的"页眉和页脚"工具栏，单击按钮工具栏上的"页面设置"按钮，弹出如图 3.26 所示的"页面设置"对话框，在其中的"版式"选项卡上，勾选"奇偶页不同"、"首页不同"复选框。

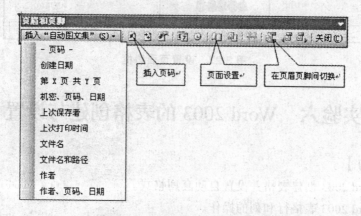

图 3.25　"页眉和页脚"工具栏

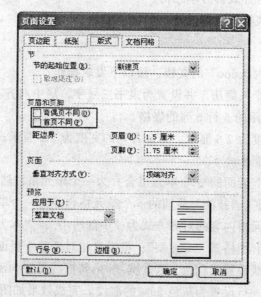

图 3.26　"页面设置"对话框

2. 设置页面边框。选择【格式】|【边框和底纹】命令，出现如图 3.27 所示的"边框和

底纹"对话框,可以设置艺术型的页面边框。

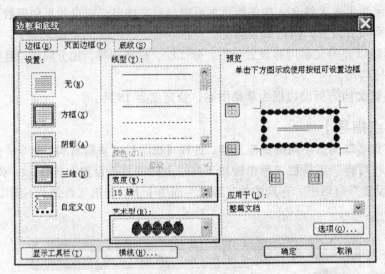

图 3.27 设置页面边框

实验六 Word 2003 的表格创建与设置

【实验目的】
➢ 掌握 Word 2003 创建表格并设置自动套用格式。
➢ 掌握 Word 2003 表格行和列的操作。
➢ 掌握 Word 2003 合并或拆分单元格。
➢ 掌握 Word 2003 表格格式的设置。

【实验内容】
1. 新建名为"实验六-1.doc"的文档,按以下要求操作:
✧ 输入表格标题"个人简历"并设置为隶书三号字,居中对齐。
✧ 创建如图 3.28 所示的 5 行 6 列的表格。
✧ 设置第一列的宽度为 2.6 厘米,其余各列的宽度为 2.2 厘米;设置"简历"、"技能"两行的行高为 1 厘米。
✧ 将"身份证号码"后面的 5 个单元格合并为一个单元格,然后将该单元格拆分为 18 个单元格;"简历"、"技能"后面的 5 个单元格合并为一个单元格。
✧ 设置表格中各单元格内容的对齐方式为"中部居中";文本为隶书小四号。
✧ 为表格套用自动套用格式"专业型";将表格相对于整个页面水平居中对齐。
✧ 将表格的外边框线设置为红色 1 磅的实线,内部框线设置为深蓝色 1 磅的虚线;将"身份证号码"所在一行设置为灰色 50% 的底纹。完成效果如图 3.28 所示。
✧ 新建文档,将完成的表格复制到其中,并将表格转换为文本。保存该文档为"实验六-2.doc"。

个人简历

姓名		性别		年龄	
籍贯		身体状况		婚否	
身份证号码					
简历					
技能					

图 3.28　完成效果图

2. 建名为"实验六-3.doc"的文档，按以下要求操作：

◇ 创建一个 4 行 5 列的表格。

◇ 增加行和列，将表格修改成 5 行 9 列，并设置各行高度和各列宽度相等。

◇ 设置第一列的宽度为 2.48 厘米，其余各列的宽度为 1.5 厘米。每一行行高为 0.63 厘米。

◇ 将第 1、8、9 列的前两行单元格合并；将 2、3 列；4、5 列；6、7 列的第一行单元格合并。

◇ 在表格最下方插入一个新行。

◇ 设置表格中各单元格的对齐方式为中部居中。

◇ 设置斜线表头，斜线表头的字号为宋体小五号，如图 3.29 所示。

◇ 往表中输入数据，内容如图 3.29 所示。

◇ 为表格设置自动套用格式"流行型"。

◇ 将表格的外边框线设置为 3 磅的实线，内部框线设置为 1 磅的实线；将"总分"所在列设置为灰色 15% 底纹；将"平均分"所在列设置为灰色 30% 底纹。

姓名 　学期	一学年		二学年		三学年		总分	平均
	上期	下期	上期	下期	上期	下期		
罗平	75	68	85	77	92	85		
王星	92	90	85	92	87	91		
陈燕	64	75	78	80	84	82		
李海	85	87	86	79	78	85		

图 3.29　完成效果图

【实验要点指导】

在 Word 2003 中，对表格的操作通常是通过【表格】菜单或"表格和边框"工具栏完成的。

1. 建立表格。选择【表格】|【插入】|【表格】菜单命令，出现如图 3.30 所示的对话框，设置表格的行数和列数。

2. 设置表格的属性。将插入点定位在表格中，选择【表格】|【表格属性】命令，出现如图 3.31 所示的对话框，选择"表格"选项卡，在其中可设置表格在页面水平方向居中显示；选择"行"或"列"选项卡，可以设置行高或列宽。

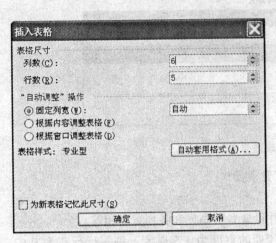

图 3.30　"插入表格"对话框

图 3.31　"表格属性"对话框

3. "表格和边框"工具栏的使用。选择表格，鼠标指向工具栏右击，在弹出的快捷菜单中勾选"表格和边框"，显示如图 3.32 所示的"表格和边框"工具栏。

图 3.32　"表格和边框"工具栏

✧ 选择多个连续的单元格，单击工具栏上的单元格合并按钮 ▦ ，可以合并所选的单元格。

✧ 将插入点定位在某单元格中，通过单击工具栏上的单元格拆分按钮 ▦ ，出现如图 3.33 所示的对话框，输入拆分的行数和列数，可以拆分单元格。

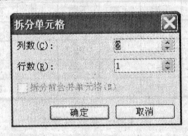

图 3.33　"拆分单元格"对话框

✧ 单击工具栏上的按钮 ▤▾ ，可以设置所选单元格当中文字的对齐方式。

✧ 单击工具栏上的底纹颜色设置按钮 ◌▾ 设置单元格的底纹。

✧ 通过使用工具栏上的按钮 ━━━━━━ ⅓ 磅 ━━ ◢▾ ▦▾ 可以设置框线的线型、粗细、颜色以及应用该种框线的表格线的位置。

✧ 单击【表格和边框】工具栏中的"自动套用格式"按钮，在弹出的"表格自动套用格式"对话框中，选择"专业型"，如图 3.34 所示。

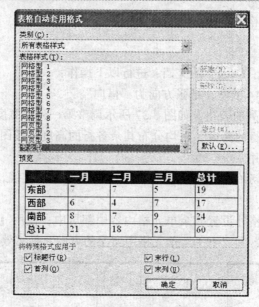

图 3.34　"表格自动套用格式"对话框

4. 文本和表格的相互转换。在 Word 中，表格可以转换为文本；符合一定格式的文本也可转换为表格。将插入点定位于表格中，选择【表格】|【转换】|【表格转换为文本…】命令，出现如图 3.35 所示的对话框，选择文本分隔符即可。

5. 绘制斜线表头

将插入点定位在表格左上角的单元格中，选择【表格】|【绘制斜线表头…】命令，出现如图 3.36 所示的对话框，在其中选择表头样式，并输入行、列标题。注意进行此操作时表格左上角的单元格的宽度的高度要适当设置大一点。

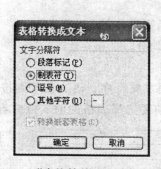

图 3.35　"表格转换成文本"对话框

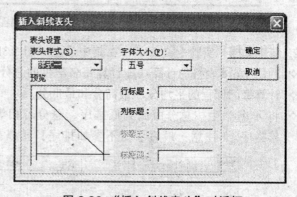

图 3.36　"插入斜线表头"对话框

实验七　Word 2003 的表格排序与计算

【实验目的】

➢ 进一步巩固表格的建立与格式设置。

➢ 掌握 Word 2003 表格的计算。

➤掌握 Word 2003 表格的排序。

【实验内容】

1. 新建名为"实验七-1.doc"的文档，进行以下操作：

❖ 设置文档页面，A4 纸型，纸张方向为"横向"。

❖ 创建一个 7 行 8 列的表格。如图 3.37 所示调整第一列的宽度，平均分布其余各列的宽度；调整第一行的高度，平均分布其余各行的高度。按图 3.37 所示对第一列进行单元格拆分或合并。

❖ 设置如图 3.37 所示的斜线表头，设置外部框线为 3 磅实线，上午与下午之间的分隔线为 1/2 磅双线。

❖ 除斜线表头单元格外设置其余单元格内容中部居中；使用【格式】|【文字方向…】命令改变"上午"和"下午"单元格中文字的方向，最终效果如图 3.37 所示。

星期 课程 节 次	一	二	三	四	五	六	日
上午 1~2							
上午 3~4							
下午 5~6							
下午 7~8							
晚上 9~10							
备注							

图 3.37　完成效果图

2. 新建文档"实验七-2.doc"，在其中建立如图 3.38 所示表格并完成以下操作：

❖ 利用 Word 表格的计算功能计算每名学生的总分、平均分。

❖ 计算每门课程的平均分、最高分和最低分。

❖ 将 4 名学生按总分由高到低排序，总分若相等按语文排降序，语文相等则按数学排降序。（注意：最后 3 行不参加排序！所以排序前要选择表格的前 5 行内容）

学号	姓名	语文	数学	外语	总分	平均分
1	李虹	67	89	95		
2	赵六	67	98	59		
3	张立	85	85	78		
4	王村	85	89	74		
平均分						
最高分						
最低分						

图 3.38　表格内容

3. 新建文档"实验七-3.doc"，在其中创建表格，录入图 3.39 所示内容并完成以下操作：

❖ 设置字体为楷体，小四号。

◇ 利用 Word 表格的计算功能计算每人的实发工资。

◇ 设置"实发工资"为货币格式显示。

姓名	应得		扣款		实发工资
	工资	奖金	水费	电费	
李平高	1200	200	30	100	
王民	1500	300	40	110	

图 3.39　表格内容

【实验要点指导】

1. 表格的计算。首先将插入点定位于显示计算结果的单元格中,选择【表格】|【公式…】命令,出现如图 3.40 所示的"公式"对话框,在公式框中输入正确的计算公式。常用的函数有求和 SUM、求平均 AVERAGE、求最大值 MAX 和求最小值 MIN 等。

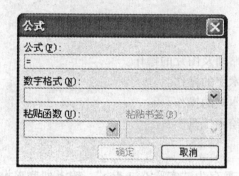

图 3.40　"公式"对话框

在 Word 表格的计算中,需要确定参加计算的单元格的地址;其地址表示方法同 Excel 一样,也是由行号和列标组成。如左上角第一个单元格(即第一行第一列)的地址是 A1。对于不规则的表格中单元格地址的确定,首先是把这个不规则表格看成是由一个规则的表格通过单元格的合并形成的。例如,"实验七_3.doc"中表格各单元格的地址如下所示,其中左上角的单元格是由 A1 和 A2 单元格合并而成的。

A1	B1		D1		F1
	B2	C2	D2	E2	
A3	B3	C3	D3	E3	F3
A4	B4	C4	D4	E4	F4

所以"实验七-3.doc"文档中"李平高"的实发工资的计算公式如图 3.41 所示,同时还应按要求设置数字的货币格式。

2. 表格的排序。将插入点定位在表格中,选择【表格】|【排序】命令,出现如图 3.42 所示的对话框,设置排序的关键字,Word 中最多有三级排序。

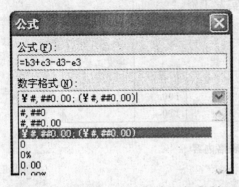

图 3.41 "实验七_3.doc"的公式对话框

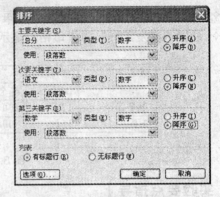

图 3.42 "排序"对话框

实验八　Word 2003 图文混合处理（一）

【实验目的】

➤ 掌握 Word 2003 剪贴画及图片的操作。

➤ 掌握 Word 2003 艺术字的操作。

➤ 掌握 Word 2003 文本框的操作。

➤ 掌握 Word 2003 的绘图工具。

【实验内容】

1. 打开"素材.doc"，另存为"实验八-1.doc"，按下列要求设置文档格式，最终效果如图 3.43 所示。

据水利部统计，全国 669 座城市中有 400 座供水不足，110 座严重缺水；在 32 个百万人口以上的特大城市中，有 30 个长期受缺水围扰；在 46 个重点城市中，45.6%水质较差，14 个沿海开放城市中有 9 个严重缺水。北京、天津、青岛、大连等城市缺水最为严重。水危机已经是全球性的事实，无数有识之士为此忧心忡忡。早在 1977 年联合国就召开水会议，向全世界发出严重警告：水不久将成为一个深刻的社会危机，继石油危机之后的下一个危机便是水。

把水看成取之不尽、用之不竭的时代已经过去，把水当成宝贵资源的时代已经到来。1993 年 1 月 18 日，联合国大会通过决议，将每年的 3 月 22 日定为"世界水日"，用以开展广泛的宣传教育，提高公众对开发和保护水资源的认识。每次世界水日，都有一个特定的主题，至今已度过 17 届世界水日。

——源自网络

图 3.43　完成效果图

❖ 将所有文字设置为楷体小四号，首行缩进 2 字符；居中对齐；最后一行右对齐。

❖ 在正文中插入剪贴画，搜索文字为"人"，插入如图 3.43 所示的图片，设置图片向左旋转 90°；设置图片的线条颜色为灰色 80%，线型为双线，粗细为 3 磅；填充效果为

"再生纸"；环绕方式为紧密型。

◇ 将标题修改为艺术字，艺术字样式为第三行第四列，楷体，加粗；艺术字形状为朝鲜鼓；上下型环绕；艺术字字符间距为 120%。

2. 新建文档"实验八-2.doc"，制作一张名片形式的邀请卡。

◇ 先插入一个横排文本框，高 5.5 厘米，宽 9 厘米；填充灰色 25%，透明度为 70%。

◇ 线条颜色为灰色 25%；为文本框设置三维样式 1，三维深度为 8 磅。

◇ 在文档中插入如图 3.44 所示的艺术字"节约用水就是爱护生命"，艺术字样式为第三行第五列，华文彩云，字号 20，然后将艺术字移动到文本框中。

◇ 在艺术字的下面输入文字，设置第二段文字"专家讲座邀请卡"为楷体四号字，加粗，居中对齐，其余 2 段文字"地址、联系电话"字体均为楷体五号字，"地址"一段设置段前空 1.5 行。文本框的效果如图 3.44 所示。

◇ 在文档中插入如图 3.45 所示的笑脸图形，大小自定，无填充色，线条色为红色，并在笑脸图形上添加文字"热烈欢迎"，居中对齐。

◇ 最后将笑脸图形移动到时文本框上合适的位置并组合，最后效果如图 3.46 所示。

图 3.44 文本框的效果

图 3.45 笑脸图形的效果

图 3.46 完成效果图

【实验要点指导】

1. 插入剪贴画。使用【插入】|【图片】|【剪贴画…】命令，将在工作区的右侧弹出"剪贴画"任务窗格，如图 3.47 所示。在"搜索文字："文本框中输入"人"，单击"搜索"按钮，将在下面的列表框中显示相关的剪贴画，单击所需要的图片，将在文档中插入该剪贴画。

2. 旋转图片。选择图片，单击"绘图"工具栏上的"绘图"按钮，弹出如图 3.48 所示的菜单，选择旋转的方向和角度。

3. 设置图片格式。双击插入的剪贴画，将弹出如图 3.49 所示的"设置图片格式"对话框，在其中按要求设置图片的线条、填充效果和环绕方式。

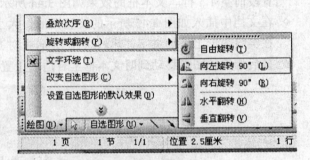

图 3.48　旋转图片

图 3.47　"剪贴画"任务窗格

图 3.49　"设置图片格式"对话框

4. 艺术字的插入及编辑。使用【插入】|【图片】|【艺术字…】命令，出现如图 3.50 所示的对话框，选择艺术字的样式。接着出现如图 3.51 所示的编辑艺术字文字的对话框，输入文字并设置字体和加粗效果，单击"确定"按钮之后，艺术字插入在当前文档中，并处于被选中的状态，同时"艺术字"工具栏自动显示出来。使用工具栏上的按钮可以改变艺术字的形状、字符间距、环绕方式等，如图 3.52、图 3.53 和图 3.54 所示。

图 3.50　"艺术字库"对话框

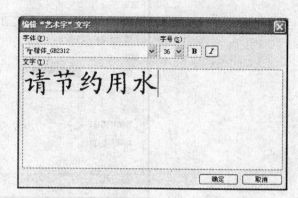

图 3.51　"编辑艺术字文字"对话框

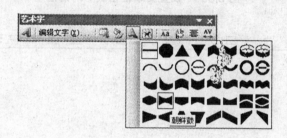

图 3.52　改变艺术字的形状

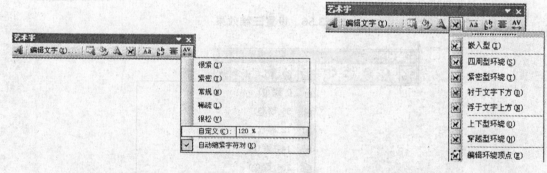

图 3.53　设置艺术字文字间距

图 3.54　设置艺术字环绕方式

5. 文本框操作。选择【插入】|【文本框】|【横排】命令，鼠标的指针变为"十"字形时，在文档中拖动，绘制出一个文本框。双击文本框，弹出图 3.55 所示的"设置文本框格式"对话框，在其中设置文本框的大小、填充色、线条色；选择文本框，使用"绘图"工具栏上的"三维效果样式"按钮可以设置三维效果，如图 3.56 所示；单击"三维效果样式"按钮，选择其中的"三维设置"按钮，将弹出"三维设置"工具栏，在其中可以设置三维的深度，如图 3.57 所示。

图 3.55　"设置文本框格式"对话框

图 3.56　设置三维效果

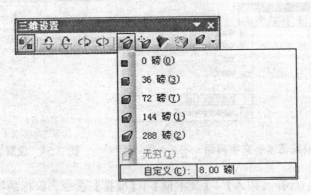

图 3.57　设置三维深度

6. 自选图形。单击"绘图"工具栏上的"自选图形"按钮，选择"基本形状"中的笑脸图案，如图 3.58 所示，鼠标指标变为十字形，在文档中拖动鼠标，绘制出一个适当大小的笑脸图形，右击该图案，在快捷菜单中选择【添加文字】命令，在其中输入文字。

在文本框和自选图形操作完成后，将它们移动到合适的位置，同时选中，右击鼠标，在快捷菜单中选择【组合】命令将它们组合在一起。

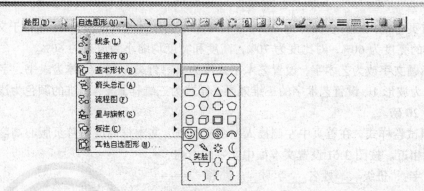

图 3.58 插入自选图形

实验九 Word 2003 图文混合处理（二）

【实验目的】

➢ 掌握 Word 2003 剪贴画及图片的操作。
➢ 掌握 Word 2003 艺术字的操作。
➢ 掌握 Word 2003 文本框的操作。
➢ 掌握 Word 2003 的绘图工具。

【实验内容】

1. 打开"素材.doc"，另存为"实验九.doc"，并反复复制正文，使文档达到 4 页左右；按下列要求设置文档格式，文档的完成效果如图 3.59 所示。

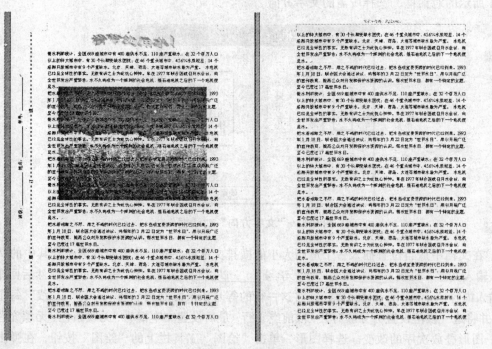

图 3.59 完成效果图

2. 在首页中插入图片，图片为 WINXP 自带的示例图片"Winter"；图片衬于文字下方，且调整图片的亮度为 60%，对比度为 70%，高度和宽度均缩小为原来的 60%。

3. 将标题文字改为艺术字，设置艺术字式样为第三行第一列；字体为隶书，字号 32 号；艺术字形状为波形 1。设置艺术字的三维效果，样式为三维样式 2，三维的颜色为浅黄色，三维的深度为 20 磅。

4. 仿照试卷样式，在首页中左侧插入一个文本框，文本框高度与首页版心高度相近，宽度与左边距相近。按图 3.61 设置文本框中文字的方向，输入 2 段文字："班级____姓名___学号____"和"====装====订====线===="。设置段落对齐方式，"班级"一段为居中对齐，"装订线"一段为分散对齐。设置文本框无框线和无填充色。(如果操作困难，请看后面的实验要点指导。)

5. 设置页眉/页脚，页眉中显示文件名和学生姓名；页脚中显示页码并右对齐；要求首页不显示页眉/页脚。

6. 利用 Word 的自选图形功能，在文档中插入如图 3.60 所示的图案。圆和箭头的宽度为 6 磅，圆为黑色，

图 3.60　完成效果图

箭头为橙色，心形为红色且有三维效果，三维深度为 8 磅。注意各图形叠放次序的调整，最后将图形组合在一起。

【实验要点指导】

1. 文本框中文字方向的改变。选中文本框，执行【格式】|【文字方向…】命令，弹出如图 3.61 所示的对话框，选择所需的文字方向。

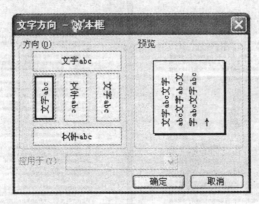

图 3.61　"文字方向"对话框

2. 在文档中适当位置插入一个适当大小的横排文本框，按上一步的方法改变其中的文字方向，输入文字"班级_____姓名_____学号_____"，设置该段为"居中对齐"，然后回车，接着输入内容"=========装订线"，将这一行的等号依次复制到"装"、"订"、"线"每个字之后，并将这一段落设置为分散对齐，段前空 1 行。最后设置文本框为"无线条色、无填充色"。

3. 图形叠放次序的改变。选择图形，单击"绘图"工具栏上的"绘图"按钮，在弹出的菜单中选择【叠放次序】命令，可以将图形置于底层或顶层，或上移、下移一层。

*实验十 Word 综合上机练习

【实验目的】

➢ 综合练习 Word 中表格的制作、艺术字、图形的处理、公式编辑器使用。

【实验内容】

1. 新建 Word 文档"实验十-1.doc",在其中插入如图 3.62 所示的中国象棋图。
2. 新建 Word 文档"实验十-2.doc",在其中插入如图 3.63 所示的对联。
3. 新建 Word 文档"实验十-3.doc",在其中插入如图 3.64 所示的数学公式。

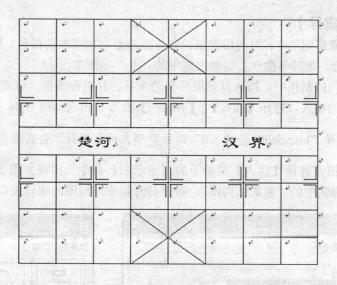

图 3.62 中国象棋图

图 3.63 对联图

$$s = \sum_{i-1}^{10} \sqrt[3]{x_i - a} + \frac{a^3}{x_i^3 - y_i^3} - \int_3^7 x_i \mathrm{d}x$$

$$x_{1,2} = \frac{-b \pm \sqrt{b^2 - 4ac}}{2a}$$

图 3.64 数学公式

4. 新建 Word 文档"实验十-4.doc",在其中插入如图 3.65 所示的组织结构图。

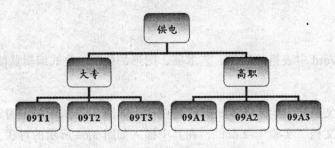

图 3.65　组织结构图

【实验要点指导】

1. 在"中国象棋图"中,可利用表格的制作方法绘制出基本的图形,然后利用线条进行复制、旋转并组合、翻转等操作,绘制出其中的"井"字图案。

2. 在"对联"的制作中,插入自选图形和艺术字,并进行线条、填充色的设置。

3. 数学公式的输入。打开【插入】|【对象…】命令,出现如图 3.66 所示的对话框,在"新建"标签中选择"Microsoft 公式 3.0"对象类型,可以打开"公式编辑器"窗口。

4. 组织结构图。选择【插入】菜单下的【图示…】命令,出现如图 3.67 所示的"图示库"对话框,选择其中的"组织结构图",可以打开组织结构图的编辑窗口。

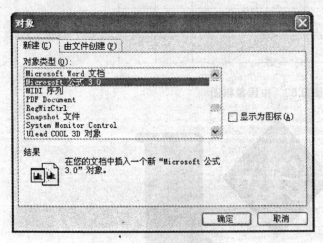

图 3.66　"对象"对话框

图 3.67　"图示库"对话框

第四章　Excel 2003

实验一　Excel 的基本操作

【实验目的】
➤ 认识 Excel 2003 窗口。
➤ 掌握输入数据及选定单元格的方法。
➤ 掌握 Excel 自动填充功能的使用。

【实验内容】
1. 启动 Excel 2003（用桌面快捷图标和开始菜单两种方式各启动一次）。
2. 观察 Excel 2003 窗口的标题栏、菜单栏、工具栏、名称框、编辑栏、工作表标签、行标以及列标。
3. 观察【视图】菜单中的【工具栏】命令，弹出级联菜单，了解 Excel 2003 提供的默认工具栏有哪些，练习显示或隐藏工具栏的方法。
4. 练习显示或隐藏状态栏、编辑栏、网格线。
5. 新建一个名为"实验一.xls"的工作簿，在工作表 sheet3 后面插入一个新的工作表 sheet4；删除工作表 sheet2 和 sheet3。
6. 将工作表 sheet1 改名为"学生基本情况表"；录入如图 4.1 所示内容，想一想有哪些内容能通过自动填充的功能实现快速录入。提示：
✧ "序号"和"学号"可以只输入第一项，然后选中第一项单元格，指向填充柄，按下【Ctrl】键的同时拖动。或者输入前两项，选中这两项，鼠标指向区域的填充柄向下拖动。

	A	B	C	D	E	F	G
1			学生基本情况表				
2	序号	学号	姓名	性别	生源地	出生日期	邮编
3	1	2008001	王华	女	四川	1989-5-6	640001
4	2	2008002	张博	男	重庆	1990-1-3	400012
5	3	2008003	周超	男	云南	1989-7-1	610003
6	4	2008004	李斌	男	贵州	1990-12-4	550002
7	5	2008005	文锋	男	四川	1988-12-20	610005
8	6	2008006	刘艳	女	重庆	1989-8-18	410006
9	7	2008007	赵磊	男	云南	1990-5-13	610007
10	8	2008008	李洋	男	贵州	1989-1-19	553000
11	9	2008009	吴渊	男	四川	1989-10-1	610009
12	10	2008010	彭涛	男	重庆	1990-8-26	410010

图 4.1　学生基本情况表

◇ "性别"和"生源地"重复出现，可以只输入一次。选中所有要输入"男"的单元格，
输入"男"之后按下【Ctrl】+【Enter】即可。

◇ "身份证号码"的输入要以英文单引号开头。

7. 设置标题行的字号为 18，加粗；标题行合并及居中显示。

8. 观察录入的不同内容其对齐方式有何不同。之后再将表中所有内容居中对齐。

9. 以任一种方式（水平拆分、垂直拆分或水平加垂直拆分）拆分当前窗口，然后再取消
拆分。

10. 将 sheet4 改名为"排课表"，录入如图 4.2 所示内容。请用自动填充和 Ctrl+Enter 的
方法提高输入的效率。

计算机02B1班04-05学年第二学期课表				
	星期一	星期二	星期三	星期四	星期五
1、2节	计算机	网络	数据库	多媒体	计算机
3、4节	网络	数据库	网络	数据库	语文
5、6节	多媒体	语文	计算机	语文	多媒体

图 4.2　排课表

11. 在"排课表"前面插入一个工作表，将其改名为"考勤表"，使用 Excel 填充功能输
入图 4.3 所示的考勤表内容。格式和要求如下：

◇ 日期和姓名都使用填充功能输入，姓名请先将前面完成的"学生基本情况表"中的姓
名导入为 Excel 的序列，然后输入第一位同学"王华"并填充。

◇ 日期注意是工作日，并按图 4.3 所示设置显示格式。

◇ 标题居中，字体为华文琥珀，字号 18 号。

◇ 所有列均设置为"最适合的列宽"。

◇ 设置外框为粗实线，内框为细实线。

电气系2012年4月份考勤表

日期\姓名	4-2	4-3	4-4	4-5	4-6	4-9	4-10	4-11	4-12	4-13	4-16	4-17	4-18	4-19	4-20	4-23	4-24	4-25	4-26	4-27	4-30
王华																					
张博																					
周超																					
李斌																					
文峰																					
刘艳																					
赵磊																					
李洋																					
吴渊																					
彭涛																					

图 4.3　考勤表

【实验要点指导】

1. 自动填充。先在一个单元格中输入起始值，选中该单元格，用鼠标拖曳填充柄，可自
动填充数据。当起始值为纯文本或纯数值时，直接拖曳为复制数据；当起始值为文字与数值
的混合体时，填充时文字不变，最右侧的数字递增或递减 1（向右、向下填充为递增，向左、
向上为递减）；当起始值为日期数据时，填充时日期递增或递减 1 天；当起始值为时间数据时，

填充时时间递增或递减 1 小时；当起始值为 Excel 预设序列中的一员时，则按预设序列填充。Excel 预设序列可以用【工具】|【选项】命令，在【选项】对话框的【自定义序列】标签中查看。

若按住 CTRL 键的同时拖动填充柄，若起始值为纯数值，则填充的结果为数字递增或递减 1，而其余情况则为复制数据。

2. 在多个单元格中输入相同的数据。

◇ 首先按住 Ctrl 键，选择要输入相同数据的多个单元格。

◇ 然后输入数据。

◇ 最后按 Ctrl+Enter 结束输入操作。

使用这种方法可以在多个单元格中输入相同的数据，提高输入的速度。

3. 合并及居中。选定要合并及居中的单元格，单击"格式"工具栏上的"合并及居中"按钮；或单击右键选择【设置单元格格式】命令，或选择【格式】菜单|【单元格】命令，弹出如图 4.4 所示对话框，单击"对齐"标签进行设置。

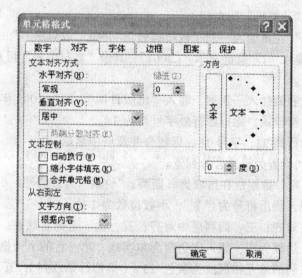

图 4.4　"单元格格式–对齐"设置对话框

实验二　编辑和格式化工作表（一）

【实验目的】

➢ 掌握数据的移动、复制和清除。

➢ 掌握行、列、单元格的插入和删除。

➢ 掌握单元格中数据格式的设置。

➢ 掌握数据对齐和缩进的方法。

➢ 掌握单元格边框的设置。

➢ 掌握行高和列宽的设置。

【实验内容】

1. 新建一个名为"实验二.xls"的工作簿,将工作表 sheet1 改名为"教材目录",录入如图 4.5 所示内容。

	A	B	C	D	E
1	教材目录				
2	教材名称	作者	价格	数量	总价
3	语文	王华	13.5	211	2848.5
4	数学	张博	17	123	2091
5	计算机	王一兵	15	111	1665
6	物理	周超	16.3	234	3814.2
7	英语	李斌	23.7	161	3815.7
8	政治	文锋	18.2	245	4459
9	历史	刘艳	16.5	211	3481.5
10	化学	赵磊	17.9	217	3884.3

图 4.5　教材目录

❖ 删除第 5 行("计算机"所在行)。
❖ 在"教材名称"左侧插入一列"教材编号",并将"教材编号"一列类型设置为"自定义",只需输入"1"就能显示"CJ001";其余"教材编号"可在此基础上用自动填充的功能录入。
❖ 在"作者"列右侧插入一新列,输入"出版日期",均为 2009 年 5 月 30 日。
❖ 列标题字体加粗显示,除标题行外字号均为 14。
❖ 设置标题行的行高 23,字号 18,标题合并及居中显示。
❖ 设置 A 到 G 列设置为最适合的列宽。
❖ 设置"出版日期"数据所在区域为日期型;"价格"为数值型,小数位数为 2 位;"总价"为货币型,货币符号为"￥",小数位数为 1 位。
❖ 第一、二列左对齐;三、四列居中对齐;五、六、七列右对齐。
❖ 设置表格的外边框为双实线,内边框为单实线,第一行的下边框为粗实线。
❖ 设置第一、二列的单元格底纹为灰色 25%(第四行第八列);五、六、七列的底纹为 25% 灰色的图案(图案中的第一行第四列);最终效果如图 4.6 所示。

教材目录						
教材编号	教材名称	作者	出版日期	价格	数量	总价
CJ001	语文	王华	2009-5-30	13.50	211	￥2,848.5
CJ002	数学	张博	2009-5-30	17.00	123	￥2,091.0
CJ003	物理	周超	2009-5-30	16.30	234	￥3,814.2
CJ004	英语	李斌	2009-5-30	23.70	161	￥3,815.7
CJ005	政治	文锋	2009-5-30	18.20	245	￥4,459.0
CJ006	历史	刘艳	2009-5-30	16.50	211	￥3,481.5
CJ007	化学	赵磊	2009-5-30	17.90	217	￥3,884.3

图 4.6　完成效果图

❖ 复制"教材目录"工作表,生成新工作表"教材目录(2)",在其中完成以下操作:
● 在其中设置自动套用格式"古典 2"。

- 并设置单元格内容水平、垂直居中对齐。
- 设置工作表的背景图片,背景图片自选。

2. 将 sheet2 改名为"地亩员年报",在其中录入如图 4.7 所示内容并完成以下操作:

✧ 字体设置为宋体 11 号,所有列宽设置为 3。

✧ 观察效果图 4.7,合并相关单元格。

✧ 表内所有内容水平、垂直居中对齐。

✧ 设置表格的内、外边框均为单实线。

✧ 设置标题为黑体,14 号字。

✧ 设置"地亩员年报"工作表的标签颜色为红色。

	处级	科级	股级	小计	协理	监察	地亩员	管理员	其它	小计	工程技术人员	测工	司机	其它	小计	合计
定员		3			2	34	13	4	2		19		2	5		
现员定员		3			2	31	13	4	2		18		2	5		
其 职称 高级																
其 职称 中级	1	1			2	4	7				2					
其 职称 初级		1				24	6		2		16					
中 学历 大专		1				19	2	1			13					
中 学历 中专		1				4	9	1	1		5					
中 学历 高中						4	1	1					2	1		
中 学历 初中							2	1						1		
现员兼职	1					9										

表格表头:铁路土地管理人员综合情况年报;表号:铁土管报2;制表单位:土地管理办公室;批准单位:铁道部;批准文号:土办20099号;汇报单位:成都铁路局土地管理办公室 2012年度 次年1月底前报部;人员配备/栏目;领导干部;一般干部;工程技术人员;工人;合计;负责人: 制表人: 2012年 月 日填报。

图 4.7 完成效果图

【实验要点指导】

1. 自定义数据类型。选定要设置数据类型的单元格,单击右键选择【设置单元格格式】命令,弹出如图 4.8 所示对话框,单击"自定义"分类,在右边类型框中输入想要显示的格式,单击"确定"。如在此输入"CJ000",其中"CJ"原样显示,后面的"0"均由输入的数字代替;若在单元格中输入"123",则最终显示结果为"CJ123";若输入"12"则最终显示结果为"CJ012"。

2. 设置边框。选定要设置边框的单元格,单击"格式"工具栏上的"边框"按钮;或者单击右键选择【设置单元格格式】命令,单击"边框"标签,弹出如图 4.9 所示对话框,可对外边框、内边框或单独行、列以及单元格分别进行设置。设置的顺序是先选定线条样式和颜色，再单击需要设置的边框位置。

图 4.8　"单元格格式–数字"设置对话框　　　图 4.9　"单元格格式–边框"设置对话框

3. 设置底纹。选定要设置底纹的单元格，单击"格式"工具栏上的"填充颜色"按钮；或者单击右键选择【设置单元格格式】命令，单击"图案"标签，弹出如图 4.10 所示对话框，可设置颜色、图案作为底纹。

4. 设置文字的显示方向。如果要将单元格中文本的显示方向改变为垂直方向，则应使用如图 4.11 所示的对话框。选中"方向"框中的纵向"文本"。

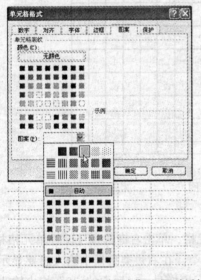　　　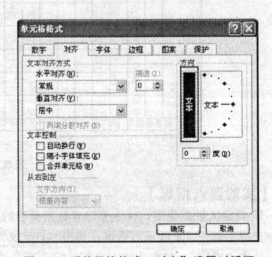

图 4.10　"单元格格式–图案"设置对话框　　　图 4.11　"单元格格式–对齐"设置对话框

5. 设置行高。选定要设置行高的行号，单击右键选择【行高】命令，弹出如图 4.12 所示对话框，输入想要的行高。设置列宽方法类似。

6. 设置最适合的列宽。选定要设置列宽的列标，单击【格式】菜单，如图 4.13 所示，选择【最适合的列宽】命令，自动根据内容多少设置合适的列宽。设置最适合的行高方法类似。

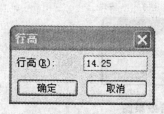

图 4.12　"行高"设置对话框

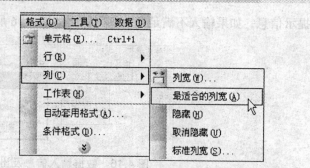

图 4.13　"最适合的列宽"设置方法

7. 为工作表设置背景。单击【格式】|【工作表】|【背景…】命令，如图 4.14 所示，可为工作表设置背景；若背景不满意，可进行如图 4.15 所示操作，删除背景。

8. 为工作表设置标签颜色。单击【格式】|【工作表】|【工作表标签颜色…】命令，如图 4.14 所示，可为工作表设置标签颜色。

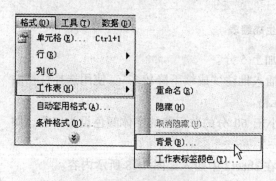

图 4.14　工作表背景设置方法

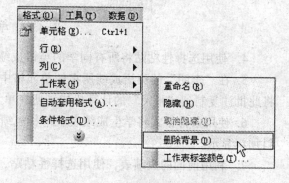

图 4.15　工作表背景删除方法

9. 设置自动套用格式。选定要设置自动套用格式的单元格，单击【格式】|【自动套用格式…】进行设置。

实验三　编辑和格式化工作表（二）

【实验目的】

➤ 掌握单元格中数据格式的设置。
➤ 掌握单元格边框的设置。
➤ 掌握条件格式的设置与删除
➤ 掌握选择性粘贴的使用方法

【实验内容】

1. 新建一个名为"实验三.xls"的工作簿，将工作表 sheet1 改名为"学生成绩表"。

2. 对"学生成绩表"的学生单科成绩区域 B3:E6 设置数据有效性规则，为各科成绩所在单元格设置数据的有效性为 0 至 100 的小数；并实现只要选定单元格就提示如图 4.16 所示的提示信息，如果输入不满足条件，则弹出如图 4.16 所示的出错对话框。

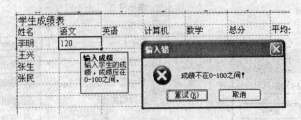

图 4.16　数据输入信息及出错警告效果图

3. 在其中录入如图 4.17 所示内容。

	A	B	C	D	E	F	G
1	学生成绩表						
2	姓名	语文	英语	计算机	数学	总分	平均分
3	李明	57	45	36	54		
4	王兴	67	70	67	68		
5	张生	87	80	83	87		
6	张民	56	46	36	54		

图 4.17　学生成绩表

4. 使用选择性粘贴将所有同学的英语成绩加上 5 分。

5. 在"李明"的英语成绩所在的单元格中插入批注"成绩下降较多"。使用选择性粘贴将此批注复制到"张民"的计算机成绩所在单元格。

6. 使用条件格式将学生成绩表中单科成绩小于 60 分的单元格的字体颜色设为红色，倾斜加粗显示。

7. 利用前面的成绩表，使用选择性粘贴，在 sheet2 中插入如图 4.18 所示内容。

	A	B	C	D	E
1	姓名	李明	王兴	张生	张民
2	语文	57	67	87	56
3	英语	50	75	85	51
4	计算机	36	67	83	36
5	数学	54	68	87	54
6	总分				
7	平均分				

图 4.18　完成效果图

7. 在"学生成绩表"工作表中插入标题行，设置标题内容单元格合并及居中显示，字体为楷体，18 号，行高为 25；其余行的行高为 16，字体为仿宋，12 号；各列列宽均设为 8；设置如图 4.19 所示的双线外边框、虚线内框以及底纹（灰色 25%）；单元格内容居中显示。

	A	B	C	D	E	F	G
1	学生成绩表						
2	姓名	语文	英语	计算机	数学	总分	平均分
3	李明	57	50	36	54		
4	王兴	67	75	67	68		
5	张生	87	85	83	87		
6	张民	56	51	36	54		

图 4.19　完成效果图

【实验要点指导】

1. 数据有效性。选定要设置数据有效性的单元格,单击【数据】菜单|【有效性】,弹出如图 4.20(a)所示对话框;根据需要设置有效性条件。单击"输入信息"标签可设置输入内容时的提示信息,如图 4.20(b)所示。单击"出错警告"标签可设置当输入内容不满足条件时,弹出的出错警告信息,如图 4.20(c)所示。

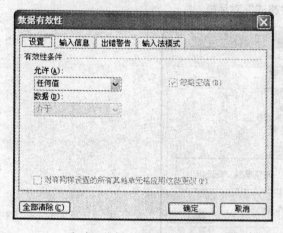

（a）"数据有效性"对话框　　　　　　　（b）"数据有效性"对话框

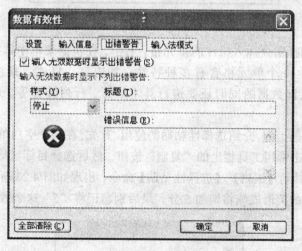

（c）

图 4.20　"数据有效性"对话框

2. 条件格式。选定要设置条件格式的单元格,单击【格式】菜单|【条件格式】,弹出如图 4.21 所示对话框;单击"格式…"按钮,弹出如图 4.22 所示对话框,能对单元格的字体、边框、底纹等进行设置。

单击"添加"按钮,能同时设置三个条件格式。单击"删除"按钮,能删除设置好的条件格式。

图 4.21　"条件格式"对话框

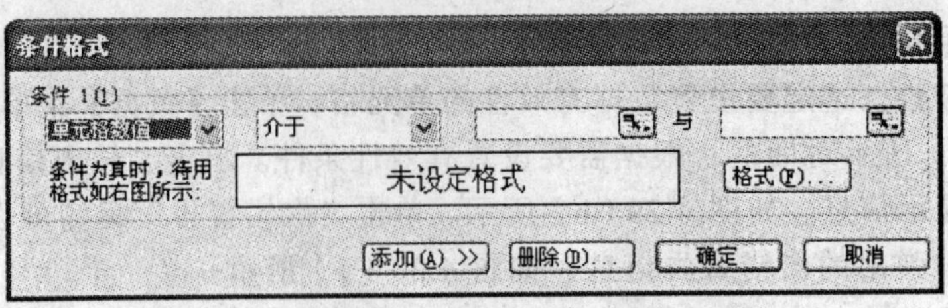

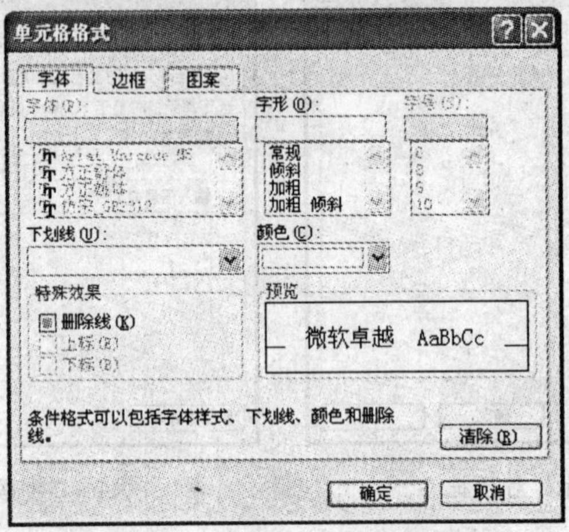

图 4.22　"单元格格式"对话框

3. 插入批注。选择需要插入批注的单元格，右击，在快捷菜单中选择【插入批注】命令。

4. 选择性粘贴。一个单元格含有多种特性，如内容、格式、批注等，有时只需要复制它的特性；有时复制数据的同时还要进行算术运算、行列转置等。这就需要使用选择性粘贴。

以本实验的第 7 题为例，介绍选择性粘贴的使用。首先，在一个空白单元格中输入数字"5"，并选择该单元格，单击常用工具栏上的"复制"按钮，然后选择目标区域，即所有同学的英语成绩所在的单元格，执行【编辑】|【选择性粘贴】命令，出现如图 4.23 所示对话框，选择"加"运算，那么所有同学的英语成绩将增加 5 分。最后别忘记将"5"这个数字单元格清除。

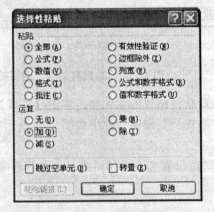

图 4.23　"选择性粘贴"对话框

实验四 Excel 2003 的数据计算

【实验目的】

➢ 掌握 Excel 中单元格的表示及引用。
➢ 掌握公式和函数的运用。

【实验内容】

1. 新建一个名为"实验四.xls"的工作簿，将 sheet1 改名为"杂志征订情况表"，在其中完成以下操作：

❖ 录入如图 4.24 所示内容，班级采用自动填充功能输入。

	A	B	C	D	E	F	G
1	班级	计算机1班	计算机2班	计算机3班	计算机4班	计算机5班	计算机6班
2	数量	40	42	38	45	41	39
3	总价						
4							
5			单价				
6			15				

图 4.24 录入的内容

❖ 在第一行前面插入一行，输入标题"计算机各班订书单"，并将标题合并居中。
❖ 为订书单设置边框，外边框为双实线，内边框为细实线，并将所有内容居中对齐。
❖ 为班级一行设置灰色 25%（第四行第八列）的底纹。
❖ 标题文字为深蓝色（第一行第六列），楷体 16 号字，其余内容为宋体 12 号。
❖ 图书单价为 15 元，要求用公式计算出"计算机 1 班"的总价后，经过填充得到所有班级的总价。且当图书单价改变时，总价能自动更新，最终效果如图 4.25 所示。

	A	B	C	D	E	F	G
1	✚		计	算机各班订书	单		
2	班级	计算机1班	计算机2班	计算机3班	计算机4班	计算机5班	计算机6班
3	数量	40	42	38	45	41	39
4	总价	600	630	570	675	615	585
5							
6			单价				
7			15				

图 4.25 完成效果图

2. 将 sheet2 改名为"职工工资表"，录入如图 4.26 所示数据，利用 Excel 数据计算功能计算每人实发工资、实发工资总和、平均实发工资、最高基本工资、最低基本工资、总人数、男职工人数、男职工基本工资总和、基本工资小于 1000 的职工基本工资总和。

3. 将 sheet3 改名为"学时登记表"，录入如图 4.27 所示数据，其中是某学校教师学时登记表，每类职称的单个课时标准不同，高讲为 12 元，讲师为 11 元，助讲为 10 元。计算每位教师的总课时，以及对应的课时费，课时费=总课时*单个课时标准；当单个课时标准改变时，课时费能自动更新。（注：此题中高职学生可只考虑两种职称的情形）

职工工资表						
职工号	姓名	性别	基本工资	奖金	扣款	实发工资
101	张宁	男	1200	300	400	
102	李达	女	980	200	300	
103	刘洛	男	1500	500	500	
104	张明	女	1700	450	190	
105	吴亮	男	1400	297	450	
实发工资总和:						
平均实发工资:						
最高基本工资:						
最低基本工资:						
总人数:						
男职工人数:						
男职工基本工资总和:						
基本工资小于1000的职工基本工资总和:						

图 4.26 录入的内容

	A	B	C	D	E	F
1	姓名	职称	理论学时	上机学时	总课时	课时费
2	李平	高讲	40	20		
3	王同	讲师	50	15		
4	张白	助讲	30	16		
5	吴理	高讲	45	12		
6			高讲	12		
7			讲师	11		
8			助讲	10		

图 4.27 录入的内容

【实验要点指导】

1. 单元格的相对引用和绝对引用

✧ 绝对引用：在单元格坐标前加"$"，表示绝对引用。在把公式复制到新位置时，所引用单元格地址保持不变。

✧ 相对引用：相对于某个给定位置单元格的相对位置。在把公式复制到新位置时，所引用单元格行列地址可能发生改变。

✧ 混合引用：是具有绝对列和相对行的引用（如$A1），或绝对行和相对列的引用（如A$1）。在把公式复制到新位置时，绝对引用的行或列不变，而相对引用的行或列可能发生变化。

计算各个班级的订书总价和教师课时费时，需要用到单元格的相对引用与绝对引用相结合。

2. 函数

✧ 求和函数 SUM

✧ 求平均函数 AVERAGE

✧ 求最大值函数 MAX

✧ 求最小值函数 MIN

✧ 计数函数 COUNT

格式：COUNT（参数表）

计算参数表中的数字参数和包含数字的单元格的个数。

✧ 条件计数函数 COUNTIF

格式：COUNTIF（Range, Criteria）

计算某个区域中满足给定条件的单元格数目。

Range：要计算其中非空白单元格数目的区域

Criteria：计数单元格必须符合的条件

❖ 条件求和函数 SUMIF

对满足条件的单元格求和。

格式：SUMIF（Range, Criteria, Sum_range）

Range：用于条件判断的单元格区域

Criteria：判定条件

Sum_range：用于求和的单元格区域

❖ 条件判断函数 IF

格式：IF（Logical_test, Value_if_true, Value_if_false）

Logical_test：逻辑表达式

Value_if_true：当 Logical_test 为真时的返回值

Value_if_false：当 Logical_test 为假时的返回值

当要同时判断多个条件时，可采用 IF 函数的嵌套，实现多个条件的判断。

本次实验第 8 题计算课时奖，可以先按图 4.28 所示的公式计算。

如果要求课时标准改变时，课时奖能自动更新，同学们请思考这个公式还需要如何改进？

			F2	▼	fx	=E2*IF(B2="高讲",12,IF(B2="讲师",11,10))	
	A	B	C	D	E	F	G
1	姓名	职称	理论学时	上机学时	总学时	课时费	
2	李平	高讲	40	20	60	720	
3	王同	讲师	50	15	65	715	
4	张白	助讲	30	16	46	460	
5	吴理	高讲	45	12	57	684	
6			高讲	12			
7			讲师	11			
8			助讲	10			

图 4.28　计算课时奖示例

实验五　Excel 2003 的数据处理（一）

【实验目的】

➤ 掌握 Excel 中单元格的表示及引用。

➤ 掌握公式和函数的运用。

➤ 掌握 Excel 的排序及筛选。

【实验内容】

1. 新建一个名为"实验五.xls"的工作簿，删除工作表 sheet2 和 sheet3，在 sheet1 中录入如图 4.29 所示的内容。

	A	C	D	F	G	H	I	J	K
1	序号	学号	姓名	语文	数学	英语	计算机	平均分	总分
2	1	2008001	王华	76	78	64	80		
3	2	2008002	张博	81	88	49	91		
4	3	2008003	周超	92	91	89	95		
5	4	2008004	李斌	55	60	69	72		
6	5	2008005	文锋	77	74	76	71		
7	6	2008006	刘艳	83	83	72	80		
8	7	2008007	赵磊	62	60	65	69		
9	8	2008008	李洋	85	90	82	88		
10	9	2008009	吴渊	73	81	80	84		
11	10	2008010	彭涛	89	92	58	93		

图 4.29   录入的内容

2. 将 sheet1 改名为"成绩单"。在第一行前面插入一行，输入标题"计算机 09B2 班成绩单"，并将标题合并居中。

3. 在本工作簿中复制工作表"成绩单"。将生成的工作表改名为"自动筛选"。

4. 在"自动筛选"工作表中，用自动筛选方式筛选出数学成绩低于 80 分的同学，如图 4.30 所示，在此基础上将计算机成绩大于 70 分且小于 80 分的同学筛选出来，如图 4.31 所示。

	A	C	D	F	G	H	I	J	K
1				计算机09B2班成绩单					
2	序号	学号	姓名	语文	数学	英语	计算机	平均分	总分
3	1	2008001	王华	76	78	64	80		
6	4	2008004	李斌	55	60	69	72		
7	5	2008005	文锋	77	74	76	71		
9	7	2008007	赵磊	62	60	65	69		

图 4.30   自动筛选结果

	A	C	D	F	G	H	I	J	K
1				计算机09B2班成绩单					
2	序号	学号	姓名	语文	数学	英语	计算机	平均分	总分
6	4	2008004	李斌	55	60	69	72		
7	5	2008005	文锋	77	74	76	71		

图 4.31   自动筛选结果

5. 在"成绩单"工作表中，用公式或函数计算出平均分及总分，平均分的小数位数为 1 位。

6. 在"成绩单"工作表中，在总分后面插入一列总评，用函数评出优秀的学生（总分≥360），并统计出优秀率，其值用百分比表示，小数位数为 0。（提示：使用 if、countif 和 count 函数。）

7. 在"成绩单"工作表中，在总分右侧再插入一列名次，按总分排降序，求出每个学生的名次。（注意：排序不包含优秀率"所在行，先选择 A2：M12 区域，再执行【数据】|【排序…】命令。）

8. 在"成绩单"工作表中，为成绩单设置边框，外边框为粗实线，内边框为细实线；并将所有内容居中对齐。最终结果如图 4.32 所示。

	A	B	C	D	E	F	G	H	I	J	K	L	M
1	计算机09B2班成绩单												
2	序号	系别	学号	姓名	性别	语文	数学	英语	计算机	平均分	总分	名次	总评
3	3	通信	2008003	周超	男	92	91	89	95	91.8	367	1	优秀
4	8	计算机	2008008	李洋	男	85	90	82	88	86.3	345	2	
5	10	机械	2008010	彭涛	男	89	92	58	93	83.0	332	3	
6	6	通信	2008006	刘艳	女	83	83	72	80	79.5	318	4	
7	9	通信	2008009	吴渊	男	73	81	80	84	79.5	318	5	
8	2	计算机	2008002	张博	男	81	88	49	91	77.3	309	6	
9	1	机械	2008001	王华	女	76	78	64	80	74.5	298	7	
10	5	计算机	2008005	文锋	男	77	74	76	71	74.5	298	8	
11	4	机械	2008004	李斌	男	55	60	69	72	64.0	256	9	
12	7	机械	2008007	赵磊	男	62	60	65	69	64.0	256	10	
13										优秀率			10%

图 4.32　完成效果图

【实验要点指导】

1. 数据的自动筛选。单击【数据】菜单|【筛选】，选择【自动筛选】命令，单击列标题旁边的按钮，选择"自定义"，弹出如图 4.33 所示对话框，可设置筛选的方式。

2. 排序。单个关键字排序，单击"常用"工具栏上的"升序排序"或"降序排序"按钮，可以按一个关键字进行升序或降序的排序。排序关键字取决于光标所在列的列标题。

多个关键字排序，光标定位在表格中任意一个单元格，单击【数据】菜单|【排序】，弹出如图 4.34 所示对话框，可进行相应设置。

排序时，若一些单元格不参加排序，则需先选定需要排序的单元格（为了方便操作，一般将列标题一起选定）再进行排序操作。

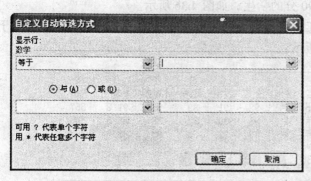

图 4.33　"自定义自动筛选方式"对话框

图 4.34　"排序"对话框

实验六　Excel 2003 的数据处理（二）

【实验目的】

➢ 掌握数据的排序。

➢ 掌握数据的筛选。

➤ 掌握数据的分类汇总。

【实验内容】

1. 新建一个名为"实验六.xls"的工作簿，删除工作表 sheet2 和 sheet3，在 sheet1 中输入以下内容（注意使用 Ctrl+Enter 提高输入速度），并将所有内容居中对齐，如图 4.35 所示。

	A	B	C	D	E	F	G	H	I	J	K
1	序号	系别	学号	姓名	性别	语文	数学	英语	计算机	平均分	总分
2	1	机械	2008001	王华	女	76	78	64	80		
3	2	计算机	2008002	张博	男	81	88	49	91		
4	3	通信	2008003	周超	男	92	91	89	95		
5	4	机械	2008004	李斌	男	55	60	69	72		
6	5	计算机	2008005	文锋	男	77	74	76	71		
7	6	通信	2008006	刘艳	女	83	83	72	80		
8	7	机械	2008007	赵磊	男	62	60	65	69		
9	8	计算机	2008008	李洋	男	85	90	82	88		
10	9	通信	2008009	吴渊	男	73	81	80	84		
11	10	机械	2008010	彭涛	男	89	92	58	93		

图 4.35　录入的内容

2. 用公式或函数计算出学生的平均分和总分，平均分保留 1 位小数。

3. 按每人的总分排降序，总分相等则按数学成绩排降序，数学相等则按计算机成绩排降序。

4. 复制工作表 sheet1，将生成的工作表改名为"自动筛选 1"，对数据进行自动筛选，筛选出语文大于 60 分且数学在 60～70 分之间的学生。

5. 复制工作表 sheet1，将生成的工作表改名为"自动筛选 2"，对数据进行自动筛选，筛选出语文、数学均在 80～100 分之间的男学生。

6. 复制工作表 sheet1，将生成的工作表改名为"高级筛选 1"，对数据进行高级筛选，筛选出数学大于等于 90 或语文大于等于 90 分的学生，如图 4.36 所示。

7. 复制工作表 sheet1，将生成的工作表改名为"高级筛选 2"，筛选出计算机大于等于 90 或系别为计算机的学生，如图 4.37 所示。

	A	B	C	D	E	F	G	H	I	J	K
1	序号	系别	学号	姓名	性别	语文	数学	英语	计算机	平均分	总分
2	3	通信	2008003	周超	男	92	91	89	95	91.8	367
3	8	计算机	2008008	李洋	男	85	90	82	88	86.3	345
4	10	机械	2008010	彭涛	男	89	92	58	93	83.0	332

图 4.36　高级筛选 1 结果

	A	B	C	D	E	F	G	H	I	J	K
1	序号	系别	学号	姓名	性别	语文	数学	英语	计算机	平均分	总分
2	3	通信	2008003	周超	男	92	91	89	95	91.8	367
3	8	计算机	2008008	李洋	男	85	90	82	88	86.3	345
4	10	机械	2008010	彭涛	男	89	92	58	93	83.0	332
7	2	计算机	2008002	张博	男	81	88	49	91	77.3	309
9	5	计算机	2008005	文锋	男	77	74	76	71	74.5	298

图 4.37　高级筛选 2 结果

8. 复制工作表 sheet1，将生成的工作表改名为"按系别汇总 1"，利用分类汇总功能，以系别为分类字段，分别统计出各系每门课程的平均分，如图 4.38 所示。

9. 复制工作表 sheet1，将生成的工作表改名为"按系别汇总 2"，以系别为分类字段，统计出各系的人数，如图 4.39 所示。

10. 复制工作表 sheet1，将生成的工作表改名为"按系别汇总 3"，以系别为分类字段，统计出各系每门课程的最高分，如图 4.40 所示。

	A 序号	B 系别	C 学号	D 姓名	E 性别	F 语文	G 数学	H 英语	I 计算机	J 平均分	K 总分
2	10	机械	2008010	彭涛	男	89	92	58	93	83.0	332
3	1	机械	2008001	王华	女	76	78	64	80	74.5	298
4	4	机械	2008004	李斌	男	55	60	69	72	64.0	256
5	7	机械	2008007	赵磊	男	62	60	65	69	64.0	256
6		机械 平均值				70.5	72.5	64	78.5		
7	8	计算机	2008008	李洋	男	85	90	82	88	86.3	345
8	2	计算机	2008002	张博	男	81	88	49	91	77.3	309
9	5	计算机	2008005	文锋	男	77	74	76	71	74.5	298
10		计算机 平均值				81	84	69	83.333		
11	3	通信	2008003	周超	男	92	91	89	95	91.8	367
12	6	通信	2008006	刘艳	女	83	83	72	80	79.5	318
13	9	通信	2008009	吴渊	男	73	81	80	84	79.5	318
14		通信 平均值				82.7	85	80.3	86.333		
15		总计平均值				77.3	79.7	70.4	82.3		

图 4.38　分类汇总—各系每门课程的平均分

	A 序号	B 系别	C 学号	D 姓名	E 性别	F 语文	G 数学	H 英语	I 计算机	J 平均分	K 总分
2	10	机械	2008010	彭涛	男	89	92	58	93	83.0	332
3	1	机械	2008001	王华	女	76	78	64	80	74.5	298
4	4	机械	2008004	李斌	男	55	60	69	72	64.0	256
5	7	机械	2008007	赵磊	男	62	60	65	69	64.0	256
6		机械 计数		4							
7	8	计算机	2008008	李洋	男	85	90	82	88	86.3	345
8	2	计算机	2008002	张博	男	81	88	49	91	77.3	309
9	5	计算机	2008005	文锋	男	77	74	76	71	74.5	298
10		计算机 计数		3							
11	3	通信	2008003	周超	男	92	91	89	95	91.8	367
12	6	通信	2008006	刘艳	女	83	83	72	80	79.5	318
13	9	通信	2008009	吴渊	男	73	81	80	84	79.5	318
14		通信 计数		3							
15		总计数		10							

图 4.39　分类汇总—各系的人数

	A 序号	B 系别	C 学号	D 姓名	E 性别	F 语文	G 数学	H 英语	I 计算机	J 平均分	K 总分
2	10	机械	2008010	彭涛	男	89	92	58	93	83.0	332
3	1	机械	2008001	王华	女	76	78	64	80	74.5	298
4	4	机械	2008004	李斌	男	55	60	69	72	64.0	256
5	7	机械	2008007	赵磊	男	62	60	65	69	64.0	256
6		机械 最大值				89	92	69	93		
7	8	计算机	2008008	李洋	男	85	90	82	88	86.3	345
8	2	计算机	2008002	张博	男	81	88	49	91	77.3	309
9	5	计算机	2008005	文锋	男	77	74	76	71	74.5	298
10		计算机 最大值				85	90	82	91		
11	3	通信	2008003	周超	男	92	91	89	95	91.8	367
12	6	通信	2008006	刘艳	女	83	83	72	80	79.5	318
13	9	通信	2008009	吴渊	男	73	81	80	84	79.5	318
14		通信 最大值				92	91	89	95		
15		总计最大值				92	92	89	95		

图 4.40　分类汇总—各系每门课程的最高分

11. 复制工作表 sheet1，将生成的工作表改名为"按性别汇总"，以性别为分类字段，统计出男女学生中总分的最高分以及男女生人数（注意 2 种汇总方式的结果同时显示），如图 4.41 所示。最后工作簿中的工作表标签栏上显示的工作表如下图所示。

		A	B	C	D	E	F	G	H	I	J	K
1		序号	系别	学号	姓名	性别	语文	数学	英语	计算机	平均分	总分
2		3	通信	2008003	周超	男	92	91	89	95	91.8	367
3		8	计算机	2008008	李洋	男	85	90	82	88	86.3	345
4		10	机械	2008010	彭涛	男	89	92	58	93	83.0	332
5		9	通信	2008009	吴洲	男	73	81	80	84	79.5	318
6		2	计算机	2008002	张博	男	81	88	49	91	77.3	309
7		5	计算机	2008005	文锋	男	77	74	76	71	74.5	298
8		4	机械	2008004	李斌	男	55	60	69	72	64.0	256
9		7	机械	2008007	赵磊	男	62	60	65	69	64.0	256
10						男 计数						8
11						男 最大值						367
12		6	通信	2008006	刘艳	女	83	83	72	80	79.5	318
13		1	机械	2008001	王华	女	76	78	64	80	74.5	298
14						女 计数						2
15						女 最大值						318
16						总计数						10
17						总计最大值						367

\Sheet1／自动筛选1／自动筛选2／高级筛选1／高级筛选2／按系别汇总1／按系别汇总2／按系别汇总3／按性别汇总／

图 4.41   分类汇总—男女生总分的最高分以及男女生人数

【实验要点指导】

1. 高级筛选。要执行高级筛选，首先在空白单元格中输入条件。当条件为"或"运算时，条件在不同的行中输入，如图 4.42 所示；当条件为"与"运算时，条件在相同的行中输入。

单击【数据】菜单|【筛选】，选择【高级筛选】命令，弹出如图 4.43 所示对话框，根据需要进行相应设置。

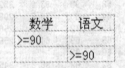

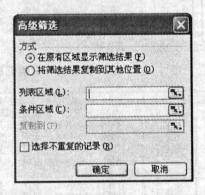

图 4.42　高级筛选条件输入方法举例　　图 4.43　"高级筛选"对话框

2. 分类汇总。要对表格进行分类汇总时，必须先对分类字段进行排序操作，才能保证分类汇总结果的准确性。

单击【数据】菜单|【分类汇总】，弹出如图 4.44 所示对话框，根据需要进行相应设置。如果要将多种汇总结果同时显示出来，则应取消"替换当前分类汇总"选项的勾选。

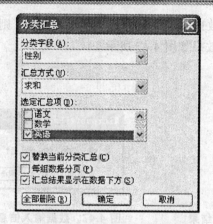

图 4.44 "分类汇总"对话框

实验七　Excel 2003 的图表操作

【实验目的】

➤ 掌握数据的条件格式及有效性的设置。
➤ 掌握图表的插入及格式设置。

【实验内容】

1. 新建一个名为"实验七.xls"的工作簿，删除工作表 sheet2 和 sheet3，在 sheet1 中输入图 4.43 中的内容（注意使用 Ctrl+Enter 提高输入速度），并将所有内容居中对齐。

2. 设置条件格式，将各科成绩在 60 分以下的单元格内容用红色斜体字显示。

3. 设置条件格式，将性别为女的单元格底纹设置为玫瑰红（颜色中的第五行第一列）；性别为男的单元格底纹设置为淡蓝色（颜色中的第五行第六列），最终效果如图 4.45 所示。

	A	B	C	D	E	F	G	H	I	J	K
1	序号	系别	学号	姓名	性别	语文	数学	英语	计算机	平均分	总分
2	1	机械	2008001	王华	女	76	78	64	80	74.5	298
3	2	计算机	2008002	张博	男	81	88	49	91	77.3	309
4	3	通信	2008003	周超	男	92	91	89	95	91.8	367
5	4	机械	2008004	李斌	男	55	60	69	72	64.0	256
6	5	计算机	2008005	文锋	男	77	74	76	71	74.5	298
7	6	通信	2008006	刘艳	女	83	83	72	80	79.5	318
8	7	机械	2008007	赵磊	男	62	60	65	69	64.0	256
9	8	计算机	2008008	李洋	男	85	90	82	88	86.3	345
10	9	通信	2008009	吴渊	男	73	81	80	84	79.5	318
11	10	机械	2008010	彭涛	男	89	92	58	93	83.0	332

图 4.45 条件格式设置结果

4. 为"系别"字段设置数据有效性，实现只要选定系别一列任何单元格，自动出现下拉箭头包含所有的系别可供选择，效果如图 4.46 所示。

5. 照同样方法为"性别"字段设置数据有效性，实现只要选定性别一列任何单元格，自动出现下拉箭头包含男、女可供选择。

6. 为各科成绩所在单元格设置数据的有效性为 0 至 100 的小数，并实现只要选定单元格就提示"请输入 0 至 100 的数!"信息,如果输入不满足条件,则弹出停止对话框,内容显示为"你输入的成绩出错!",效果如图 4.47 所示。

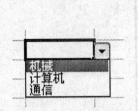

图 4.46　数据有效性设置结果

图 4.47　数据输入信息及出错警告效果图

7. 在 Sheet1 中制作一个三维簇状柱形图,数据源为前五名同学的数学及计算机成绩,图表标题为"学生成绩分析图",X 轴标题为姓名,Z 轴标题为成绩,图例靠上显示。

8. 为图表中计算机系列显示值的数据标志,并将数据标志的字体设置为上标,20 号字;并利用文本框和自选图形为计算机最高分添加如图 4.48 所示的指示。

9. 设置 Z 轴刻度的最小值为 0,最大值为 100,主要刻度单位为 20,次要刻度单位为 10,显示主要网格线和次要网格线。

10. 为图表区填充再生纸的纹理,所有字体为楷体,图表标题为 14 号字。

11. 图例为深蓝色字,并将图例的边框取消,添加灰色 40% 的底纹。

12. 为图表的背景墙填充白色和黑色的渐变效果,最终效果如图 4.48 所示。

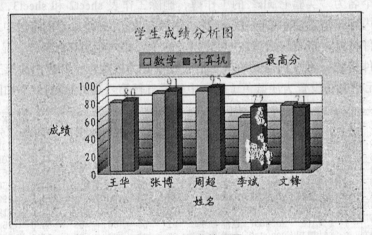

图 4.48　完成效果图

【实验要点指导】

1. 插入图表。单击【插入】菜单|【图表】或"常用"工具栏上的"图表向导"按钮,弹出如图 4.49 所示对话框,选择所需图表类型;单击下一步,选择要创建图表的数据区域,注意本题除了选择 5 名同学的姓名、数学和计算机成绩,还要选中标题单元格"姓名"、"数学"和"计算机"如图 4.50 所示;单击下一步,设置图表的各个选项,如图 4.51(a)所示,此对话框本题要设置标题和图例位置;最终可将图表作为新工作表插入或插入到当前工作表中,如图 4.51(b)所示。

2. 设置图表中具体对象的格式，可选定该对象，右键选择对应的格式设置命令，完成所需设置。

图 4.49 "图表类型"对话框

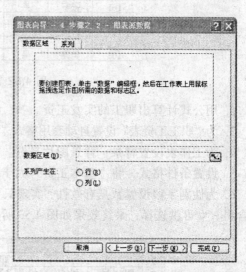

图 4.50 "图表源数据"对话框

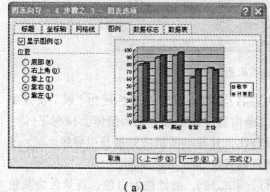

（a）

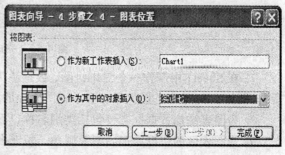

（b）

图 4.51 "图表位置"对话框

实验八　Excel 2003 的页面设置

【实验目的】

➢ 掌握数据的条件格式及有效性的设置。
➢ 掌握图表的插入及格式设置。
➢ 掌握页面设置。

【实验内容】

1. 新建一个名为"实验八.xls"的工作簿，删除 Sheet2 和 Shtte3。在 sheet1 中录入如图 4.52 所示内容，将所有内容居中对齐。

	A	B	C	D	E	F	G
1				职工工资表			
2	职工号	姓名	性别	基本工资	奖金	扣款	实发工资
3	101	张宁	男	1200	300	400	
4	102	李达	女	980	200	300	
5	103	刘洛	男	1500	500	500	
6	104	张明	女	1700	450	190	
7	105	吴亮	男	1400	297	450	

图 4.52　录入的内容

2. 用公式计算出职工的实发工资。

3. 为"职工工资表"设置自动套用格式"古典 1"，并设置单元格内容水平、垂直居中对齐。

4. 为工作表设置背景，背景图片自选。

5. 设置条件格式，将"基本工资"大于 1200 的单元格内容用红色字显示。

6. 为性别字段设置数据有效性，实现只要选定性别一列任何单元格，自动出现下拉箭头包含男、女可供选择，最终效果如图 4.53 所示。

	A	B	C	D	E	F	G
1				职工工资表			
2	职工号	姓名	性别	基本工资	奖金	扣款	实发工资
3	101	张宁	男 ▼	1200	300	400	1100
4	102	李达	女	980	200	300	880
5	103	刘洛	男	1500	500	500	1500
6	104	张明	女	1700	450	190	1960
7	105	吴亮	男	1400	297	450	1247

图 4.53　完成效果图

7. 在 Sheet1 中制作一个三维饼图，数据源为姓名及实发工资，图表标题为"职工实发工资"，楷体、20 号字；图例靠右显示；图表中的其余内容字体字号分别为楷体、14 号。

8. 为图表添加数据标志，包括类别名称、百分比，并显示图例项标示及引导线。

9. 为图表区的边框添加阴影及圆角，填充白色到灰色 50%的渐变。

10. 为图例边框添加阴影，填充图案（第六行、第二列），前景色为白色，背景色为灰色 50%，最终效果如图 4.54 所示。

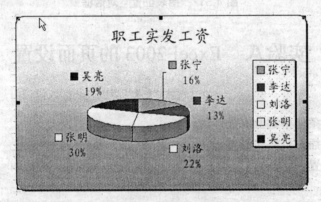

图 4.54　完成效果图

11. 设置上、下边距为 3 厘米，左、右边距为 2 厘米；页眉居中显示当前日期和时间；页脚靠右显示第 X 页共 Y 页；设置表格的打印顶端标题行为图中第 2 行；并将行号列标打印出来。

【实验要点指导】

1. 页边距。单击【文件】菜单|【页面设置】，单击"页边距"标签，弹出如图 4.55 所示对话框。在其中设置上下左右页边距。

2. 页眉、页脚。单击【视图】菜单|【页眉和页脚】；或【文件】菜单|【页面设置】，单击"页眉/页脚"标签，弹出如图 4.56 所示对话框。单击"自定义页眉"按钮，弹出如图 4.57所示对话框，可进行具体设置。页脚设置方法类似。

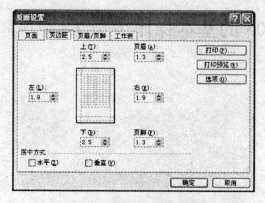
图 4.55　工作表页边距设置

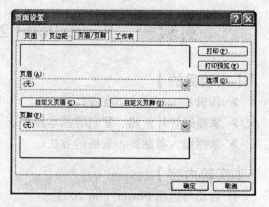
图 4.56　"页面设置－页眉/页脚"对话框

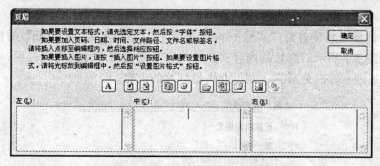
图 4.57　"页眉"设置对话框

3. 打印标题。单击【文件】菜单|【页面设置】，单击"工作表"标签，弹出如图 4.58 所示对话框，可进行相应设置。

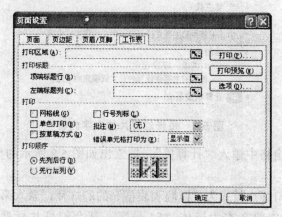
图 4.58　"页面设置－工作表"对话框

第五章　PowerPoint 2003

实验一　PowerPoint 2003 的基本操作（一）

【实验目的】
➢ 认识 PowerPoint 2003 窗口。
➢ 掌握幻灯片新建、复制等基本操作。
➢ 掌握插入剪贴画、表格的方法。

【实验内容】
1. 启动与退出 PowerPoint 2003。

2. 切换演示文稿的 4 种视图方式（普通视图、幻灯片浏览视图、幻灯片放映视图和备注页视图）。

3. 根据设计模板新建名为"实验一.ppt"的文件，选择名为"Profile"的模板。

4. 输入如图 5.1 所示幻灯片的内容；在输入完第二张幻灯片的内容过后，可复制第二张幻灯片，在此基础上修改为第三、四、五张幻灯片的内容。

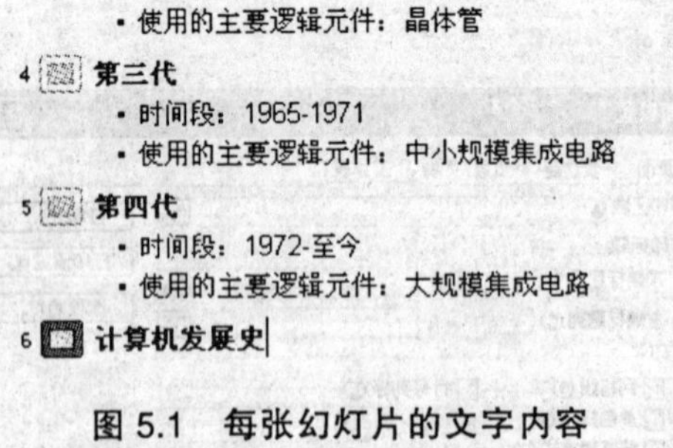

大纲	幻灯片

1 　计算机发展史
2 　第一代
　　• 时间段：1946-1957
　　• 使用的主要逻辑元件：电子管
3 　第二代
　　• 时间段：1958-1964
　　• 使用的主要逻辑元件：晶体管
4 　第三代
　　• 时间段：1965-1971
　　• 使用的主要逻辑元件：中小规模集成电路
5 　第四代
　　• 时间段：1972-至今
　　• 使用的主要逻辑元件：大规模集成电路
6 　计算机发展史

图 5.1　每张幻灯片的文字内容

5. 在剪贴画任务窗格中输入"计算机"，搜索出如图 5.2 所示的剪贴画，将其插入标题幻灯片中。

6. 最后插入一张幻灯片版式为"标题和表格"的幻灯片，录入第六张幻灯片的内容。

7. 第一张幻灯片中的文本为楷体，54 号字；其余幻灯片标题区字体修改为楷体，

44 号字，对象区的字体修改为楷体，32 号字。切换到幻灯片浏览视图，最终效果如图 5.2 所示。

图 5.2　完成效果图

【实验要点指导】

1. 使用"设计模板"新建演示文稿。可在【任务窗格】中选择【新建演示文稿】，然后选择"根据设计模板"选项；也可以在【任务窗格】的下拉菜单中进行选择。英文名的模板则单击【任务窗格】底部的浏览按钮，出现"应用设计模板"对话框进行选择更方便一些，如图 5.3 所示。

2. 使用 PowerPoint 2003 提供的相关幻灯片版式建立幻灯片能简化操作，提高操作速度。在【任务窗格】的下拉菜单中选择【幻灯片版式】进行操作。

图 5.3　浏览模板

实验二　PowerPoint 2003 的基本操作（二）

【实验目的】

➢ 掌握插入艺术字、组织结构图、表格及图表的方法。
➢ 掌握插入影片和声音的方法。

【实验内容】

1. 新建名为"实验二.ppt"的文件，在标题幻灯片中插入艺术字"XX大学简介"，楷体、60号字；艺术字样式为字库中第一行第二列；艺术字形状为倒 V 形；为艺术字设置阴影样式 2；艺术字的填充色为预设颜色"极目远眺"。

2. 添加一张新幻灯片，插入如图 5.4 所示的组织结构图，并设置"三维颜色"的图示样式。

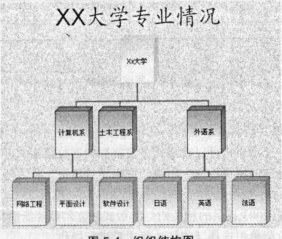

图 5.4　组织结构图

3. 添加一张新幻灯片，插入如图 5.5 所示的学生成绩表；表格的外边框颜色为 RGB 模式（96、75、133），宽度为 3 磅，内边框为 1 磅的黑色实线；表格填充效果为"羊皮纸"纹理；表中内容为宋体 20 号字，垂直居中对齐。

学生成绩表

序号	姓名	性别	数学	英语	计算机	平均分	总分
1	王华	女	78	64	80	74	222
2	张博	男	88	49	91	76	228
3	周超	男	91	89	95	92	275
4	李斌	男	60	69	72	67	201
5	文锋	男	74	76	71	74	221

图 5.5 学生成绩表

4. 添加一张新幻灯片，插入如图 5.6 所示图表，图表数据为学生成绩表中的内容，图表类型为簇状柱形图；为图表添加标题为"学生成绩表"、24 号字；X 轴标题为"学科"，Y 轴标题为"分数"。

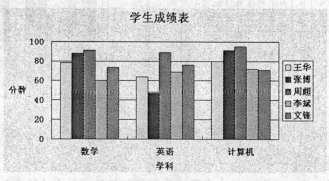

图 5.6 图表

5. 在标题幻灯片中插入剪辑管理器中的影片，搜索文字为"学校"，插入如图 5.7 所示的影片。

图 5.7 插入影片及声音

6. 在标题幻灯片中插入剪辑管理器中的声音（Claps Cheers 鼓掌欢迎），设置为自动播放，并循环播放，直到停止；为声音设置自定义动画，在效果选项中将其停止播放修改为最后一张幻灯片过后。

　　7. 为所有幻灯片设置背景，填充"新闻纸"纹理。

　　8. 切换到幻灯片浏览视图，最终效果如图 5.8 所示。

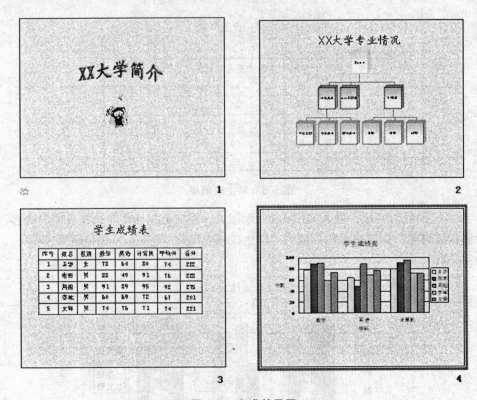

图 5.8　完成效果图

【实验要点指导】

　　1. 插入组织结构图。选定要插入组织结构图的幻灯片，单击【插入】菜单|【图示…】或者单击【任务窗格】下拉菜单中的【幻灯片版式】，选择"标题和图示或组织结构图"版式，弹出如图 5.9 所示图示库，选择组织结构图，插入默认样式的组织结构图，同时弹出如图 5.10 所示工具栏，可根据需要进行相应设置。

图 5.9　图示库

图 5.10　"组织结构图"工具栏

2. 插入图表。选定要插入图表的幻灯片，单击【插入】菜单|【图表…】或者单击【任务窗格】下拉菜单中的【幻灯片版式】，选择"标题和图表"版式，插入默认的数据表及图表；在数据表中输入图表数据，同时图表也自动进行相应变化。在图表区的空白位置单击右键，弹出如图 5.11 所示快捷菜单，可对图表格式、选项等进行相应设置。

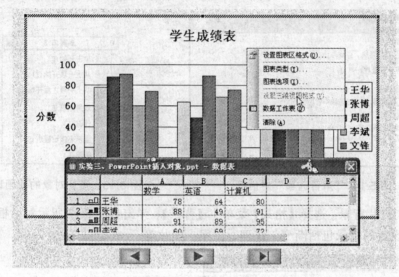

图 5.11　插入图表

3. 插入影片及声音。选择【插入】菜单│【影片和声音】，如图 5.12 所示，选择所需操作。

插入声音时，单击要插入的声音，弹出如图 5.13 所示对话框，可设置在幻灯片放映时如何开始播放声音；选择所需方式之后，幻灯片上自动插入一个喇叭图标，右击喇叭图标选择【编辑声音对象】命令，弹出如图 5.14 所示对话框，可对声音选项进行设置。

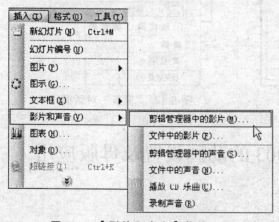

图 5.12　【影片和声音】菜单

图 5.13　"插入声音"对话框

为声音添加自定义动画：右击喇叭图标选择【自定义动画】命令，显示"自定义动画"任务窗格，在对应的声音对象上单击下拉列表，如图 5.15 所示，选择"效果选项"，弹出如图 5.16 所示对话框，可对声音的播放方式进行设置。

图 5.14　"声音选项"对话框

图 5.15　声音对象的动画设置

4. 设置幻灯片背景。选择【格式】菜单｜【背景】，弹出如图 5.17 所示对话框，单击"填充效果"，可设置的背景包括渐变、纹理、图案、图片等。

图 5.16　"播放声音"对话框

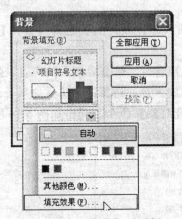

图 5.17　"背景"对话框

实验三　PowerPoint 2003 的动画设置及母版应用

【实验目的】

➢ 掌握幻灯片动画设置的方法。
➢ 掌握插入日期、时间的方法。

➢ 掌握幻灯片母版的使用。

【实验内容】

1. 根据设计模板新建名为"实验三.ppt"的文件，选择名为"Crayons"的模板。

2. 在标题幻灯片中插入艺术字"花的语言"，隶书、36 号字；艺术字样式为字库中第二行第五列；艺术字形状为波形 1；艺术字字符间距为 120%；艺术字的填充色为红色，透明度为 50%；线条颜色为黑色，粗细为 3 磅。

3. 插入两张版式为"标题和文本"和一张版式为"标题和两栏文本"的新幻灯片，内容如图 5.18 所示。

4. 将幻灯片母版的标题区修改为红色字，字号为 40，对象区的字号为 32；为幻灯片插入日期和时间，日期和时间为自动更新，格式为"年-月-日"，并为幻灯片插入幻灯片编号；页脚为"花的语言"。以上内容标题幻灯片中均不显示。

5. 在剪贴画任务窗格中输入"花"，搜索出如图 5.19 所示的剪贴画，将其插入第四张幻灯片中。

6. 在幻灯片母版中将项目符号统一修改为自定义 Wingdings 中字符代码为 124 的图形，并设置大小为 80%，颜色为红色。

7. 为幻灯片设置"渐变式擦除"的动画方案，并应用于所有幻灯片。

8. 为第四张幻灯片的两张图片设置自定义动画为飞入，开始为"单击时"，速度为"非常快"，左边图片方向为"自左侧"，右边图片方向为"自右侧"。

9. 切换到幻灯片浏览视图，最终效果如图 5.19 所示。

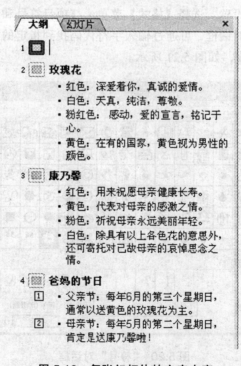

图 5.18　每张幻灯片的文字内容

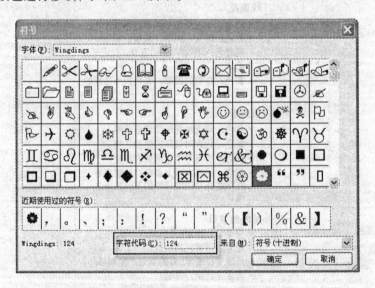

图 5.19　完成效果图

【实验要点指导】

1. 项目符号的修改和设置。选择【格式】菜单｜【项目符号和编号】，单击"自定义…"
按钮，弹出如图 5.20 所示对话框，可通过输入字符代码找到指定的符号；选定符号过后还可
以对其大小、颜色进行修改，如图 5.21 所示。

图 5.20　"符号"对话框

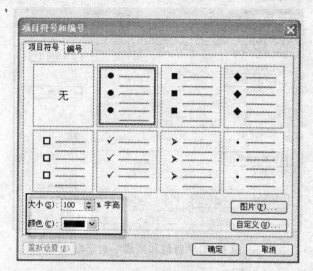

图 5.21 "项目符号和编号"对话框

2. 添加动画。为整个幻灯片添加动画：在【任务窗格】的下拉菜单中选择【幻灯片设计
—动画方案】进行操作，选定的动画还可以应用于所有幻灯片。

为幻灯片中具体对象添加动画：选定要添加动画的对象，在【任务窗格】的下拉菜单中
选择【自定义动画】进行操作，还可以重新调整动画的先后顺序，如图 5.22 所示。

3. 使用"设计模板"建立的演示文稿，其幻灯片母版中有"幻灯片母版"和"标题母版"
两个内容，如图 5.23 所示，同学们在操作时要注意区分。

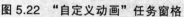

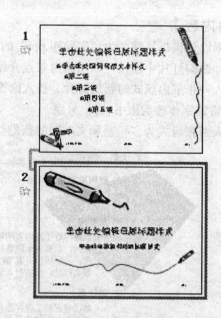

图 5.22 "自定义动画"任务窗格   图 5.23 幻灯片母版

4. 在幻灯片母版中插入"日期和时间"、"幻灯片编号"。选择【插入】菜单｜【幻灯片
编号】或【日期和时间】出现如图 5.24 所示的对话框，根据题意进行相关的操作。

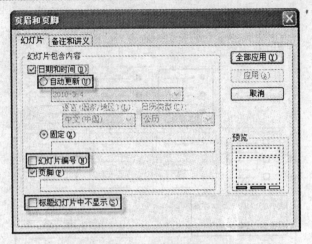

图 5.24 "页眉和页脚"对话框

实验四　PowerPoint 2003 的动画及外观设置

【实验目的】
➢ 掌握幻灯片的超链接。
➢ 掌握插入动作按钮的方法。
➢ 掌握编辑配色方案的方法。

【实验内容】
1. 根据设计模板新建名为"实验四.ppt"的文件，选择名为"古瓶荷花"的模板。
2. 在标题幻灯片中输入"四川旅游景点介绍"，并将其字体改为隶书、44 号字。
3. 插入一张空白版式的新幻灯片，插入两个文本框，分别输入"一、九寨沟"、"二、都江堰"，并将其字体改为隶书、36 号字。
4. 插入两张版式为"标题和文本"的新幻灯片，输入如图 5.25 所示内容。

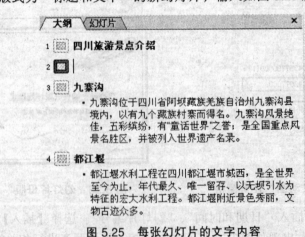

图 5.25 每张幻灯片的文字内容

5. 在幻灯片母版中将标题区修改为隶书 40 号字，对象区为隶书 32；为幻灯片插入幻灯片编号；页脚为"四川旅游"，显示在页面左下角；标题幻灯片中不显示。

6. 在剪贴画任务窗格中输入"旅游"，搜索出如图 5.26 所示的剪贴画，分别将其插入相应幻灯片中，并调整为合适的大小。

7. 为第二张幻灯片的两个景点制作超链接，分别链接到相应的景点介绍。

8. 编辑幻灯片配色方案，将"强调文字和超链接"和"强调文字和已访问的超链接"的颜色均改为 RGB（0、117、114）。

9. 在幻灯片母版中为除标题幻灯片以外的所有幻灯片添加动作按钮，分别为首页、上一页、下一页、结束，并相应超链接到第一张幻灯片、上一张幻灯片、下一张幻灯片、结束放映；动作按钮的大小为高 1 厘米、宽 2 厘米，并为动作按钮设置填充色为预设颜色"雨后初晴"，底纹样式为中心辐射。注意调整 4 个按钮顶端对齐、水平间距均匀分布。动作按钮样式如下所示：

首页　　　上一页　　　下一页　　　结束

10. 为幻灯片设置"典雅"的动画方案，并应用于所有幻灯片。

11. 为第二张幻灯片的两个文本框分别设置自定义动画为棋盘，开始为"单击时"，速度为"快速"。

12. 切换到幻灯片浏览视图，最终效果如图 5.26 所示。

图 5.26　完成效果图

【实验要点指导】

1. 对象的对齐与分布。选定要设置的多个对象，单击"绘图"工具栏上的"绘图"按钮，弹出如图 5.27 所示菜单，可进行相应的设置。

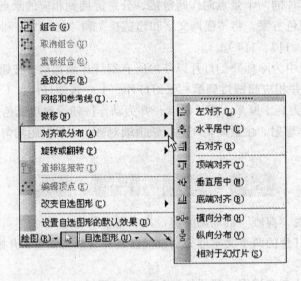

图 5.27 【对齐或分布】菜单

2. 为幻灯片加入超链接。选定要插入超链接的对象，右击鼠标，选择【超链接】，弹出如图 5.28 所示对话框；可插入的链接有文件、网页、本文档中的位置等选项。

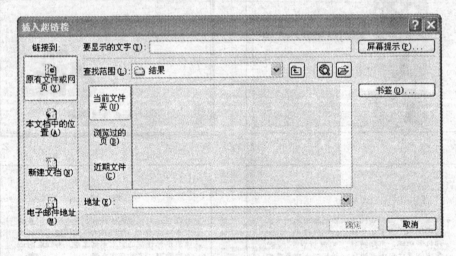

图 5.28 "插入超链接"对话框

3. 编辑幻灯片配色方案。单击【任务窗格】下拉菜单中的【幻灯片设计—配色方案】，点选任务窗格底部的"编辑配色方案"，弹出如图 5.29 所示对话框，根据需要进行相应设置。

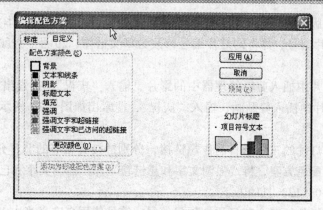

图 5.29　"编辑配色方案"对话框

实验五　PowerPoint 2003 的放映、打包及发布

【实验目的】

➢ 进一步巩固建立演示文稿的方法。

➢ 设置幻灯片的放映方式。

➢ 掌握演示文稿打包与发布的方法。

【实验内容】

1. 根据设计模板新建名为"实验五.ppt"的文件，选择名为"诗情画意"的模板。

2. 在标题幻灯片中输入"中国的传统节日"，并将其字体修改为华文楷体、60 号字、添加阴影效果。

3. 插入一张空白版式的新幻灯片，插入三个文本框，分别输入"春节"、"端午节"、"中秋节"，并将其字体改为华文楷体、44 号字；设置三个文本框为左对齐，纵向分布。

4. 插入三张版式为"标题和文本"的新幻灯片，输入如图 5.30 所示内容。

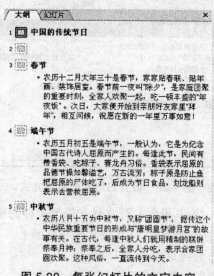

图 5.30　每张幻灯片的文字内容

5. 在幻灯片母版中将标题区修改为华文楷体、44 号字，对象区为华文楷体、32 号字；为幻灯片插入幻灯片编号，并将幻灯片编号修改为华文楷体、20 号字，颜色为黑色，显示在页面的左下角。

6. 在标题幻灯片中插入剪辑管理器中的影片，输入"庆祝"，搜索出如图 5.34 所示的影片；在第二张幻灯片中插入剪贴画，输入"庆祝"，搜索出如图 5.34 所示的图片，并调整为合适的大小。

7. 为第二张幻灯片的三个节日制作超链接，分别链接到相应的节日介绍。

8. 编辑幻灯片配色方案，将"强调文字和超链接"和"强调文字和已访问的超链接"的颜色更改为 RGB（0、122、119）。

9. 为第二张幻灯片的三个节日添加项目符号，符号使用自定义当中 Wingdings 字体当中字符代码为 74 的笑脸符号，大小为 80%。

10. 在幻灯片母版中为幻灯片添加动作按钮，"首页"链接到第二张幻灯片；"上一页"、"下一页"分别链接到相应的幻灯片；修改按钮的大小为高 1 厘米、宽 2 厘米；填充效果为预设中的"碧海青天"。动作按钮样式如图 5.31 所示。

图 5.31　动作按钮样式

11. 设置幻灯片的切换方式为"盒状展开"，速度为"中速"，换片方式为"单击鼠标时"，并应用于所有幻灯片。

12. 为第二张幻灯片的三个文本框分别设置自定义动画为"渐入"，开始为"单击时"；速度为"快速"。

13. 建立自定义放映，名为"我的放映"，如图 5.32 所示。设置幻灯片的放映方式为"我的放映"，如图 5.33 所示。

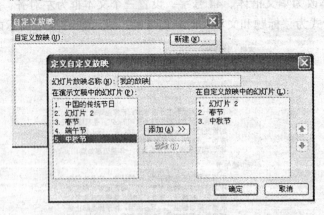

图 5.32　设置幻灯片的放映方式

14. 打包"实验五.PPT"，为其设置打开文件和修改文件的密码均为 123，将其复制到文件夹，文件夹名称为"中国的传统节日"，并将其放在桌面上。

15. 将整个演示文稿发布为网页。

16. 切换到幻灯片浏览视图，最终效果如图 5.34 所示。

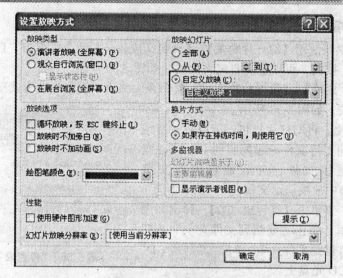

图 5.33　设置放映方式

图 5.34　完成效果图

【实验要点指导】

1. 自定义放映。使用【幻灯片放映】|【自定义放映…】命令，弹出"自定义放映"对话框，单击"新建"按钮，可以定义自定义放映，如图 5.32 所示。

使用【幻灯片放映】|【设置放映方式…】命令，弹出"设置放映方式"对话框，可设置幻灯片的放映方式，如图 5.33 所示。

2. 打包幻灯片。将幻灯片打包，可以将一个或多个演示文稿连同支持文件一起复制到 CD 或磁盘上，防止丢失链接文件，并且能在没有安装 PowerPoint 的电脑中放映演示文稿。

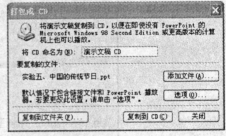

图 5.35 "打包成 CD"对话框

选择【文件】菜单 |【打包成 CD】，弹出如图 5.35 所示的对话框，单击"复制到文件夹…"按钮可以将演示文稿打包到文件夹中，单击"复制到 CD"按钮可以打包到 CD 光盘上。

3. 发布演示文稿。打开【文件】|【另存为网页…】命令，出现如图 5.36 所示的对话框，单击其中的"发布…"按钮，弹出如图 5.37 所示的对话框。

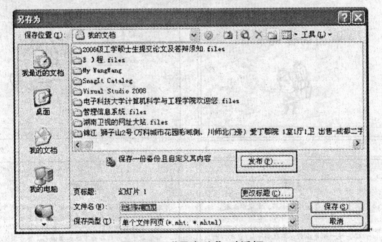

图 5.36 "另存为"对话框

图 5.37 "发布为网页"对话框

3. 选择一则新闻浏览，并保存其页面。单击【文件】菜单|【另存为（A）】，如图 6.3 所示，设置好保存的位置和名字。

图 6.2　"图片另存为"操作方法

图 6.3　保存网页操作方法

　　4. 将"网易 www.163.com"的主页添加到收藏夹中。单击【收藏】菜单|【添加到收藏夹】，如图 6.4 所示，设置好保存的位置和名字。

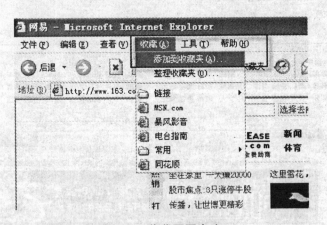

图 6.4　收藏网页方法

【实验要点指导】

　　1. 保存网页时，可根据需要选择不同的类型，如图 6.5 所示。

　　2. 将经常访问的网页添加到收藏夹，以后再访问该网页时，便能快速访问。添加时，可以根据需要对收藏夹进行分类整理，如图 6.6 所示。

图 6.5　"保存网页"对话框

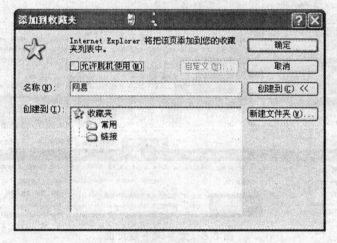

图 6.6　"添加到收藏夹"对话框

实验二　IE 浏览器的高级使用

【实验目的】

➢ 掌握搜索引擎的使用。
➢ 掌握使用 IE 下载文件。
➢ 掌握 IE 的 Internet 选项设置。

【实验内容】

1. 搜索一篇关于"全球气候变暖"的文章并阅读。在 IE 中打开百度 www.baidu.com，在文本框中输入"全球气候变暖"，如图 6.7 所示，然后单击"百度一下"。

图 6.7 "百度"页面

2. 使用 IE 下载"腾讯 QQ2009"。在 IE 中打开网站"太平洋下载页面 http://dl.pconline.com.cn/",如图 6.8 所示,选择"腾讯 QQ2009",如图 6.9 所示,单击"下载地址",如图 6.10 所示,在下载地址列表中选择一个链接地址,单击鼠标右键选择【目标另存为】,如图 6.11 所示,设置好保存的位置和名字。

图 6.8 太平洋下载页面

图 6.9 软件列表　　　　　　　　　图 6.10 软件信息

3. 设置 IE 的 Internet 选项。单击【工具】菜单|【Internet 选项】，如图 6.12 所示。将主页设置为"网易"，删除 cookies，删除临时文件，设置保存历史记录的天数 15 天，清除历史记录，如图 6.13 所示；设置临时文件使用空间为 300 M，如图 6.14 所示。

图 6.11　下载地址列表

图 6.12　IE【工具】菜单

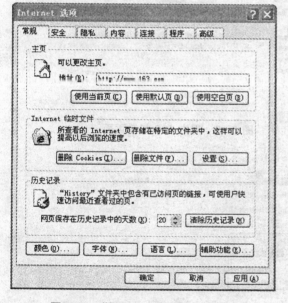

图 6.13　"Internet 选项"对话框

图 6.14　临时文件"设置"对话框

【实验要点指导】

1. 使用搜索引擎时，可结合以下符号进行更精确的搜索：

✧ 加号（＋）或者空格：把几个条件相连可以同时搜索多个关键字段。

✧ 减号（－）：可以避免在搜索某个内容时包含另一个内容。

✧ 引号（""）：用引号括起需要查询的关键字，能在查询结果中不被拆分。

2. 在使用 IE 下载文件时注意保存文件的路径和文件类型。

实验三　电子邮件的收发

【实验目的】

➢ 掌握电子邮件的接收和发送。

【实验内容】

1. 申请一个免费邮箱。在 IE 中打开"126 网易免费邮（www.126.com）"，点击"立即注册"，如图 6.15 所示，填写好个人资料，就申请好一个免费邮箱了。

2. 发送一封电子邮件。登录自己的电子邮箱，点击"写信"，如图 6.16 所示，向自己的同学发送一封电子邮件，主题为"周末一同去郊游"，将郊游的计划作为附件一同发送，如图 6.17 所示。

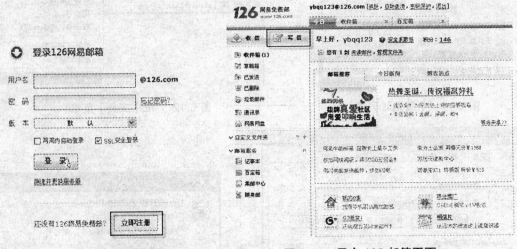

图 6.15　126 邮箱申请页面　　　　　图 6.16　用户 126 邮箱页面

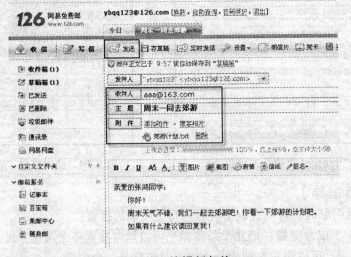

图 6.17　编辑新邮件

3. 查看收到的电子邮件。登录自己的电子邮箱，查看收到的电子邮件，如图 6.18 所示，阅读后删除。

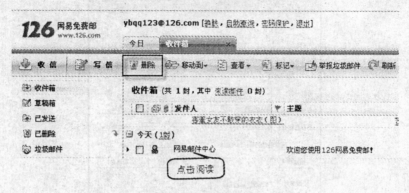

图 6.18　查看收件箱

【实验要点指导】

1. 在注册邮箱时，注意记录用户名和密码以及一些提示问题，以便在忘记密码时取回邮箱。

2. 在发送邮件时注意正确填写收件人的邮箱地址，上传的附件大小不能超过邮箱规定的附件大小。

实验四　下载工具的使用

【实验目的】

➢ 掌握迅雷的使用。
➢ 掌握迅雷的常规属性设置。

【实验内容】

1. 使用迅雷下载"腾讯 QQ2009"安装程序。进入 QQ 的官方网站 www.qq.com，如图 6.19 所示，找到 QQ 软件，使用迅雷将其下载到本地磁盘上，如图 6.20、图 6.21 所示。

图 6.19　QQ 网站页面

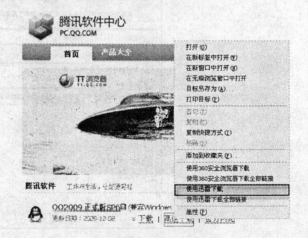

图 6.20　QQ 下载方法

图 6.21　"建立新的下载任务"对话框

2. 设置迅雷的常规属性。设置存储目录，下载的线程数等，如图 6.22、图 6.23、图 6.24 所示。

图 6.22　迅雷【工具】菜单

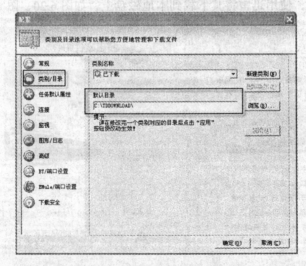

图 6.23　迅雷"配置"对话框

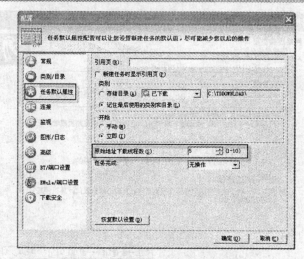

图 6.24　迅雷"配置"对话框

【实验要点指导】

1. 在下载时注意文件的存储目录的选择和文件的名称（特别是文件的扩展名）的设置。

2. 设置迅雷的常规选项，如默认目录，下载的线程数，连接时间及速度限制，使用的端口等，均可单击【工具】菜单|【配置】进行设置。

实验五　Internet 的接入

【实验目的】

➢ 掌握建立宽带连接的方法。
➢ 掌握 TCP/IP 属性的设置。

【实验内容】

1. 建立一个宽带连接。ADSL 是目前应用比较广泛的 Internet 的接入方式之一。要使计算机能够用 ADSL 访问 Internet 就要建立一个宽带连接。方法如图 6.25 ~ 图 6.34 所示。

图 6.25　"网络连接"窗口

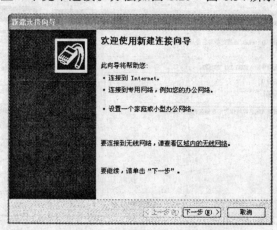

图 6.26　"新建连接向导"对话框

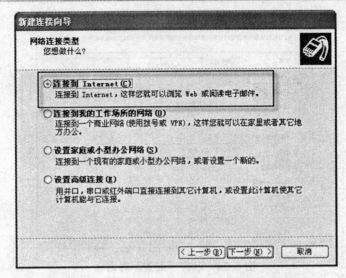

图 6.27 "新建连接向导–网络连接类型" 对话框

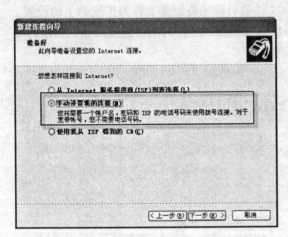

图 6.28 "新建连接向导" 对话框

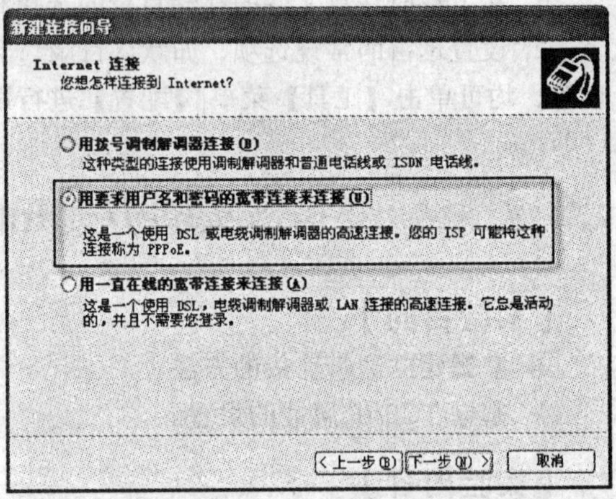

图 6.29 "新建连接向导–Internet 连接" 对话框

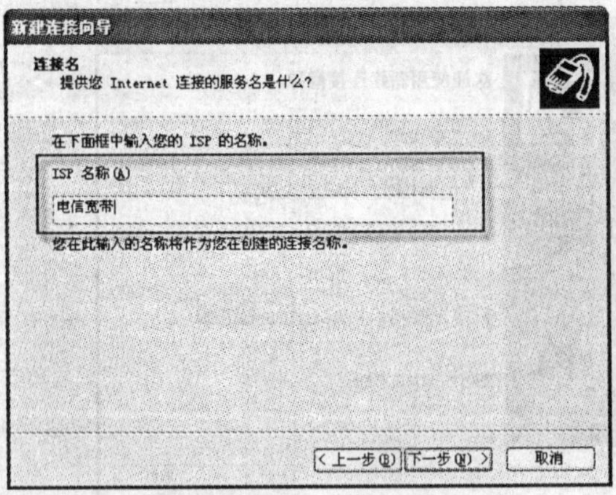

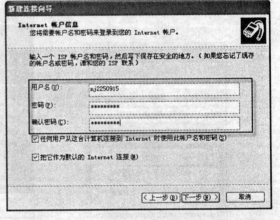

图 6.30 "新建连接向导" 对话框

图 6.31 "新建连接向导–帐户信息" 对话框

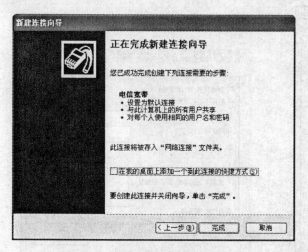

图 6.32　"新建连接向导"对话框

图 6.33　"网络连接"窗口

图 6.34　"连接电信宽带"对话框

2. 设置本地连接的 TCP/IP 属性为自动获取 IP 地址，如图 6.35 ~ 图 6.38 所示。

图 6.35　"网上邻居"右键菜单

图 6.36　"本地连接"右键菜单

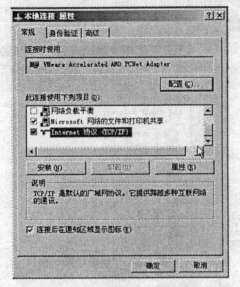

图 6.37 "本地连接属性"对话框

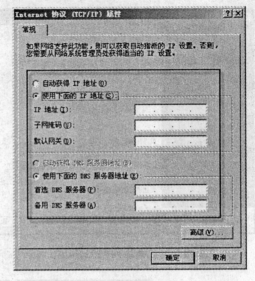

图 6.38 "Internet 协议属性"对话框

【实验要点指导】

1. 在建立宽带连接时注意选择正确的网络连接类型。

2. 在连接 Internet 时输入正确的 ISP 提供的用户名和密码,设置本地连接的 TCP/IP 属性(自动获取 IP 地址或者是指定 IP 地址)。

第二部分

知识点讲解

第二部分

哎只亲村解

计算机基础知识相关知识点

知识点 1：计算机的特点

计算机是一种电子设备，它能够快速、高效地按照人们事先编制好的程序对输入的信息进行加工、处理、存储或传送，并能输出处理后的信息。具有自动化程度高、处理速度快、计算精度高、存储容量大、适用范围广等特点。

知识点 2：第一台计算机

世界上第一台计算机是由美国的宾夕法尼亚大学研制成功的，它诞生于 1946 年 2 月，取名为 ENIAC（ELectronic Numerical Integrator And Computer）。它的问世宣告了计算机时代的到来。

知识点 3：计算机的发展史

根据计算机所采用的逻辑器件不同，可将计算机的发展史划分为以下 4 个阶段：
（1）第一代：电子管计算机。
（2）第二代：晶体管计算机。
（3）第三代：集成电路计算机。
（4）第四代：大规模、超大规模集成电路计算机。

知识点 4：计算机的应用

计算机传统应用领域是：科学计算、数据处理和过程控制。随着计算机技术的不断发展，计算机的应用已渗透到社会生活的方方面面。当前，计算机的应用领域可划分为科学计算、数据处理、过程控制、计算机辅助系统、计算机通信和人工智能等多个方面。

知识点 5：计算机的分类

计算机的分类方式有多种：
（1）按处理数据的形态分类：可分为数字计算机、模拟计算机和混合计算机。
（2）按使用范围分类：可分为通用计算机和专用计算机。
（3）按性能分类：可分为超级计算机、大型计算机、中型计算机、小型计算机、微型计算机和工作站。

知识点 6：计算机辅助系统

计算机被应用于辅助设计、辅助制造、辅助测试、辅助教学等方面，统称为计算机辅助系统。"计算机辅助设计"的英文缩写是 CAD，CAM 是"计算机辅助制造"的英文缩写，CAE 是"计算机辅助工程"的英文缩写，CAI 是"计算机辅助教学"的英文缩写，CAT 是"计算机辅助测试"。

知识点 7：存储程序控制

事先把程序和数据存放在存储器中，在运算过程中，由存储器按事先编好的程序，快速地提供给微处理器进行处理。程序是人们编制的指令的有序序列，计算机硬件逐条读取这些指令，并分析执行每条指令，以完成程序的运行。

知识点 8：计算机中的数据

计算机所表示和使用的数据可分为两大类：数值数据和字符数据。

数值数据用以表示量的大小、正负，如整数、小数等。字符数据也叫非数值数据，用以表示一些符号、标记，如英文字母 A-Z、a-z，数字 0-9，各种专用字符如+、- 、*、／、[、]、(、)及标点符号等。汉字、图形、声音数据也属于非数值数据。

知识点 9：基数

一个计数制所包含的数字符号的个数称为该数制的基数，用 R 表示。例如，十进制的基数 R=10；二进制的基数 R=2；八进制的基数 R=8；十六进制的基数 R=16。

在书写不同进制数时，为了区别，将不同进制数后加一个字母：

D—十进制　　B—二进制　　　O—八进制　　H—十六进制

也可以把数用括号括起来，加上脚标，如$(11001.1)_2$ 表示一个二进制数。

知识点 10：位值（权）

任何一个 R 进制的数都是由一串数码表示的，其中每一位数码所表示的实际值大小，与它所处的位置有关，由位置决定的值叫做位值（或称权）。位值用基数 R 的 i 次幂 R^i 表示。例如，十进制数 136.12 的按权展开：$136.12 = 1 \times 10^2 + 3 \times 10^1 + 6 \times 10^0 + 1 \times 10^{-1} + 2 \times 10^{-2}$

知识点 11：二进制

二进制是计算机中采用的数制，这是因为二进制有如下优点；简单可行，硬件容易实现；运算规则简单；适合逻辑运算。

二进制的明显缺点是：数字冗长、书写繁复且容易出错、不便阅读。

知识点 12：R 进制转换为十进制

任意一个 R 进制数 M（M 具有 n 位整数，m 位小数）的按权展开的展式是：

$M = M_{n-1} \times R^{n-1} + M_{n-2} \times R^{n-2} + M_{n-3} \times R^{n-3} + \cdots + M_1 \times R^1 + M_0 \times R^0 + M_{-1} \times R^{-1} + \cdots + M_{-m} \times R^{-m}$

例如：111011011.1101B=（　？　）D

$111011011.1101 = 1*2^8 + 1*2^7 + 1*2^6 + 0*2^5 + 1*2^4 + 1*2^3 + 0*2^2 + 1*2^1 + 1*2^0 + 1*2^{-1} + 1*2^{-2} + 0*2^{-3} + 1*2^{-4}$

$= 256 + 128 + 64 + 0 + 16 + 8 + 0 + 2 + 1 + 0.5 + 0.25 + 0 + 0.0625$

$= 475.8125$

知识点 13：十进制转换为其他进制

十进制转换为其他 N 进制的法则如下：

整数的转换：除以基数，取余数，倒排列。（除到商为 0 为止）

小数的转换：乘以基数，取整数，顺排列。（乘到积的小数部分为 0，若不能精确转换则采用舍入法）

例如：475.8125=(?)O

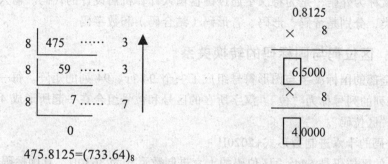

$$∴ \quad 475.8125=(733.64)_8$$

知识点 14：二进制数与十六进制数的相互转换

二进制转换十六进制数时，若有小数，则以小数点为界，分别向左和向右分组，整数不足 4 位的高位补 0，小数不足 4 位的低位补 0，每组转换成与其等值的十六进制数。

例如：1110001.10111B=（ ? ）H

$$1110001.10111$$
$$\underline{0111\ 0001.1011\ 1000}$$
$$7 \quad 1 \quad . \quad B \quad 8$$
$$∴ \quad 1110001.10111B=71.B8H$$

知识点 15：字符编码

用以表示字符的二进制编码称为字符编码。计算机中常用的字符编码有 EBCDIC 码（广义二进制编码的十进制交换码）和 ASCII 码。IBM 系列大型机采用 EBCDIC 码，微型机采用 ASCII 码。

知识点 16：ASCII 码

ASCII（American Standard Code for Information Interchange）码的全称是美国标准信息交换码。它有 7 位码和 8 位码两种版本，国际上通用的 ASCII 码是 7 位码（即用 7 位二进制表示一个字符），也称为标准的 ASCII 码。

7 位码版本的 ASCII 码共有 2^7=128 个字符，其中包括 26 个大写英文字母、26 个小写英文字母、0 ~ 9 共 10 个数字、34 个通用控制字符和 32 个专用字符。

知识点 17：汉字编码

汉字编码主要分为四大类：汉字输入码、汉字交换码、汉字内码和汉字输出码。

汉字交换码是指不同的具有汉字处理功能的计算机系统之间在交换汉字信息时所使用的代码标准。自国家标准 GB2312—80 公布以来，我国一直沿用该标准所规定的国标码作为统一的汉字信息交换码。

GB2312—80 标准包括了 6763 个汉字，按其使用频度分为一级汉字 3755 个和二级汉字 3008 个。一级汉字按拼音排序，二级汉字按部首排序。此外，该标准还包括标点符号、数种西文字母、图形、数码等符号 682 个。

知识点 18：汉字输入码

汉字输入码又称为外码，是为将汉字通过键盘输入计算机而设计的代码。输入代码的方案可以划分成 4 类，分别是音码、形码、音形码（结合码）和数字码。

知识点 19：区位码与国标码的转换关系

在国标码中全部的国标汉字与图形符号组成了一个 94 行、94 列的矩阵。每一行的行号称为"区"，每一列的列号称为"位"。汉字所在的区号和位号组合在一起所形成 4 位数的代码称为该汉字的"区位码"。

国标码=区位码的十六进制数形式+2020H

例如："中"的区位码是 5448，区位码的十六进制数形式为 3630H，其国标码是 5650H

知识点 20：汉字内码

汉字内码是计算机内部对汉字信息进行加工、处理所使用的编码，简称为机内码。国标码与机内码的转换关系如下：

机内码=国标码+8080H（即将国标码的每个字节的最高位置"1"）

"中"的机内码为 D6D0H

因此，机内码和区位码的关系是：机内码=区位码的十六进制数形式+A0A0H

知识点 21：汉字点阵

汉字点阵有 16×16 点阵、24×24 点阵、…、128×128 点阵、256×256 点阵等。1 个点用一个二进位表示，点阵数越大，字形表示得越清晰，占用的存储空间也就越多。例如，16×16 点阵的字形码每个汉字占用 32 字节（16×16÷8=32）。

知识点 22：指令

指令就是给计算机下达的一道命令，它告诉计算机要做什么。一台计算机可能有多种多样的指令，这些指令的集合称为该计算机的指令系统。

知识点 23：机器语言

机器语言是一种用二进制代码"0"和"1"形式表示的语言。机器语言是计算机唯一能够直接识别并执行的语言，与其他程序设计语言相比，其执行效率高。用机器语言编写的程序称为计算机机器语言程序。机器语言可读性差、不易记忆、可移植性差。

知识点 24：汇编语言

汇编语言是一种用助记符表示的面向机器的程序设计语言。汇编语言的每条指令对应一条机器语言代码，不同类型的计算机系统一般有不同的汇编语言。用汇编语言编制的程序称为汇编语言程序。

知识点 25：高级语言

高级语言是一种比较接近自然语言和数学表达式的计算机程序设计语言。用高级语言编写的程序称为"源程序"。把源程序翻译成机器指令，可采用编译和解释两种方式。编译方式产生可执行程序，解释方式不产生目标程序。

知识点 26：计算机的组成

计算机系统由硬件和软件两大部分组成。硬件是指物理上存在的各种设备。软件是运行在计算机硬件上的程序、运行程序所需的数据和相关文档的总称。

知识点 27：计算机硬件系统

计算机硬件系统由中央处理器（CPU）、存储器、输入设备和输出设备组成。在微型计算机中中央处理器称为"微处理器"。它是计算机系统的核心，主要包括运算器和控制器两部分。

知识点 28：存储器

存储器用于存放计算机进行信息处理后的程序和数据。存储器分为内存储器和外存储器两大类。

内存储器简称为内存或主存。按其工作方式的不同，内存储器可分为随机存取存储器（RAM）和只读存储器（ROM）。RAM 既可读也可写，但掉电信息丢失；ROM 只能读不能写，信息能永久保存。

知识点 29：总线

总线体现在硬件上就是计算机主板，总线是连接微机系统中各个部件的一组公共信号线，是计算机中传输数据和信息的公共通道。微机系统的总线分为地址总线、数据总线和控制总线三部分，分别用于传送地址信息、数据信号和控制信号。

知识点 30：计算机软件

软件是指为方便使用计算机和提高使用效率而组织的程序，以及用于开发使用和维护的有关文档。软件系统可分为系统软件和应用软件两大类。

知识点 31：操作系统

操作系统是管理、控制和监督计算机软硬件资源协调运行的程序系统，由一系列具有不同控制和管理功能的程序组成，它是直接运行在计算机硬件上的、最基本的系统软件，是系统软件的核心。

知识点 32：应用软件

应用软件是指为解决计算机应用中的实际问题而编制的软件，如文字处理软件、表格处理软件、绘图软件、财务软件等。应用软件可分为通用软件和专用软件两大类。

知识点 33：存储容量

由 8 位二进制位组成一个存储单元，称为字节（byte）。字节是存储器最小的存储单位。
1 B（字节）=8 bit　　1 KB=1024 B　　　1 MB=1024 KB　　1 GB=1024 MB　　1 TB=1024GB

知识点 34：硬盘的容量

硬盘的容量计算公式是：硬盘的容量=柱面数×磁头数×扇区数×512 B。

一片软盘片只有两个磁盘面，其容量计算公式可简化为：

软盘的容量=磁道数×2×扇区数×512 B

对于 3.5 寸软盘，有 2 面，每面 80 个磁道，每磁道有 18 个扇区，1 个扇区存储 512 B，所以其容量为 1474560B，即 1.44 MB。

知识点 35：光盘

光盘分为三类：第一类是只读型光盘 CD-ROM；第二类是一次性写入光盘 CD-R；第三类是可擦除型光盘 CD-RW。

知识点 36：输入设备

键盘和鼠标器是微机中最常用的输入设备，此外还有扫描仪、条形码阅读器、光学字符阅读器、触摸屏、手写笔、声音输入设备（麦克风）和图像输入设备（数码相机）等。

知识点 37：输出设备

输出设备的任务是将信息传送到中央处理器之外的介质上。显示器和打印机是计算机中最常用的两种输出设备。

知识点 38：计算机的性能指标

通常我们可以根据计算机的主要技术指标来衡量计算机性能的好坏。计算机的主要技术指标有：字长、时钟频率（主频）、运算速度、内存容量、存储周期等。

知识点 39：运算速度

计算机的运算速度通常是指每秒钟所能执行加法指令的数目，常用百万次/秒（Million Instructions Per Second，MIPS）表示。

知识点 40：多媒体技术

计算机多媒体技术是指在计算机中集成了文字、声音、图形、图像、视频和动画等多种信息媒体的技术。计算机多媒体技术的特点在于信息媒体的多样性、集成性和交互性。

知识点 41：多媒体计算机

多媒体计算机是在多媒体技术的支持下能够实现多媒体信息处理的计算机系统。多媒体计算机一般由硬件平台、多媒体操作系统、图形用户界面和应用工具软件四部分组成。

知识点 42：多媒体技术的应用

目前多媒体技术的应用范围主要有：信息管理、商业应用、教育与培训、演示系统、影视制作、网络应用、电子出版物等。

知识点 43：计算机病毒

计算机病毒实质上是一种特殊的计算机程序，它具有自我复制能力，通过非授权入侵并隐藏在可执行程序和数据文件中，一旦计算机系统运行，它就会进行自我复制并很快地扩散，影响和破坏系统的正常运行及数据的安全。

知识点 44：计算机病毒的特点

计算机病毒一般具有如下主要特点：寄生性、破坏性、传染性、潜伏性、隐蔽性、激发性等。

知识点 45：计算机病毒的分类

按病毒的表现性质可分为：良性病毒和恶性病毒。按病毒感染的目标可分为：引导型、文件型和混合型病毒。按病毒的寄生媒体可分为：入侵型、源码型、外壳型和操作系统型病毒。

知识点 46：计算机病毒的防治

主要防治措施如下：不使用盗版软件和来历不明的外来磁盘；经常对重要文件进行备份；对系统盘和文件加以写保护；最好给可执行的文件赋予"只读"属性；定期使用反病毒软件对硬盘进行检查；安装防病毒卡，以防止病毒的侵害。

知识点 47：计算机病毒的清除

清除病毒的方法有两类，一是手工清除，二是借助反病毒软件清除病毒。对于一般用户，如果已经知道了病毒的名称，那么可以通过网络查找相应的手工清除方法，通常按照说明就可以完成对病毒的彻底清除。

知识点 48：计算机使用安全常识

电源稳定、环境洁净、室内温度湿度合适、避免强磁场的干扰。微机合适的工作温度在 15～35 ℃ 之间，相对湿度一般不能超过 80%，还要注意正常开、关机，应先开外设后开主机，先关主机后关外设。

Windows XP 操作系统
相关知识点

知识点 49：操作系统

操作系统是计算机系统中的一个系统软件，它能够直接控制和管理计算机的硬件资源和软件资源，合理地组织计算机系统的工作流程，是用户与计算机之间的接口，为用户操作计算机提供了一个良好的运行环境和友好的操作界面。

知识点 50：操作系统的功能

操作系统的任务是充分地利用硬件所提供的能力，支持应用软件的运行并提供相应的服务。操作系统一般具有 CPU 管理、存储管理、设备管理、文件管理和作业管理五大功能。

知识点 51：操作系统的分类

按操作系统的使用环境不同，操作系统可分为批处理操作系统、分时操作系统和实时操作系统。

按操作系统的用户数目不同，操作系统可分为单用户操作系统、多用户操作系统、单机系统和多机系统。

按计算机的硬件结构不同，操作系统可分为网络操作系统、分布式操作系统和多媒体操作系统。

知识点 52：Linux 操作系统

Linux 是开放源代码、包含内核、系统工具、完整的开发环境和应用的 UNIX 类的操作系统。它是一个支持多用户、多进程、实时性好的功能强大而稳定的操作系统，是 UNIX 在 PC 上的完整实现。

知识点 53：Windows XP 操作系统的特点

Windows XP 最重要的一个特点就是它从此取代了被人称作"玩具操作系统"的软件 Windows 9X。它采用的是 Windows NT/2000 的技术核心，其特点是运行非常可靠、非常稳定。

知识点 54：应用程序

通常将程序分为系统程序和应用程序两大类。系统程序泛指那些为了有效地运行计算机系统，给应用软件运用与开发提供支持，或者能为用户管理与使用计算机提供方便的一类软件。应用程序泛指那些专门用于解决各种具体应用问题的程序。由于计算机的通用性和应用广泛性，应用程序比系统程序更丰富多样。

知识点 55：文件

文件是一组相关信息的集合。计算机中的程序、数据文档通常都组织成为文件存放在外存储器中，用户（或者程序）必须以文件为单位对外存储器中的信息进行访问和操作，每个文件都有自己的名字（称为文件名），用户可以通过文件名来使用文件。

文档是应用程序所创建的一组相关信息的集合，也是包含文件格式和所有内容的文件。

知识点 56：文件夹

Windows 中文件目录也称为文件夹，它采用多级层次结构（也叫树状结构），文件夹中可以包含下一级文件夹，也可以包含文件。这种结构形式类似于一本书的目录，磁盘就相当于是一本书，磁盘根目录下的所有子目录就相当于书中的若干章，磁盘根目录下的子目录的下一级子目录就相当于书中每一章的小节。

知识点 57：盘符

盘符也称为驱动器名。驱动器分为软盘驱动器、硬盘驱动器和光盘驱动器。在"我的电脑"里，每个驱动器都用一个字母来标识。通常情况下软盘驱动器用字母 A 或 B 标识；硬盘驱动器用字母 C 标识。如果硬盘划分了多个逻辑分区，则各分区依次用字母 D、E、F 等标识。光盘驱动器标识符总是按硬盘标识符的顺序排在最后，通常用字母 G、H 等标识。

知识点 58：路径

简单地说路径就是文件在磁盘上的位置。文件的路径由用"\"隔开的各目录组成，路径中的最后一个目录名就是文件所在的目录名。

对文件进行操作时，文件的路径还与当前目录有关，当前目录是指系统正在工作的目录，在对当前目录中的文件进行操作时，就不必指出该文件的目录位置，对当前目录以外的文件进行操作时，必须要指明其位置。

知识点 59：绝对路径和相对路径

绝对路径是指从目标文件所在磁盘根文件夹开始直到目标文件所在的子文件夹为止的路径上的所有文件夹名，绝对路径总是以符号"盘符:\"开始的，系统中的所有文件都可以用绝对路径来表示。相对路径是指从目标文件所在磁盘的当前文件夹开始直到目标文件所在的文件夹为止的所有的子文件夹名。

知识点 60：选定与组合键

选定一个项目通常是指对该项目做一个标记，该操作不产生动作。

当同时按下两个或者几个按键时，键名之间常用"+"连接表示，称为组合键。在按下组合键时，通常先按下功能键，例如，【Ctrl+C】表示先按住【Ctrl】键不放，再按【C】键。

知识点 61：启动 Windows XP

启动中文 Windows XP 的具体操作步骤如下：

（1）先接通显示器开关，再接通计算机主机电源开关（启动计算机）系统将进行自检，自检完毕后就会出现登录提示对话框。

（2）输入用户名和密码，按下回车键，进入 Windows XP。

知识点 62：关闭 Windows XP

退出中文 Windows XP 的具体操作步骤如下：

（1）关闭已运行的应用程序，并对尚未保存的文件进行存盘。

（2）单击【开始】按钮弹出"开始"菜单。

（3）单击开始"菜单中的【关机】选项，弹出"关闭 Windows"对话框。

（4）选择【关机】，不久计算机就会自动断电。

知识点 63：鼠标的基本操作

（1）指向。移动鼠标，使鼠标指针指向某一对象。指向操作往往是将对某个对象进行鼠标单击、双击或拖动等的先行操作。

（2）单击。快速按下左键然后立即释放。单击操作一般用于选定对象。

（3）右击。将鼠标指针指向某一对象，快速按下鼠标右键然后释放，随即就会弹出一个操作该对象的快捷菜单。

（4）双击。将鼠标指针指向某一对象，接着快速地连续按两次鼠标左键，然后立即释放。在 Windows 中双击通常用于启动选定的程序或打开文件夹。

（5）拖动。将鼠标指针指向某一个对象，接住鼠标左键不放，然后移动鼠标指针到指定位置，再释放鼠标左键。

（6）释放。将按住鼠标器按钮的手指松开。

（7）右拖动。按住鼠标右键不放，移动到目标位置松开。

知识点 64：图标

图标是一种表示某个应用程序或某种功能的标志。在 Windows 的桌面上我们可以看到许多不同形状的小图标，而且在每个小图标的下面还有文字说明。

知识点 65：【开始】按钮

【开始】按钮位于 Windows 桌面的左下角，单击【开始】按钮会弹出"开始"菜单，"开始"菜单是启动应用程序最直接的工具。包括程序、文档、设置、搜索、帮助、运行和关机等命令选项。

知识点 66：任务栏

任务栏通常位于 Windows 桌面的底部，它由 4 个部分组成，分别是【开始】按钮、快速启动区、活动任务区和系统任务区。

知识点 67：对话框

对话框主要用于人与系统之间的信息对话。它是 Windows 和用户进行信息交流的一个界面。在 Windows 中对话框实际上是一个小型的特殊窗口，它一般出现在程序执行过程中，提出选项并要求用户进行选择。

知识点 68：菜单

菜单是一张命令列表，它是应用程序与用户交互的主要方式，Windows XP 菜单中有系统菜单（包括开始菜单和控制菜单）、横向菜单（菜单栏）、下拉菜单和快捷菜单四种典型菜单。菜单的操作有：打开菜单、选择菜单和关闭菜单。

知识点 69：选择菜单

键盘操作方法一：打开菜单，按所选菜单项后的字母键（热键）；方法二：打开菜单，用上、下箭头键移动蓝色亮条到所选菜单命令处，按【Enter】键；方法三：注意有些菜单命令后标有组合键，这种组合键称为菜单命令的快捷键，如 Ctrl+C，可以直接使用而不必打开菜单。

知识点 70：菜单的一些约定

正常的菜单命令是用黑色字符显示，表示此命令当前有效，可以选用。用灰色字符显示的菜单命令表示当前情形下无效，不能选用。带省略号（…）的菜单命令表示选择该命令后，弹出一个相应的对话框，要求进一步输入某种信息或改变某些设置。名字前带有"√"记号的菜单命令是一个选择标记，当菜单命令前有此符号时，表示该命令有效。

知识点 71：打开"开始"菜单

"开始"菜单属于系统菜单，打开"开始"菜单的方法有：单击【开始】按钮，可打开"开始"菜单；按 Ctrl+Esc 组合键也可以打开"开始"菜单；在 Windows 键盘中，按标有视窗图案的键（此键位于【Ctrl】键和【Alt】键之间）也可打开。

知识点 72：应用程序的退出

最小化后的程序实际还是在运行的，要想终止程序的运行，可以采用以下操作：

（1）单击应用程序标题栏右边的关闭窗口按钮。

（2）双击应用程序的控制菜单图标。

（3）切换到需要关闭的应用程序，按【Alt+F4】组合键。

（4）单击【文件】菜单中的【退出】或【关闭】命令。

知识点 73：工具栏的操作

工具栏上的按钮在菜单中都有对应的命令。当移动鼠标指针指向具栏上的某个按钮时，稍停留片刻，用程序将显示该按钮的功能名称。用户可以用鼠标把工具栏拖放到窗口的任意位置或改变排列方式。

知识点 74：最小化所有应用程序窗口

（1）用鼠标右键单击任务栏的空白处（中间部分的空白处），将弹出任务栏快捷菜单，单击"显示桌面"命令即可。

（2）单击任务栏上"显示桌面"快速启动按钮，也可以最小化所有应用程序窗口。

知识点 75：应用程序间的切换

Windows XP 允许同时运行多个程序，只要单击任务栏上代表该程序的图标，就可以恢复应用程序窗口。

还有一种方法是使用【Alt+Tab】组合键，多次按下可以在所有打开的应用程序之间切换，直到选中所需程序为止。刚切换的程序窗中将出现在其他程序窗口的前面，称为当前窗口。

知识点 76：DOS 操作系统

DOS 操作系统是由引导程序、基本输入输出程序、磁盘操作管理程序及命令处理程序组成的，是一个单用户单任务的操作系统。它的主要功能是文件管理、内存管理和设备管理。DOS 的主要类型有 MSDOS、PC-DOS、CCDOS 和 UCDOS，它们的基本功能都相同。

知识点 77：文件名

对于主文件名，Windows XP 做出了以下一些规定：

（1）文件名最多由 255 个字符组成，且不区分英文大小写。

（2）文件名中允许使用空格和加号、逗号、分号、左方括号、右方括号、等号，但不能有以下 9 个：

? 问号

* 星号

" 英文双引号

< 小于符号

> 大于符号

| 竖线

/ 正斜杠

\ 反斜杠

: 冒号

（3）同一文件夹中的所有文件的文件名不能重复（即同名）。且同一文件夹中文件和文件夹也不能重名。

知识点 78：通配符

在对文件进行操作时，使用文件名通配符可以处理一批文件，文件名通配符包括"*"和"?"。文件名通配符"*"表示多个任意字符。文件名通配符"?"表示一个任意字符。如：文件名"a*.doc"表示以 a 开头的所有扩展名为.doc 的文件，文件名"a?1.bmp"表示文件名以 a 开头，第 3 个字符为 1，扩展名为.bmp 的文件。

知识点 79：快捷方式

Windows XP 的"快捷方式"仅仅是一个链接对象的图标，而不是对象本身。通常快捷方式图标的左下角都带有一个小黑箭头。双击某个快捷方式图标，系统会根据指针的内部链接自动调用相应的应用程序或打开对应的文件或文件夹。

使用快捷方式的目的是为了我们方便打开某个程序或文件。快捷方式可以建立在桌面上或某个文件夹中。快捷方式链接的目标对象可以是文件也可以是文件夹。如果我们删除了快捷方式所指向的对象，则这个快捷方式就不能使用了。

知识点 80：资源管理器

"资源管理器"是 Windows 系统提供的资源管理工具，在实际的使用功能上"资源管理器"和"我的电脑"是一样的。Windows XP 资源管理器还集成了 Internet Explorer 的浏览器功能，可以在地址栏中输入 Web 地址或文件路径。

知识点 81：资源管理器的打开

打开"资源管理器"的主要方式有以下 3 种：

（1）右击"我的电脑"，选择【资源管理器】。

（2）右击【开始】按钮，在弹出的快捷菜单中选择【资源管理器】。

（3）在"开始"菜单中选择【程序】，再选择【附件】，选择【Windows 资源管理器】。

知识点 82：选定文件或文件夹

用鼠标单击要选定的文件或文件夹的图标或名称即可选定单个的文件或文件夹。在"文件夹内容"窗格中，单击要选定的第一个对象，然后移动鼠标指针至要选定的最后一个对象，按住【Shift】键不放并单击最后一个对象，那么这一组连续文件即被选中。

在"文件夹内容"窗格中，按住【Ctrl】键不放，单击所要选定的每一个文件或文件夹的图标或名称，即可选定一组非连续排列的文件或文件夹。

知识点 83：创建文件或文件失

（1）在所需创建新文件夹窗口的空白处右击，随即弹出一快捷菜单。

（2）在弹出的快捷菜单中单击【新建】命令，然后在下一层菜单中单击【文件夹】命令，

（3）出现了一个新的文件夹图标，其名称为"新建文件夹"，并处于可编辑状态。输入新文件夹名称后，按【Enter】键，或用鼠标单击任何空白处，完成创建。

知识点 84：文件或文件夹的复制

文件的"复制"是指原来位置上的源文件保留不动，而在指定的位置上建立源文件的副本。操作步骤如下：

（1）选定所需复制的文件或文件夹。

（2）单击【编辑】菜单中的【复制】命令。

（3）打开将要放置该文件的文件夹，然后单击【编辑】菜单中的【粘贴】命令。

知识点 85：删除文件或文件夹

（1）在"资源管理器"中，将指针移动到待删除的文件（夹）图标上，右击鼠标，在弹出菜单中选择【删除】，在弹出的确认对话框中选择【确定】按钮。

（2）在"资源管理器"中，选中待删除的文件（夹），单击菜单栏的【文件】，在下拉菜单中选择【删除】，在弹出的确认对话框中选择【确定】按钮。

（3）直接用鼠标将要删除的文件或文件夹拖动到"回收站"图标上。

知识点 86：文件或文件夹的重命名

（1）在"资源管理器"中，将指针移动到待改名的文件（夹）图标上，右击鼠标，在弹

出菜单中选择【重命名】，这时原来的文件（夹）名会变蓝（称反相显示）。用键盘输入新名称，按【Enter】键，或单击该名字方框外任意处。

（2）在"资源管理器"中，选中待改名的文件（夹）。单击菜单栏的"文件"。在弹出的下拉菜单中选择"重命名"，这时原来的文件（夹）名反相显示。用键盘输入新名称。按【Enter】键，或单击该名字方框外任意处。

（3）在"资源管理器"中，选中待改名的文件（夹），按 F2 键，亦可改名。

（4）在"资源管理器"中，慢速双击待改名的文件（夹），亦可改名。

知识点 87：文件的属性

文件的属性是指定义文件的性质，包括只读、隐藏、存档和系统等。不同的文件或文件夹类型，其"属性"设置对话框的样式也有所不同，但都具有"常规"选项卡，注明文件或文件夹的名称、位置、大小、创建/修改时间和属性等。

知识点 88：设置文件的属性

（1）打开文件的"属性"对话框。

（2）单击"常规"选项卡，可以看到该文件的类型、位置、大小等信息。在"属性"栏中还提供了 4 种文件属性选项，分别是只读、隐藏、存档、系统。如果用户想改变"属性"栏中的文件属性，则单击所需的属性选项前的复选框即可。

（3）若该文件还有其他选项卡，就可以切换到其他选项卡，然后再进行其他属性的设置。

（4）设置好所需的所有属性后，单击【确定】按钮，完成设置文件属性操作。

知识点 89：格式化软盘

在软驱中插入所需格式化的软盘。双击桌面上"我的电脑"图标，打开"我的电脑"窗口。右击"3.5 英寸软盘（A：）"图标，弹出快捷菜单。从弹出的快捷菜单中选择【格式化】命令，打开"格式化 3.5 英寸软盘（A：）"对话框。在"格式化类型"栏中选择一种格式化类型。单击【开始】按钮，弹出有关警告，是否真的格式化软盘的提示框．单击【确定】按钮。

知识点 90：在文件夹中创建快捷方式

（1）利用菜单操作。单击所需创建快捷方式的文件，单击【文件】菜单中的【创建快捷菜单】命令。

（2）利用鼠标右键。单击所需创建快捷方式的文件，按下鼠标右键不放，拖动该文件到空白位置，释放鼠标右键，然后从弹出的快捷菜单中选择【在当前位置创建快捷方式】命令。

知识点 91：附件程序

WindowsXP 提供了一套简单的应用程序。包括记事本、画图、图像处理、计算器等。单击【开始】按钮，移动鼠标至【程序】，然后再移至【附件】就可以看到它们。

知识点 92：利用帮助窗口获取帮助信息

有两种方法可以进入 Windows XP 的帮助系统：一是单击【开始】按钮，选择【帮助】命令；二是单击窗口菜单栏中的【帮助】菜单，然后单击【帮助】命令。

在 Windows XP 帮助窗口中有"目录"、"索引"、"搜索"和"书签"四个标签，通过它们可以查找特定的帮助主题。

知识点 93：利用"？"获取帮助信息

　　在使用过程中经常会遇到对话框，有些对话框中的选项可能不清楚其意思，这时可以利用对话框中标题栏右边的"？"按钮来获取帮助信息。如果没有该按钮，可以在【帮助】菜单中选择【这是什么?】命令。

　　当单击"？"按钮后，鼠标指针就会出现一个"？"号，将指引移动到某个项目处并单击该项目，在该项目的旁边就会显示其帮助信息。

知识点 94：使用中文输入法

　　Windows XP 默认的是英文输入状态，如果要输入汉字，则需要选用中文输入法。

　　（1）利用鼠标选用中文输入法。单击任务栏上的语言指示器弹出系统所有的输入法菜单。从弹出的输入法菜单中单击所需选用的输入法，完成选用输入法操作。

　　（2）利用键盘选中文输入法。按下【Ctrl+Shift】组合键，可以轮流切换已有的输入法。按下【Ctrl+空格】组合键，可在中文和英文输入法之间进行切换。

Word 2003 相关知识点

知识点 95：Word 2003 的主要功能

Word 2003 的主要功能包括：

（1）文字的增、删、改等基本操作，还提供了拼写和语法检查、自动编写摘要、自动套用格式等功能。

（2）对文字和段落进行排版，设置不同的格式、边框和底纹、分栏等。

（3）对每一个页面可设置页边距、纸型、版式，添加页眉和页脚，对文档进行保护、打印预览等。

（4）可插入或自行绘制图形，实现图文混排，还可插入其他内容如艺术字、剪贴画、文本框、公式等。

（5）可创建表格，在表格中输入数据，还可对表格中的数据进行排序、计算、转换等。

知识点 96：插入点

当创建了一个新的文档后，其工作区是空的，只在第一行第一列有一个闪烁着的黑色竖条（或称光标），称为插入点。输入文本时，它指示下一个字符的位置。每输入一个字符插入点自动向右移动一格。在编辑文档时，可以通过在新位置单击"I"状的鼠标指针来移动插入点的位置。也可使用光标移动键来移动插入点到所希望的位置。在普通视图下，还会出现一小段水平横条，称为文档结束标记。

知识点 97：视图与视图切换

Word 提供了 5 种屏幕上查看文档的方式：普通视图、页面视图、Web 视图、阅读版式和大纲视图。同一个文档在不同的视图下查看，其显示的方式是不同的，其功能也是不同的。对文档操作需求的不同可以采用不同的视图。

（1）普通视图

普通视图多用于文字处理工作，如输入、编辑、格式的编排和插入图片等。普通视图基本上实现了"所见即所得"的功能。但在普通视图下不能插入页眉、页脚，不能分栏显示、首字下沉，绘图的结果不能真正显示出来。该视图的优点是处理文档的速度比较快。

（2）Web 版式视图

它优化了布局，使其在外观与在 Web 或 Internet 上发布的外观一致。在 Web 版式视图中，还可以看到背景、自选图形和其他在 Web 文档及显示屏上查看文档时相同的效果。

（3）页面视图

页面视图主要用于版面设计。页面视图所显示的就是最后的打印效果，即"所见即所得"。在页面视图下，还可以对文档进行图形格式的操作，但在该视图方式下 Word 占用计算机的资源相应较多，使得处理速度稍有下降。

（4）大纲视图

大纲视图能够显示文档的结构，该视图模式可以折叠文档，只显示标题，比较适合于编辑文档的大纲，方便审阅和修改文档的结构。

（5）阅读版式

在阅读版式视图中，文件中的字号变大了，每一行变得短些，阅读起来比较贴近于自然习惯，能从使人疲劳的阅读习惯中解脱出来。虽然这种阅读方式比较省力，但每次通过这种方式打开 Word 文件进行阅读都令人不是非常习惯，最关键的是在"阅读版式"方式下，所有的排版格式都打乱了，所以只好又回到传统的"页面"视图中进行文件审读。

知识点 98：Word 的帮助系统

（1）在【帮助】菜单中选择【Microsoft Word 帮助】命令，或接【F1】键，或鼠标单击 Word 窗口中的"Office 助手"图标，即显示出帮助信息。可选择所需的帮助条目，也可在空白处输入所需帮助的主题，单击【搜索】按钮进行查找。

（2）在【帮助】菜单中选择【这是什么？】命令或按【Shift+F1】组合键，鼠标会变成"？"形状鼠标指向某一工具栏按钮或某一菜单命令，就会显示出简单的帮助信息。

知识点 99：文档的创建

单击【文件（F）】菜单中的【新建…】命令，即可弹出"新建文档"任务窗格，其中列出了各种文档、网页、邮件、模板，若在其中选择某种文档模板，在右下方的"新建"单选按钮中选择"文档"，单击【确定】按钮即可创建一个新的文档。

在"常用"工具栏中单击最左侧的【新建空白文档】按钮键或按【Ctrl+N】组合即会直接建立一个空白文档。

知识点 100：打开已存在的文档

（1）单击"常用"工具栏中的【打开】按钮。
（2）单击【文件】下拉菜单中的【打开】命令。
（3）直接按【Ctrl+ O】组合键。
（4）利用【文件】菜单底部的文件名列表。

知识点 101：文档的保存

选择【文件】菜单中的【保存】命令，或在"常用"工具栏中单击【保存】按钮，或按【Ctrl+S】组合键，若是首次保存，即会弹出"另存为"对话框。在"保存位置"中选择需保存的磁盘和文件夹，在"文件名"中输入文件的名称，在"文件类型"中选择需保存的文件类型，最后单击【保存】按钮，即完成保存文件的过程。

默认情况下，Word 会以文档中前面的部分字符作为文件名，文件的类型为".doc" Word 文档，保存的位置为"我的文档"。

选择【文件】菜单中的【另存为】命令可将一个文件保存为另一个文件名或保存在另一个文件夹中。

文件还可以加密保存，密码的字符个数不超过 15 个。

Word 文档还可以保存为其它的文件类型，例如：txt、html（htm）、dot、rtf 等。

在操作过程中，注意养成定时保存的习惯。当我们关闭一个已被修改但未保存的文档时，Word 会提示是否保存该文档。

知识点 102：使用鼠标选定文本

（1）选定若干个字符：将鼠标定位在第一个字符之前，按住鼠标一个字符到最后一个字符之间的所有内容（包括第一个字符和最后一个字符在内）。

（2）选定一行或多行：鼠标指向行首的空白区，鼠标变成右上箭头形状，单击左键一次则选定当前行；双击左键则选定当前段；连续单击左键三次则选定当前整个文档。鼠标指向行首的空白区，按住鼠标左键向上或向下拖动若干行，则这些行都被选中。

（3）选定一个矩形区域内的内容：按住【Alt】键的同时，按住鼠标左键拖出一个矩形框，则矩形框内的内容被选定。

知识点 103：使用键盘选定

（1）选定若干个字符：将光标定位在第一个字符之前，按住【Shift】键的同时，用键盘上的右箭头或左箭头向右或向左选定文本。

（2）选定一行或多行：将光标定位在第一行的第一个字符之前，按住【Shift】键的同时，用键盘上的上箭头或下箭头向上或向下选定文本。

知识点 104：文本的插入与改写方式

文本的输入有两种方式：插入方式和改写方式。

当状态栏上的"改写"状态为灰色时，表示当前为插入方式。插入方式下插入文本时，插入点右侧的文本自动向右移动，插入的文本显示在插入点的左侧，这样不会覆盖原来的内容。

当状态栏上的"改写"状态为黑色时，表示当前为改写方式。改写方式下输入文本时，会覆盖插入点右侧的文本。

通过双击状态栏上的"改写"状态，或按键盘上的【Insert】键，都可以在两种输入方式之间切换。

知识点 105：插入符号

很多特殊的和专用的符号一般在键盘上是没有的。例如，除英文外的外文字母，特殊的标点符号，数学符号等。插入方法如下：

（1）把插入点移动到要插入符号的位置。

（2）单击【插入】下拉菜单中的【符号】命令，打开"符号"对话框。

（3）在"符号"对话框中的"字体"下拉列表中选定适当的字体项，再单击所需插入的符号。

（4）确定后，单击【插入】按钮就可将所选的符号插入到文档的插入点处。再单击【关闭】按钮，关闭"符号"对话框。

知识点 106：插入日期和时间

Word 可以在文档任意位置直接插入当前的日期和时间，步骤如下：

（1）把插入点移动到要插入的日期和时间的位置处。

（2）单击【插入/日期和时间】命令，打开"日期和时间"对话框。

（3）在"语言"下拉列表中选定'中文（中国）"或"英语（美国）"，在"有效格式"列表框中选定所需的格式。如果选定"自动更新"复选框，则所插入的日期和时间在下次打开文件时会自动更新。

（4）单击【确定】按钮，即可在指定的插入点处插入当前的日期和时间。

知识点 107：插入脚注和尾注

在编写文章时，经常需要注释一些从别的文章中引用的内容、名词或事件，这些注释称为脚注或尾注。脚注和尾注都是注释，它们之间的区别是：脚注放在每一页的底端，而尾注是放在文档的结尾处。

插入脚注和尾注的操作步骤如下：

（1）将插入点移动到需要插入的脚注和尾注的文字之后。

（2）单击【插入】|引用|【脚注和尾注】命令，打开"脚注和尾注"对话框。

（3）在"脚注和尾注"对话框中选定插入"脚注"还是"尾注"单选项，再确定显示位置、编号方式等，单击【插入】按钮。

（4）输入注释文字后，鼠标指针在文档任意处单击即可退出注释的编辑，完成插入工作。若需要删除脚注或尾注，则选定脚注或尾注号，按【Backspace】键或【Delete】键。

知识点 108：插入另一个文档

在编写文章时，有时需要将几个文档连接成一个文档，此时可利用 Word 插入文件的功能。其具体步骤如下：

（1）把插入点移动到要插入另一个文档的位置。

（2）单击"插入""文件"命令，打开"插入文件"对话框。

（3）在"插入文件"对话框中，选定要插入文档所在的路径。

知识点 109：插入图片

在文档中，可以插入图片来增强内容的丰富性。步骤如下：

（1）把插入点移动到要插入图片的位置处。

（2）单击【插入】|【图片】命令，选择其中的图片类型。【剪贴画】中可以选择 Word自带的一些图片，单击【来自文件】可以选择自己储存在计算机中的图片。

知识点 110：设置"打开权限密码"

（1）打开"另存为"对话框。

（2）从【工具】中选择【安全措施选项…】命令，打开"安全性"对话框。

（3）在"打开文件时的密码"文本框中输入密码，然后单击【确定】按钮，打开"确认密码"对话框。

（4）在"请再次键入打开文件时的密码"文本框中输入相同的密码，然后单击【确定】按钮，返回"另存为"对话框。

（5）保存该文档。

知识点 111：文本的删除

（1）按键盘上的【Backspace】键，可删除光标左侧的文本。

（2）按键盘上的【Delete】键，可删除光标右侧的文本。

（3）若需删除大量的文本，首先选定需删除的文本，再接【Backspace】键或【Delete】键，或选择【编辑】菜单中的【清除】或【剪切】命令。

知识点 112：撤销和恢复

若处理过程中执行了某项误操作，可选择【编辑】菜单中的【撤销】命令，或单击"常用"工具栏上的【撤销】按钮，便可撤销这项误操作。若又认为该项操作是正确的，则可选择菜单中的【重复】命令，或单击"常用"工具栏上的【恢复】按钮。

单击"常用"工具栏上【撤销】按钮或【恢复】按钮旁边的箭头. 可显示出最近执行的可撤销或可恢复操作的列表。撤销或恢复操作时必须按照原顺序的逆顺序进行，不可以跳过中间的某些操作。

撤销操作的快捷键为【Ctrl+Z】，恢复操作的快捷键为【Ctrl+Y】。

恢复操作是恢复被撤销的操作，当没有进行过撤销操作时，恢复操作是不可用的，恢复按钮或命令呈灰色。

知识点 113：鼠标选定文本

根据文本区域大小的不同可分别采用以下方法方便地选定文本。

（1）选定一行或多行：将光标移动到左边页边距位置，当鼠标"I"形指针变成向右上方指的箭头时（此处称为文本选定区），单击一下就可以选定一行文本，如果继续拖动鼠标，则可选定多行文本。

（2）选定一个段落：将鼠标指针移到所要选定的段落的任意行连击三下左键。或者鼠标指向该段文本选定区双击鼠标左键。

（3）选定一个句子：按住【Ctrl】键，将鼠标光标移到所选句子的任意处单击一下。

（4）选定矩形区域中的文本：将鼠标指针移动到所选区域的左上角，按住【Alt】键，拖动鼠标直到区域的右下角，放开鼠标。

（5）选定整个文档：按住【Ctrl】键，将鼠标指针移到文档左侧的选定区单击一下，或者将鼠标指针移到文档左侧的选定区并连续三次快速单击鼠标左键，也可以单击【编辑】下拉菜单中的【全选】命令或直接按【Ctrl+A】组合键选定全文。

（6）选定任意大小的文本区：首先将"I"形鼠标指针移到所需选定的文本区的开始处，然后拖动鼠标直到所选定的文本区的最后一个文字并松开鼠标左键，这样，鼠标所拖动过的区域被选定。

（7）选定大块文本：首先用鼠标指针单击选定区域的开始处，然后按住【Shift】键不放，再配合滚动条将文本翻到选定区域的末尾，再单击选定区域的末尾，则两次单击范围中包括的文本就被选定。

知识点 114：文本的移动

文本移动的方法有多种：

（1）选定文本后，选择【编辑】菜单中的【剪切】命令，然后将光标定位在目标处，选择【编辑】菜单中的【粘贴】命令。

（2）选定文本后，单击"常用"工具栏上【剪切】按钮，然后将光标定位在目标处，单击"常用"工具栏上的【粘贴】按钮。

（3）选定文本后，按【Ctrl+X】组合键，然后将光标定位在目标处，按【Ctrl+V】组合键。

（4）选定文本后，用鼠标左键直接将选定的文本拖动到目标处。

知识点 115：文本的复制

文本复制的方法有多种：

（1）选定文本后，选择【编辑】菜单中的【复制】命令，然后将光标定位在目标处，选择【编辑】菜单中的【粘贴】命令。

（2）选定文本后，单击"常用"工具栏上【复制】按钮，然后将光标定位在目标处，单击"常用"工具栏上的【粘贴】按钮。

（3）选定文本后，按【Ctrl+C】组合键，然后将光标定位在目标处，按【Ctrl+V】组合键。

（4）选定文本后，接下 Ctrl 键的同时，用鼠标左键将内容拖动到目标处。

知识点 116：查找与替换

（1）查找文本

① 单击【编辑】菜单中【查找】命令，打开"查找和替换"对话框中的"查找"选项卡。

② 在"查找内容"列表框输入查找的内容。

③ 单击【查找下一处】进行查找操作。

（2）替换文本

① 单击【编辑】菜单中【替换】命令，打开"查找和替换"对中的"替换"选项卡。

② 在"查找内容"文本框输入所需替换的内容，然后在"替换为"文本框中输入替换后的内容。

③ 单击【替换】按钮，进行操作，或再单击【查找下一处】查找。若单击【全部替换】Word 会将该文档中所有找到的内容自动替换成指内容。

知识点 117：字体、字形、字号和颜色

（1）用"格式"工具栏设置的格式，步骤如下：

① 选定要设置格式的文本

② 单击"格式"工具栏中"字体"列表框的下拉按钮，单击要的字体。

③ 单击"格式"工具栏中的"字号"列表框的下拉按钮，单击选择需要的字号。

④ 单击"格式"工具栏右端 "颜色"按钮的下拉按钮. 拉下颜色列表框，从中选择所需的颜色选项。

（2）用【格式】下拉菜单中的【字体】命令设置文字的格式，步骤如下：

① 选定要改变格式的文本。

② 单击【格式】|【字体】命令，打开"字体"对话框。

③ 单击"字体"标签，可以对字体进行设置。

④ 单击"中文字体"列表框的下拉按钮，打开中文字体列表并选定所需字体。

⑤ 单击"英文字体"列表框的下拉按钮，打开英文字体列表并选定所需的英文字体。

⑥ 在"字形"和"字号"列表框中选取所需的字形和字号。

⑦ 单击"字体颜色"列表框的下拉按钮，打开颜色列表并选定所需的颜色。

⑧ 在预览框中查看设置好的字体，确认后单击【确定】按钮。

知识点 118：为文本加下划线、着重号、边框和底纹

（1）用"格式"工具栏给文本添加下划线、边框和底纹

选定要改变格式的文本，直接单击"格式"工具栏中的【下划线】、【字符边框】和【字符底纹】按钮。

（2）对文本加下划线或着重号

① 选定要加下划线或着重号的文本。

② 单击【格式】|【字体】命令，打开"字体"对话框。

③ 在"字体"选项中，单击"下划线"列表框的下拉按钮，打开下划线线型列表并选定所需的下划线。

④ 在"字体"选项下单击"下划线颜色"列表框的下拉按钮，打开下划线颜色列表并选定所需的颜色。

⑤ 单击"着重号"列表框的下拉按钮，打开着重号列表并选定所需的着重号。

⑥ 查看预览框，确认后单击【确定】按钮。

（3）对文本加边框和底纹

① 选定要加边框和底纹的文本。

② 单击【格式】|【边框和底纹】命令，打开"边框和底纹"对话框。

③ 在"边框"选项卡的"设置"、"线型"、"颜色"、"宽度"等列表中选定所需的参数。

④ 在"应用范围"列表框中选定为"文字"。

⑤ 在预览框中可查看结果，确定后单击【确定】按钮。

⑥ 如果要加"底纹"，单击"底纹"选项卡，在选项卡中选定底纹的颜色和图案；在"应用范围"列表框中选定为"文字"；在预览框中查看结果，确认后单击【确定】按钮。底纹和边框可以同时或单独加在文本上。

知识点 119：格式的复制

（1）选定已设置好格式的文本。

（2）单击"常用"工具栏中的【格式刷】按钮，此时鼠标指针变为刷子形。

（3）选择需要复制格式的文本。

如果是仅复制一次格式，则单击【格式刷】按钮；若复制多次，则双击【格式刷】按钮。

知识点 120：格式的清除

如果对于所设置的格式不满意，可以使用"格式刷"功能把 Word 默认的字体格式复制到已设置格式的文字上去，这样就清除所设置的格式，恢复到 Word 默认的状态。

另外，也可以选定要清除格式的文本，使用【Ctrl+Shift+Z】组合键清除格式。

还可以选择【样式】框的下拉列表中的"清除格式"选项。

知识点 121：字符间距和文字效果设置

选择【格式】菜单中的【字体】命令，在弹出的"字体"对话框中的"字符间距"标签中可以设置字符间距。

选择"缩放"框可横向扩展或压缩文字，选择"间距"框可扩展或压缩字符间距，选择"位置"框可提升或降低文字位置。

在"字体"对话框中选择"文字效果"标签，可以设置文字的动态效果。只能在屏幕上显示文字的动态效果，但不能打印出来。

知识点 122：段间距和行间距设置

在"段落"对话框中，在"段前"和"段后"框中可设置段前和段后的空白间距，在"行距"和"设置值"框中可设置一行所占据的高度。

知识点 123：段落的对齐方式

段落有 5 种水平对齐方式：

（1）左对齐：将文本向左对齐。

（2）右对齐：将文本向右对齐。

（3）两端对齐：将所选段落（除末行外）的左、右两边同时与左、右页边距对齐。

（4）居中对齐：将所选段落的各行文字居中对齐。

（5）分散对齐：将所选段落的各行文字均匀分布在该段左、右页边距之间。

可以使用【格式】|【段落】菜单命令，在"段落"对话框中的"对齐方式"框中设置段落的对齐方式，也可以利用"格式"工具栏中的对齐按钮来设置。

注意：当同时选中的多个段落的对齐方式不同时，格式工具栏上的对齐方式按均未选中。

知识点 124：自动创建编号或项目符号

在 Word 2003 中，键入文本时自动创建项目符号的方法是在输入文本时，先输入一个星号"*"，后接一个空格，然后输入文本。当输完一段按【Enter】键，星号会自动改变成黑色圆点的项目符号，并在新的一段开始处自动添加同样的项目符号。这样，逐段输入，每一段前都有一个项目符号，最新的一段也会自动添加这个项目符号。如果要结束自动添加项目符号，可以按【BackSpace】键删除插入点前的项目符号或再按一次【Enter】键即可。

知识点 125：对已键入的段落添加编号或项目符号

（1）使用"格式"工具栏中的【编号】或【项目符号】按钮给已有的段落添加编号或项目符号。其操作步骤如下：

① 选定要添加段落编号（或项目符号）的各段落。

② 单击【格式】工具栏中的【编号】按钮（或【项目符号】按钮）。

（2）使用【格式】菜单中的【项目符号和编号】命令给已有的段落添加编号或项目符号。其具体步骤如下：

① 选定要添加编号（或项目符号）的各段落。

② 单击【格式】|【项目符号和编号】命令，打开"项目符号和编号"对话框。

③ 在"项目符号和编号"对话框的"项目符号"选项卡中，有7种项目符号，可以单击选定其中一种，再单击【确定】按钮。如果要添加编号的话，只要将操作改为单击"项目符号和编号"对话框的"编号"选项卡中的7种编号之一，再单击【确定】按钮。

知识点 126：添加页眉页脚

页眉位于页面的顶端，页脚位于页面的底端，它们不占用正文的显示位置，而显示在正文与页边缘之间的空白一般用来显示一些重要信息，如文章标题、作者、公司名称、日期等。

选择【视图】菜单中的【页眉和页脚】命令，弹出"页眉和页脚"工具栏，同时显示页眉和页脚区域，正文内容暗淡显示。利用"页眉和页脚"工具栏便可以在页眉和页脚处插入页码、日期、时间，还可以在页眉和页脚间切换等。

注意页眉或页脚中的页码不能人工输入，应该用"页眉和页脚"工具栏上的相应按钮。

知识点 127：创建规则表格

所谓规则表格是指表格中只有横线和竖线，而不出现斜线，且每一行的列数相等，每一列的行数相等。Word 提供了3种创建简单表格的方法。

（1）利用菜单操作创建表格

① 单击【表格】菜单中的【插入表格】命令，打开"插入表格"对话框。

② 在"列数"框中设置表格的列数，在"行数"框中设置表格的行数，在"固定列宽"框中设置各列的宽度。

③ 单击【确定】按钮，完成插入表格操作。

（2）利用常用工具栏创建表格

① 单击常用工具栏上的【插入表格】按钮，弹出一张样表。

② 将鼠标光标置于样表上，然后将鼠标放在样表上拖动，样表的底部就会显示出当前的行、列数，当达到所需的行、列数后，释放鼠标左键，完成插入表格操作。

（3）表格和文本之间的转换

我们也可以将已有的文本转换成表格，其步骤如下：

① 选定需要转换为表格的文本。

② 单击【表格】|【转换】|【文字转换成表格】命令，打开"将文字转换成表格"的对话框。

③ 在对话框的"列数"框中输入具体的列数。

④ 单击【确定】按钮。

但文本转换为表格时，要求文本的数据项之间的分隔符要相同。

知识点 128：手工绘制复杂表格

复杂表格中除横、竖线外还包含斜线。可以用"常用"工具栏中的【表格和边框】按钮或【表格】下拉菜单中的【绘制表格】命令来绘制。其具体步骤如下：

（1）单击"常用"工具栏中的【表格和边框】按钮，或【表格】下拉菜单中的"绘制表格"命令，出现"表格和边框"工具栏，同时鼠标指针变成一个铅笔形状。

（2）将铅笔形状的鼠标指针移到要绘制表格的位置，按住鼠标左键拖动鼠标绘出表格的外框虚线，松开鼠标左键得到实线的表格外框。

（3）拖动鼠标笔形指针，在表格中绘制水平或垂直线，也可以将鼠标指针移到单元格的一角向其对角画斜线。

（4）可以利用"表格和边框"工具栏中的【擦除】按钮，使鼠标指针变成一橡皮形，把橡皮形鼠标指针移到要擦除线条的上方，单击鼠标就可擦除选定的线段。

利用工具栏中的"线型"和"粗细"列表框可以选定线型和粗细，利用【边框颜色】、【边框】和【底纹颜色】等按钮可以设置表格外围线或单元格线的颜色和类型，给单元格填充颜色。

知识点 129：在表格中插入和删除行

（1）将光标定位在某一行中，选择【表格】菜单，指向其中的【插入】命令，在下一级子菜单中单击【行（在上方）】或【行（在下方）】命令，即可在当前行的上方或下方插入一新的行。

如果是选中了多行，执行上面的操作则可以同时插入多行。

如果是将光标定位在某一行的外侧，按【Enter】键则可以在该行下面插入一行。

如果是将光标定位在表格的最右下角的单元格中按【Tab】键可以在表格的最后增加一行。

（2）将光标定位在某一行中，选择【表格】菜单，指向其中的【删除】命令，在下一级子菜单中单击【行】命令，即可删除当前行。

或选择某一行或某些行后，按【Backspace】或【Ctrl+X】键可以删除选中的行。

知识点 130：在表格中插入和删除列

（1）将光标定位在某一列中，选择【表格】菜单，指向其中的【插入】命令，在下一级子菜单中单击【列（在左侧）】或【列（在右侧）】命令，即可在当前列的左侧或右侧插入一新的列。

（2）将光标定位在某一列中，选择【表格】菜单，指向其中的【删除】命令，在下一级子菜单中单击【列】命令，即可删除当前列。

也可以用【Backspace】或【Ctrl+X】键删除选中的列。

知识点 131：在表格中插入和删除单元格

（1）将光标定位在某一个单元格中，选择【表格】菜单，指向其中的【插入】命令，在下一级子菜单中单击【单元格】命令，即弹出"插入单元格"对话框，在其中选择某种插入方式，单击【确定】按钮即可。

（2）将光标定位在某一个单元格中，选择【表格】菜单，指向其中的【删除】命令，在下一级子菜单中单击【单元格】命令，即弹出"删除单元格"对话框，在其中选择某种删除方式，单击【确定】按钮即可。

知识点 132：在表格中调整行高、列宽和单元格宽度的方法

（1）鼠标指向表格的行、列线上，鼠标变成双向箭头时，按住鼠标左键拖动，即可调整表格各行列的高度和宽度。若同时按住【Alt】键，则可精确调整。

（2）选定整个表格，选择【表格】菜单指向其中的【自动调整】命令，在其子菜单中选择【根据内容调整表格】、【根据窗口调整表格】、【固定列宽】、【平均分布各行】、【平均分布

各列】等命令可调整表格大小。

（3）将光标定位在某一行，选择【表格】菜单中的【表格属性】命令，弹出"表格属性"对话框，在【行】标签和【列】标签中可设置每一行的行高和每一列的列宽。

知识点 133：在表格中合并和拆分单元格

（1）合并单元格：选定多个连续的单元格，选择【表格】菜单中的【合并单元格】命令，或单击"表格和边框"工具栏中的【合并单元格】按钮，则将多个单元格合并为一个单元格。

（2）拆分单元格：将光标定位在某一个单元格中，选择【表格】菜单中的【拆分单元格】命令，弹出"拆分单元格"对话框，调整"列数"和"行数"框中的数值，单击【确定】按钮。或单击"表格和边框"工具栏中的【拆分单元格】按钮，可将一个单元格拆分成多个单元格。

知识点 134：表格中的边框和底纹

选定行、列、表格，或将光标定位在某个单元格中，选择【格式】菜单中的【边框和底纹】命令，或在"表格和边框"工具栏中选择【线型】、【粗细】、【边框颜色】、【外部框线】和【底纹颜色】按钮，可设置单元格、行、列或表格的边框和底纹。

知识点 135：插入剪贴画

（1）选择【插入】菜单，指向其中的【图片】命令，在下一级子菜单中单击【剪贴画】命令，弹出"剪贴画"任务窗格。在其中可通过设置搜索文字搜索相关图片。

（2）单击其中一张图片，选择在图片右侧出现的下拉按钮或单击右键，在其快捷菜单中选择【插入】命令，剪贴面就插入到当前文档光标处。

知识点 136：插入图片

选择【插入】菜单，指向其中的【图片】命令，在下一级子菜单中单击【来自文件】命令，弹出"插入图片"对话框，选择需插入的图片，单击【插入】按钮。

知识点 137：图片剪裁

如果要裁剪图片中某部分的内容，可以使用"图片"工具栏中的【裁剪】按钮。具体步骤如下：

（1）单击选定需要裁剪的图片（注意：图片应为非嵌入型环绕方式），图片周围出现 8个空心小方块，并打开"图片"工具栏。

（2）单击"图片"工具栏中的【裁剪】按钮，鼠标指针改变形状，表示裁剪工具已激活。

（3）将鼠标指针移到图片的小方块处，根据指针方向拖动鼠标，可裁去图片中不需要的部分。如果拖动鼠标的同时按住【Ctrl】键，那么可以对称裁去图片。按住【Alt】键可以平滑的改变虚线的位置。

※注意：一般情况下，对图形的编辑处理都是在页面视图下进行的。在普通视图中看不到文档中的图形。

知识点 138：绘制文本框

如果要绘制文本框，则单击"绘图"工具栏中的【文本框】或【竖排文本框】按钮，当将指针移到文档中时，鼠标指针变为十字形，按住左键拖动鼠标绘制文本框，当大小适当后放开左键。此时，插入点在文本框中。可以在文本框中输入文本或插入图片。

文本框中的文字格式设置与对普通文字格式设置的方法相同。

知识点 139：改变文本框的位置、大小和环绕方式

若要改变文本框的大小，首先要选定文本框，在其周围出现 8 个控制大小的小方块，将鼠标指针移到小方块处并拖动，就可以改变文本框大小。文本选定时，框线四周出现一些由小斜线段标记的边框，把鼠标移到边框中变为十字形箭头，拖动它可以改变文本框的位置。

文本框实质上是特殊的图片，所以对于选定的文本框可以用"图片"工具栏中的【文字环绕】按钮来设置环绕方式。还可以用"绘图"工具栏中的"绘图"下拉菜单中的【叠放次序】命令来确定文本框在文档的文字之上还是文字之下。

知识点 140：文本框格式设置

改变文本框边框线的颜色和给文本框填充颜色，可使用以下步骤：

（1）单击选定要设置边框颜色的文本框。

（2）单击【格式】|【文本框】命令，打开"设置文本框格式"对话框。

（3）单击"颜色和线条"标签。

（4）在"填充"选项组的"颜色"列表框中选定要填充的颜色。

（5）在"线条"选项组的"颜色"列表框中选定边线的颜色，"线型"列表框中选定边线的类型。

（6）单击【确定】按钮。

Excel 2003 的相关知识点

知识点 141：电子表格

电子表格软件是用于实现制作表格，编辑表格和分析处理表格数据的软件。Excel 2003 也是办公套装软件 Office 2003 的成员之一，是 Windows 系统下使用的一种电子表格软件。

知识点 142：工作簿

在 Excel 中一个文件即为一个工作簿，一个工作簿由一个或多个工作表组成。当启动 Excel 时，Excel 将自动产生一个新的工作簿【Book1】。在默认情况下，Excel 为每个新建工作簿创建 3 张工作表，标签名分别为 Sheet1、Sheet2、Sheet3。

知识点 143：工作表

工作表由多个按行和列排列的单元格组成，工作簿窗口由工作表区、工作表标签、标签滚动按钮、滚动条组成。一张工作表最多可以有 65536 行、256 列数据。在工作表中输入内容之前首先要选定单元格。每张工作表有一个工作表标签与之对应（如 Sheet1），用户可以直接单击工作表标签名来切换当前工作表。

工作表可以改名、增加、删除，但删除工作表后不能恢复。

知识点 144：单元格

单元格是 Excel 工作簿的最小组成单位，在单元格内可以输入简单的字符或数据，也可以是多达 32000 个字符的信息，单元格可通过地址来标识，即一个单元格可以用列号（列标）和行号（行标）来标识，如 B2。

知识点 145：输入数据

在工作表区域中，移动鼠标至某一单元格，然后单击鼠标，该单元格即成为当前的活动单元格。在活动单元格中，可以输入数据，也可以利用键盘箭头键移动当前单元格，然后输入数据。输入错误时，单击错误单元格，直接输入正确内容。若是在原内容上修改，则单击错误单元格，然后单击编辑栏进行修正，接回车键或单击编辑拦上的【输入】按钮，确认修改。

知识点 146：保存工作簿

单击【文件】菜单，选择【保存】命令，屏幕上就会出现"另存为"对话框。在"另存为"对话框中，用户可在"保存位置"选择框中选择欲保存工作簿的位置。选择好保存位置后，在"文件名"文本框中输入工作簿名称，在"保存类型"文本框中选择"Microsoft Excel"选项。然后，单击【保存】命令按钮。

知识点 147：输入字符串

在当前单元格中输入字符串。输入的字符串在单元格中默认为左对齐，输入完毕按光标移动键【→】或者【Enter】键，则刚输入的内容存入当前单元格，并使其右边（或下方的）相邻单元格成为当前单元格，然后可以继续输入。在输入过程中，单元格和数据编辑区都显示输入的字符串，并且编辑区出现【取消】×和【输入】✓按钮。其中×的功能是取消刚才输入的数据，✓的功能是确认输入的数据并存入当前单元格中。取消本次输入，恢复到输入前的状态。

知识点 148：输入文本

在工作表中输入文本的过程与输入数字相似。先选择单元格，然后再输入文本，在 Excel 2003 中，文本可以是数字、空格、汉字和非数字字符的组合。例如，输入"1OXY2109"、"12—567"、"566—888"和"计算机软件"。

当输入的文本长宽大于单元格宽度时，文本将溢出到下一个单元格中显示（除非这些单元格中已包含数据）。如果下一个单元格中包含数据，Excel 将截断输入文本的显示。注意，被截断的文本仍然存在，只是用户看不见而已。如果用户想看到完整的输入文本，就需要修改工作表的文本显示格式。

对于一些输入的邮政编码、身份证号码等数字信息，若希望 Excel 按文本处理，则可以在输入前输入一个英文单引号。

知识点 149：输入日期和时间

日期和时间的输入与数字和文本的输入不同。Excel 规定了严格的输入格式，用户在输入日期时必须严格遵守。Excel 将日期和时间作为特殊类型的数值处理，其值等于从 1900 年 1 月 1 日到该日期的天数。在默认时，日期和时间类型的数据在单元格中右对齐。如果 Excel 不能识别输入的日期或时间格式，则输入的内容将视作文本，并在单元格中左对齐。

使用快捷键 Ctrl+；可以在当前单元格中插入当前系统日期，使用快捷键 Ctrl+Shift+；可以在当前单元格中插入当前系统时间。

知识点 150：填充数据

在制作表格时，用户可能会经常遇到前后单元格数据相关联的情况，如序数 1，2，3…，连续的日期、月份等。这时，可使用填充操作完成此过程。

对于填充操作，操作特点是首先在一个单元格中输入初始值，然后选中该单元格，鼠标指针指向该单元格的右下角（填充柄），鼠标指针由空心十字箭头变为实心十字箭头，按下鼠标左键拖动，填充结果与初始值有关：

（1）初始值为纯字符或纯数字，填充相当于数据复制。

（2）初始值为文字数字混合体，文字不变，最右边的数字递增或递减 1。

（3）初始值为 Excel 预设序列中的一员，按预设序列填充。

（4）初始值为日期（或日期时间）数据，填充时天数递增或递减 1。

（5）初始值为时间数据，填充时小时数递增或递减 1。

如果在填充时，按下【Ctrl】键将会得到不同的结果。

当然初始值也可以使用 2 个单元格。例如，用户想在 A1 到 A10 中输入数据 1，2，…，10。此时，可用填充操作避免一个个地输入，具体操作如下：首先，在 Al 中输入 1，在 A2 中输入 2，选择 A1：A2 两个单元格。然后，移动光标至 A2 右下角的填充柄上（注意光标形状的变化），按住鼠标左键向下拖动至 A10 单元格处，释放鼠标按钮，即可完成填充操作。

知识点 151：打开工作簿

打开工作簿有以下 3 种方法：

（1）单击【文件】菜单的【打开】命令. 在"打开"对话框中选中需要打开的文件，单击【确定】按钮。

（2）单击"常用"工具栏的【打开】按钮。

（3）直接双击要打开的 Excel 工作簿文件，则系统自动打开 Excel 窗口并显示该工作簿。

如果需要的工作簿文件是最近编辑过的，则单击【文件】菜单，在下拉菜单的底部就会显示最近编辑过的文件名，单击需要打开的文件名，即可打开它。

知识点 152：工作表重命名

选择【格式】菜单的【工作表】子菜单的【重命名】命令，则当前工作表的名称呈反显状，可以进行重新命名；或在快捷菜单中选择【重命名】命令；或在工作表标签栏上直接双击要重命名的工作表的名字，都可以使其名字反白显示，再单击，出现插入点，然后进行修改或输入新的名字，任意两个工作表不能重名，而且每个工作表的名称不可以超过 31 个汉字，否则，系统只取前 31 个汉字字符作为工作表的名称。

知识点 153：工作表的移动和复制

如果要在当前工作簿中移动工作表，单击要移动的工作表标签，沿着标签拖动（在需要复制时按住【Ctrl】键拖动）工作表标签到目标位置。

如果要将工作表移动或复制到已有的工作簿上，先打开用于接收工作表的工作簿，再切换到包含需要移动或复制工作表的工作簿中，选定工作表。单击【编辑】菜单的【移动或复制工作表】命令，出现对话框。在"工作簿"下拉列表框中，单击选定用来接收工作表的工作簿。如果单击"新工作簿"，即可将选定工作表移动或复制到新工作簿中。在"下列选定工作表之前"列表框中，单击需要在其前面插入移动或复制工作表的工作表。如果要复制而非移动工作表，选中"建立副本"复选框，最后单击【确认】按钮。

知识点 154：选择单元格矩形区域

以选择 A2,D6 为例：

（1）使用鼠标或键盘选中起始单元格 A2，按住鼠标左键，然后沿对角线方向从起始单元格拖动到最后一个单元格 D6，再松开鼠标左键；或者先选定 A2，然后再按下【Shift】键不放，同时单击 D6，则 A2 到 D6 范围内单元格被选中。

（2）单击该区域的左上角单元格 A2，按住【Shift】键的同时使用键盘方向键向右再向下移动，可以选择经过的单元格。

（3）在名称框中输入单元格区域 A2：D6（如果该区域有名称，可以输入其名称），并按【Enter】键。

（4）单击【编辑】菜单的【定位】命令，弹出"定位"对话框，在对话框的"引用位置"栏处输入单元格区域（A2：D6），并按【确定】按钮。

知识点 155：条件选定

在指定区域中只选定满足条件的单元格，具体操作如下：

（1）首先选定"条件选定"的作用范围，即选择单元格区域。

（2）单击【编辑】菜单的【定位】命令，弹出"定位"对话框，单击对话框中的【定位条件】按钮，弹出"定位条件"对话框。

（3）在对话框中确定定位条件。例如，选"常量"单选框，并选"文本"复选框，表示定位条件是字符串。

（4）单击【确定】按钮。

知识点 156：删除单元格

可以删除工作表中指定的某个单元格、某一行或者某一列单元格。方法如下：

（1）选定所需删除的单元格。

（2）单击【编辑】菜单的【删除】命令，弹出"删除"对话框，在对话框中选择一种删除方式。其中，右侧单元格左移指的是被删除单元格的右侧（本行）所有单元格左移一个单元格；下方单元格上移指的是被删除单元格的下面（本列）所有单元格上移一个单元格；整行（列）指的是删除当前单元格所在行（列）。

（3）单击【确定】按钮。

知识点 157：复制单元格

（1）利用剪贴板复制单元格

① 选定所需复制的单元格。单击常用工具栏上的【复制】按钮，或按下【Ctrl】+C 组合键，或从【编辑】菜单中选择【复制】命令。

② 选定目标位置，单击【粘贴】命令。

（2）利用鼠标拖动复制单元格

① 选定所需复制的单元格。

② 鼠标指针移到所选区域的边线上，指针呈箭头状，按下【Ctrl】键，并按住鼠标左键不放，然后拖动鼠标到所需的位置，先释放鼠标左键，最后松开【Ctrl】键。

知识点 158：清除单元格的内容、格式

如果只清除单元格中的数据内容，而不改变其格式，只要单击该单元格，使之成为当前单元格，然后按【Delete】键即可。如果需要连其格式一起清除，则需要采用以下方法：

（1）选定要清除数据的单元格区域。

（2）从【编辑】菜单中选择【清除】选项，然后从弹出的下级子菜单中选择所需的操作。

其中，"全部"指的是清除全部内容、格式和批注；"内容"指的是清除单元格的内容；"格式"指的是清除单元格的格式设置，"批注"指的是清除单元格中的批注。

知识点 159：相对地址与绝对地址

（1）相对地址

随公式复制的单元格位置变化而变化的单元格地址称为相对地址。例如，在单元格 F3 中定义公式为 "-B3+C3+D3+E3"；将 F3 复制到 F5 中，相对原位置，目标位置的列号不变，而行号要增加 2，因此单元格 F5 中的公式为 "-B5+C5+D5+E5"；若把 F3 中的公式复制到 G6，相对原位置，目标位置的列号增加 1，行号增加 3，则 G6 中的公式为 "-C6+D6+E6+F6"。

（2）绝对地址

有时并不希望全部采用相对地址。例如，公式中某一项的值固定存放在某单元格中，在复制公式时，该项地址不能改变，这样的单元格地址称为绝对地址。绝对地址的表不方式是在相对地址的行和列前加上 $ 符号。如在 F3 中定义公式 "-$B$3+$C$3+$D$3+$E$3"，然后将 F3 中的公式复制到 F5 单元格，则 F5 单元格的值与 F3 相同，原因是绝对地址在公式复制时不会随单元格的不同而变化，这一点与相对地址截然不同。

（3）混合地址

如仅在列号前加 $ 符号或仅在行号前加 $ 符号，即绝对列相对行或绝对行相对列，表示混合地址。若单元格 F4 中的公式为 "-$C$4+D4+$E4"，复制到 G5，则 G5 的公式为 "-$C$4+E$4+$E5"。公式中，C4 不变，D4 变成 E4（列号变化），E4 变成 E5（行号变化）。绝对部分不变，相对部分则随原位置与目标位置在该方向上的变化而变化。

知识点 160：输入公式

（1）选定某单元格后，在该单元格中输入 "=" 运算符号，然后输入源数据所在单元格的地址及需要的运算公式，例如 "-（B2–C2-D2）/3"，再接下【Enter】键或单击该单元格外的任意处。

（2）选定某单元格，然后在编辑栏中输入公式，再按下【Enter】键或单击编辑栏上的【输入】按钮。

公式单元格的复制方法与复制一般单元格类似。

知识点 161：输入函数

在输入函数时，与公式类似，选中需要输入的单元格后，可以直接先输入等号 "="，再输入函数名和双括号，移动插入点到双括号里面，可以进行各参数的选取。

也可以利用编辑栏上的【插入函数】按钮或【插入】菜单中的【函数】命令在公式中插入函数。

知识点 162：设置数字格式

在向单元格输入数据时，Excel 会自动判断数值并格式化。例如输入 23%，显示的是 23%，但是实际存储的是 0.23；输入 3/5，则格式化为 3 月 5 日。若在某单元格中已存有数据 1988 年 1 月 1 日，再对单元格重新输入 32，此时显示的 1900 年 2 月 1 日，而不是 32。因为该单元格的格式已转换为日期格式，若要使其显示数值 32，必须先重新将其格式化为数值格式。

设单元格 B2 中已有日期 2006 年 7 月 8 日将其改为数值格式的方法如下：

（1）单击要格式化的单元格区域 B2。

（2）单击【格式】菜单的【单元格】命令，在弹出的 "单元格格式" 话框中，单击对话框的 "数字" 标签页。

（3）在"分类"栏中单击"数值"可以在"示例"栏中看到该格式显示的实际情况（38906），还可以设置小数位数（如 1）及负数显示的形式。

（4）单击【确定】按钮。

知识点 163：条件格式

如果系统提供的格式不能满足需要，可以根据某种条件来自定义数值的显示格式。例如，学生成绩，小于 60 的成绩用红色显示，大于等于 60 的成绩用黑色显示。

条件格式的定义方法如下：

（1）选定要使用条件格式的单元格区域（如 Bl:D2）。

（2）单击【格式】菜单【条件格式】命令，出现"条件格式"对话框。

（3）单击左框的下拉按钮，在出现的列表中选择"单元格数值"（或"公式"）；再单击第二框的下拉按钮，选择比较运算符（如"小于"）；在右框中输入目标比较值，目标比较值可以是常量（如 60），也可以是以"="开头的公式。

（4）单击【格式】按钮，出现"单元格格式"对话框，从中确定满足条件的单元格中数据的显示格式。单击【确定】按钮，返回"条件格式"对话框。

（5）若还要规定另一条件，可单击【添加】按钮。

（6）单击【确定】按钮。

选定的区域最多可以设置 3 个条件格式。

知识点 164：字符格式化

（1）用工具按钮

单击"字体"工具的下拉按钮，可以在列表中选择所需字体；单击"字号"工具的下拉按钮，可以在下拉列表中选择所需字号；单击【加粗】按钮，可以使字体加粗；单击字体颜色按钮的下拉菜单，可以在下拉列表中选择所需颜色。

（2）用菜单命令

① 单击需要格式化的单元格。

② 单击【格式】菜单的【单元格】命令在弹出的对话框中单击"字体"标签。

③ 在"字体"栏中选择字体（如楷体_GB2312），在"字形"栏中选择字形（如加粗），在"字号"栏中选择字号（如五号）。另外，还可以选择字体颜色、是否要加下划线等。

④ 单击【确定】按钮。

知识点 165：标题居中

（1）用"格式"工具栏中的【合并及居中】按钮

在标题所在的行，选中包括标题的表格宽度内的单元格，单击"格式"工具栏中的【合并及居中】按钮。

（2）用菜单命令

① 按表格宽度选定标题所在行。

② 单击【格式】菜单的【单元格】命令，在出现的对话框中单击"对齐"标签，在"水平对齐"和"垂直对齐"栏中选择"居中"，选定"合并单元格"前的复选框。

③ 单击【确定】按钮。

知识点 166：数据对齐

可以通过以下两种方法来设置对齐方式：

（1）利用格式工具栏

选中所需设置的单元格，然后单击"格式"工具栏中相应的按钮即可。

（2）利用菜单操作

单击要设置的单元格，单击【格式】菜单的【单元格】命令，在出现的"单元格格式"对话框中单击"对齐"标签。单击"水平对齐"栏的下拉按钮，在出现的下拉列表中选择对齐方式：靠左、居中或靠右。在"垂直对齐"栏中选择靠上、居中或靠下，最后单击【确定】按钮。

知识点 167：复制格式

如果要复制格式，选定要复制的源单元格区域；单击"常用"工具栏中【格式刷】工具按钮，此时，鼠标指针变为一个刷子形式；将鼠标指针移到目标区域的左上角，按住鼠标左键拖过要复制的目标区域，则该区域用源区域的格式进行格式化。

知识点 168：自动套用格式

Excel 提供了多种表格样式，用户可以套用这些样式，设计出美观的表格。实现自动套用格式的方法如下：

（1）选定需要格式化的单元格区域。

（2）从【格式】菜单上选择【自动套用格式】命令，弹出"自动套用格式"对话框。在其中的"格式"列表框中列出了许多格式，用户可以从中选择所需的样式。

（3）选择好后单击【确定】按钮。

知识点 169：创建图表

创建图表可以使用【插入】菜单的【图表】命令，或单击常用工具栏中的【图表向导】按钮，下面介绍创建图表的步骤：

（1）在工作表上选取图表的数据区，可以选取一行或一列数据，也可选取连续或不连续的数据区域，但一般包括列标题和行标题以便文字标注在图表上。

（2）启动图表向导。单击工具栏上的【图表向导】按钮。

（3）选择图表类型。在图表向导-4 步骤之 1 中，选择"图表类型"及"子图表类型"，如选择"柱形图"中的"簇状柱形图"。然后单击【下一步】按钮。

（4）确认数据源。在图表向导-4 步骤之 2 中，可重新选择数据源并设定系列产生在列上还是行上，单击【下一步】按钮。

（5）设置图表选项。在图表向导-4 步骤之 3 中，可设置图表标题、X 轴标题、Y 轴标题及图例位置等，单击【下一步】按钮。

（6）选择工作表类型。在图表向导-4 步骤之 4 中，可选择作为新工作表插入工作簿，或是嵌入现有工作表中，一般选择后者，单击【完成】。这样就创建了图表。

知识点 170：输入数据表的记录数据

可以直接在字段行的下一行开始逐行输入记录数据。也可用【记录单】命令输入记录数据。

在 Excel 中对数据的插入、删除、修改是以记录为单位进行的。数据记录单提供了一种快速对数据记录进行插入、删除、修改、查找的方法。选定工作表中的任一单元格，然后从【数据】菜单中选择【记录单】命令，即可打开记录单。

知识点 171：编辑记录

（1）修改记录

选中需要修改的记录项，然后直接修改有关字段的值即可。注意，在记录单方式下定位时，记录单中具有公式的字段不能修改，当修改与之有关的字段时，它的值也会随之发生变化。

（2）插入记录

选定某记录所在行，单击【插入】菜单的【行】命令，当前记录前面出现一空记录，在空记录中输入新记录的数据，则插入位置在该记录前面。

若在记录单方式下插入记录则单击【新建】按钮，可在数据清单的最后追加新记录。

（3）删除记录

选定某记录所在行，单击【编辑】菜单的【删除】命令，可以删除记录。

若在记录单方式下删除记录，删除后不可恢复。方法是单击【数据】菜单的【记录单】命令，打开"记录单"对话框，定位在要删除的记录上，单击【删除】按钮，并在出现的删除确认对话框中单击【确定】按钮。

知识点 172：排序

（1）简单排序。简单排序指的是按数据清单中的单列数据排序的方法。

① 单击要排序列中的任一单元格。

② 单击常用工具栏中的【升序】按钮或【降序】按钮。

（2）复杂排序。复杂排序指的是按两个以上关键字排序的方法。

① 单击数据清单中要排序的任一单元格。

② 从【数据】菜单中选择【排序】命令，打开"排序"对话框。

③ 在"主要关键字"、"次要关键字"、"第三关键字"下拉列表框中选择排序时所需的关键字，并选择是"递增"排序还是"递减"排序。

④ 选择完毕后单击【关闭】按钮。

知识点 173：自动筛选

（1）自动筛选数据，在工作表中任意选择一个单元格。在【数据】菜单中选择【筛选】命令下的【自动筛选】命令，此时，在工作表中每一个字段名旁边都会出现下拉式列表按钮。

（2）选择需要设置条件的字段名旁边的下拉式列表按钮，从弹出的下拉列表框中选择一个筛选条件。

（3）如果在字段名下拉菜单中选择了"自定义"，则会显示一个"自定义自动筛选方式"对话框，该对话框主要用于设置在下拉列表框中所欠缺的条件。

知识点 174：高级筛选

当筛选条件出现在多列中，且条件之间至少有一个"或"的关系，必须用高级筛选。高级筛选根据筛选条件,可把满足条件的记录复制到工作表中的另一区域中,而原数据区域不变。

（1）构造筛选条件

在数据表前插入若干空行作为条件区域,空行的个数以能容纳条件为限。根据条件在相应字段的上方输入字段名,并在刚输入的字段名下方输入筛选条件。用同样的方法构造其他筛选条件。当然,也可以在数据清单右侧或下方空白的区域输入筛选条件。多个条件的"与"、"或"关系可按以下方法实现:

①"与"关系的条件必须出现在同一行。例如表示条件"学号 > 10000 与奖学金 > 500":

学号	奖学金
> 10000	> 500

②"或"关系的条件不能出现在同一行。例如表示条件"学号>10000 或奖学金>500":

学号	奖学金
> 1000	
	> 500

（2）执行高级筛选

在数据表前插入条件区域之后,单击数列表中任一单元格,然后单击【数据】菜单【筛选】命令的【高级筛选】项,出现"高级筛选"对话框。分别在其"列表区域"文本框和"条件区域"文本框内输入参加筛选的单元格区域地址和条件区域地址,还可以设置是否把筛选结果复制到其他区域等选项。设置完成后,单击【确定】按钮即可完成。

（3）在指定区域显示筛选结果

若想保留原有数据,使筛选结果在其他位置显示,可以在高级筛选步骤中,选择"筛选结果复制到其他位置"单选项,并在"复制到"栏中指定显示结果区域的左上角单元格地址（如$A$15）,则高级筛选的结果在指定位置显示。

注意:筛选的作用是将不符合条件的记录暂时隐藏起来并不是删除记录。

知识点 175：分类汇总

要对表格进行分类汇总时,必须先对分类字段进行排序操作,才能保证分类汇总结果的准确性,然后选择数据清单中的任一单元格,单击【数据】菜单下的【分类汇总】命令,弹出"分类汇总"对话框,设置分类字段和汇总方式（求和、平均值、最大值、最小值、计数等）,最后单击"确定"按钮。

如果要将多种汇总结果同时显示出来,则应取消"替换当前分类汇总"选项的勾选。

删除分类汇总也是在此对话框中完成。

Powerpoint 2003 相关知识点

知识点 176：Powerpoint 的功能

Powerpoint 是 office 的组件之一，其主要作用是制作演示文稿，用于表达作者的思想、展示作品等。在工作中我们可以用它制作电子教案、多媒体课件、制作多媒体电子相册、画册，各种多媒体电子贺卡、制作各种广告、工作汇报、创建 WEB 页面等。

知识点 177：Powerpoint 的视图

（1）普通视图：普通视图是 Powerpoint 的默认视图，可编辑单张幻灯片的内容，也可调整幻灯片的结构。该视图有三个工作区域：左侧为可在幻灯片文本大纲（"大纲"选项卡）和幻灯片缩略图（"幻灯片"选项卡）之间切换的选项卡；右侧为幻灯片窗格，以大视图显示当前幻灯片；底部为备注窗格。

① "大纲"选项卡。在大纲窗体中显示幻灯片文本，此区域是开始撰写内容的主要地方。

② "幻灯片"选项卡。编辑时切换到此选项卡，可以重新排列、添加或删除幻灯片。

③ 幻灯片窗格。在大视图中显示当前幻灯片，可以添加文本、插入图片、声音、影片。

④ 备注窗格。添加与每个幻灯片的内容相关的备注，并且在放映演示文稿时将它们作为参考资料打印出来。

（2）幻灯片浏览视图：幻灯片浏览视图是以缩略图形式显示幻灯片的视图。在幻灯片浏览视图可重新排列、添加或删除幻灯片以及预览切换和动画效果。该视图下不可编辑幻灯片中的内容。

（3）幻灯片放映视图：幻灯片放映视图占据整个计算机屏幕，在这种全屏幕视图中，可以看到幻灯片中的动画、切换方式及声音效果。

（4）备注页视图：在其中可以输入备注信息。

知识点 178：如何创建演示文稿

有以下几种方法可以创建演示文稿：

（1）利用"内容提示向导"，创建有一定主题和结构的演示文稿。

（2）利用"设计模板"，创建有一定主题风格的演示文稿。

（3）利用"空演示模板"，创建一个全新的演示文稿。

（4）利用现有的演示文稿创建

（5）利用相册创建演示文稿

具体操作是使用【文件】|【新建】命令或用 Ctrl+N 快捷键，在任务窗格中选择以上方法中的一种。

知识点 179：演示文稿的保存

使用【文件】|【保存】命令，可以保存演示文稿，Powerpoint 的保存类型有多种：

（1）.PPT　演示文稿（97-2003 & 95）

（2）.Htm、.Html　网页

（3）.POT　演示文稿设计模板

（4）.PPS　　PowerPoint 放映、加载宏

（5）.GIF　可交换的图形模式

（6）.JPG　JPG 文件交换格式

（7）.Wmf　Windows 图元文件

（8）.Rtf　大纲/RTF 文件

知识点 180：如何插入幻灯片

演示文稿是由一张或多张幻灯片构成的，在演示文稿中增加幻灯片的方法有：

（1）插入新幻灯片：使用 Ctrl+M 或【插入】|【新幻灯片】命令或【格式】工具栏上的【新幻灯片】按钮。

（2）从别的演示文稿中插入：使用【插入】|【幻灯片（从文件）】

（3）插入幻灯片副本：使用【插入】|【幻灯片副本】命令。

（4）插入大纲：使用【插入】|【幻灯片（从大纲）】命令。

知识点 181：幻灯片的版式

"版式"指的是幻灯片内容在幻灯片上的排列方式。版式由占位符组成。共有 4 类 31 种版式：

（1）文字版式（6 种）

（2）内容版式（7 种）

（3）文字和内容版式（7 种）

（4）其他版式（11 种）

使用【格式】|【版式】命令，可以设置或修改幻灯片的版式。

知识点 182：如何在幻灯片中插入文本、图像、声音、影片、表格、图表

演示文稿是由一张或多张幻灯片构成的。幻灯片可以由文本、图表、静态或者动态图像、声音、多媒体剪辑等构成。以上对象的插入均使用【插入】菜单完成。

知识点 183：幻灯片的选择、移动、复制、删除

对幻灯片的整体进行操作时，一般切换到幻灯片浏览视图下，幻灯片的选择、移动、复制、删除操作与 Windows 中文件的选择方法相同，此处不再赘述。

知识点 184：设置幻灯片的背景

使用【格式】|【背景】命令完成。

知识点 185：统一演示文稿的外观

使用【格式】|【幻灯片设计…】命令，打开【幻灯片设计】任务窗口，在其中可以将某

种模板应用到幻灯片，还可以设置幻灯片的配色方案。另外，使用幻灯片母版视图也可以统一幻灯片的内容和外观。

知识点 186：设置幻灯片的动画效果

可以使幻灯片上的文本、图形、图示、图表和其他对象具有动画效果，这样就可以突出重点、控制信息流，并增加演示文稿的趣味性。可以使用动画方案或自定义动画两种方法。

若要简化动画设计，可使用预设的动画方案。方案是一种精致的效果序列，您可以通过单击鼠标将它应用到几个幻灯片或整个放映中，这大大节省了时间并且有助于快速得到结果。使用【幻灯片放映】|【动画方案…】命令完成。

也可以使用"自定义动画"任务窗格，在运行演示文稿的过程中控制项目在何时以何种方式出现在幻灯片上。自定义动画是对各种对象（文字、图形、声音、图表、影像等）进行动态演示的设置，设置的内容有：

（1）设置动态演示的效果。

（2）设置演示声音效果。

（3）设置演示的顺序和时间。

（4）电影、声音、图表的动画设置。

使用【幻灯片放映】|【自定义动画…】命令将出现"自定义动画"任务窗格。

知识点 187：设置幻灯片的切换效果

单击【幻灯片放映】|【幻灯片的切换…】命令，打开对话框，在其中可以设置：

（1）设置切换动态效果。

（2）设置换页速度、方式。

（3）设置换页的声音效果。

知识点 188：设置动作

可以为幻灯片中的某个对象设置动作，单击该对象或鼠标移过该对象时跳转到其它幻灯片或运行其他的文件。具体步骤是：

（1）先选取某个对象。

（2）执行【幻灯片放映】|【动作设置…】命令。

（3）设置鼠标单击或移过该对象时执行的动作。

知识点 189：播放幻灯片

按 F5 键或用【幻灯片放映】|【观看放映】命令，将从第 1 张幻灯片开始播放。

如果单击"幻灯片放映"视图按钮，将从当前幻灯片开始放映，也可用快捷键 Shift+F5。

知识点 190：隐藏幻灯片

使用【幻灯片放映】|【隐藏幻灯片】命令，可以对当前幻灯片（普通视图）或选中的所有幻灯片（幻灯片浏览视图）设置播放时隐藏。

知识点 191：打印幻灯片

使用【文件】|【打印…】命令，在"打印"对话框中，设置打印的范围（全部、当前幻灯片或选中的幻灯片）、打印内容（幻灯片、讲义、备注页或大纲视图）等内容，如果打印内容为"讲义"则还可设置每页上打印多少张幻灯片。设置完成后可以先预览一下，合适之后再进行打印。

知识点 192：打包演示文稿

对演示文稿打包，可以避免遗漏超链接的文件或本机安装的特殊字体。使用【文件】|【打包成 CD…】命令，可以将演示文稿、播放器及相关配置文件刻录到光盘上，若没有刻录机也可以选择将打包文件保存到文件夹中。

Internet 应用相关知识点

知识点 193：因特网的接入方式

（1）通过光纤接入

光纤是速度最快的 Internet 接入方式，适用于对带宽要求较高的大型组织的 Internet 接入，接入技术和成本要求均较高，一般适用于大型企业和高校。

（2）DDN 接入

DDN 是目前企业接入网络最常见的方式，最高速度可以达到 2 Mbit/s。它的性能较为稳定，成本比光纤低，比较适合中小企业。

（3）综合业务数字网 ISDN

（4）数字用户线 XDSL

（5）电话线拨号上网

知识点 194：统一资源定位器（URL）

因特网上有很多主机，访问特定的主机是通过 IP 地址实现的。统一资源定位器是 www 用来描述 Web 页的地址和访问 Web 页时采用的协议。其格式是：

协议：//IP 地址或域名／路径／文件名

其中各部分的意义如下：

（1）协议：服务方式或获取数据方式。如常见的 http、ftp、bbs 等。

（2）IP 地址或域名：所要链接的主机 IP 地址或域名。

（3）路径和文件名：表示 Web 页在主机中的具体位置（如存放的文件夹和文件名等）。如 http：//zhidao.baidu.com/question/10975697.html 就是一个 Web 页 URL，它告诉系统要使用超文本传输协议（ http）. 资源是域名为 zhidao.baidu.com 的主机下文件夹 question 下的一个 HTML 标记语言文件 10975697.html。

知识点 195：更改主页

"主页"是指每次启动 IE 后进入的第一个网页。默认的起始主页是微软公司的主页（ http://home.microsoft.com）。更改主页步骤如下：

（1）单击"工具"下拉菜单中的"Internet 选项"命令，打开"Internet 选项"对话框。

（2）在"地址"框中直接输入需要的起始主页网址；或者单击"使用当前页"按钮，将当前访问主页设置为默认主页；或者单击"使用空白页"按钮，将空白页设置为起始主页。

知识点 196：收藏 Web 页

连接 internet，启动 IE，进入需要收藏的网页，单击"收藏夹"菜单，再单击"添加到收藏夹"。在打开的"添加收藏"对话框的"名称"框中，输入该网页的新名称或使用默认名称。若单击"创建位置"按钮，则可改变收藏位置，单击"新建文件夹"按钮可创建个人的"收藏夹"文件夹，单击"确定"即将当前网页保存到选定位置。

知识点 197：整理收藏夹

可以单击"收藏夹"菜单下的"整理收藏夹"命令，打开"整理收藏夹"对话框，进行收藏夹的整理。

（1）创建文件夹。单击"新建文件夹"按钮，将在收藏夹中新建一个文件夹，默认名为"新文件夹"。

（2）重命名。在收藏夹列表中，单击选定重命名的文件夹或网页。单击"重命名"按钮，选中项的名字变为可编辑状态，输入要更改的名字即可。

（3）删除。要删除某一个文件夹或网页名，在单击选定它后，单击"删除"按钮在弹出的询问框中，单击"是"按钮便可删除。

（4）移到文件夹。将某一网页名移到指定的文件夹中的操作如下：在"整理收藏夹"对话框右部的列表中，单击选定要移动的项，单击"移动…"按钮，打开"浏览文件夹"对话框。在"浏览文件夹"对话框中，单击选定目标文件夹，并单击"确定"按钮。单击"关闭"按钮，关闭"整理收藏夹"对话框。

知识点 198：搜索引擎的使用方法

（1）在 IE 的地址栏中直接输入所要用的搜索引擎的 URL，启动该搜索引擎。

（2）在"关键字"栏中输入所要查找的关键字，单击"搜索"按钮，显示出搜索结果的页面。

（3）在搜索结果页面中单击相关项，即可找到所要寻找的内容。

知识点 199：启动 Outlook Express

启动 Outlook Express 有下列方法：

（1）双击 Windows 桌面上的"Outlook Express"图标。

（2）单击 Windows 任务栏中的快速启动工具栏上的"Outlook Express"图标。

（3）单击"开始"按钮，打开开始菜单，选择"程序"，在出现的子菜单中单击"Outlook Express"。

（4）单击 IE 窗口中的"邮件"按钮。

（5）在 IE 窗口中选择"工具"菜单中的"邮件和新闻"项。

知识点 200：设置 Internet 邮件账户

（1）启动 Outlook Express，在"工具"菜单中选择"账户"项，进入"Internet 账户"窗口。

（2）在"Internet 账户"窗口中选择"邮件"选项卡，然后单击"添加"按钮，再选择"邮件"项。

（3）在打开的"Internet 连接向导"对话框中，输入显示名称，例如"我的邮件"，然后单击"下一步"按钮。

（4）在出现的对话框中输入 E-mail 地址，例如：buptress@126.com，然后单击"下一步"按钮。

（5）在出现的对话框中输入接收邮件服务器和发送邮件服务器，然后单击"下一步"按钮。

（6）在出现的对话框中输入帐户名和密码，然后单击"下一步"按钮。最后单击"完成"按钮。

知识点 201：收发邮件

（1）启动 Outlook Express，单击其窗口的"创建邮件"按钮；或打开"文件"菜单，单击"新建"项中的"邮件"；或打开"邮件"菜单，单击"新邮件"，均可打开"新邮件"窗口。

（2）在<收件人>框中，输入收件人地址；<抄送>框中输入抄送人地址（也可以不填）；在<主题>框中，可以输入邮件内容的主题（也可以不填）；在"新邮件"窗口下方的书写区域中，输入邮件内容。

（3）若要添加附件，可打开"插入"菜单，单击"文件附件"，打开"插入附件"对话框，选定需作为附件的文件，再单击"附件"按钮将附件添加进来。

（4）若当前是"联机工作"状态，则可将邮件发出，单击"发送"按钮；或打开"文件"菜单，单击"发送邮件"。若当前是"脱机工作"状态，则打开"文件"菜单，单击"以后发送"，将邮件先放到发件箱中留待联机后再发。

第三部分

理论复习题

第三部分

理论学习题

计算机基础知识复习题

计算机的发展、特点、分类及应用

一、判断题

1. 计算机发展过程经历了电子管、晶体管、集成电路、大规模和超大规模集成电路 4 个阶段。　　　　　　　　　　　　　　　　　　　　　　　　　（　　）
2. 计算机的应用可分为科学计算、数据处理、过程控制、计算机辅助系统和人工智能 等多个方面。　　　　　　　　　　　　　　　　　　　　　　　（　　）
3. 现在使用的微机，其主要逻辑器件采用的是大规模和超大规模集成电路。（　　）
4. 计算机和人进行国际象棋比赛，属于计算机应用中的"人工智能"。　（　　）
5. 银行用计算机处理客户的存款，属于计算机应用中的"数值计算"。　（　　）
6. 现在使用的微机是第四代计算机。　　　　　　　　　　　　　　　　（　　）
7. 世界上第一台电子计算机的主要器件是晶体管。　　　　　　　　　　（　　）
8. PC 机属于微型计算机。　　　　　　　　　　　　　　　　　　　　　（　　）
9. 计算机具有自动化程度高的特点，即计算机能按指令自动执行，不需人工干预。
　　　　　　　　　　　　　　　　　　　　　　　　　　　　　　　（　　）

二、单项选择题

1. 世界上第一台电子数字计算机于（　　）年，在（　　）研制成功。
   （A）1945，英国　　（B）1946，美国　　（C）1945，美国　　（D）1946，德国
2. 计算机的发展经历了 4 代，其划分的主要依据是计算机的（　　）。
   （A）运算速度　　（B）应用范围　　（C）功能　　（D）主要逻辑器件
3. 下面运算速度最快的计算机是（　　）。
   （A）巨型计算机　　（B）小型计算机　　（C）微型计算机（D）中型计算机
4. PC 计算机是指（　　）。
   （A）计算机型号　　（B）小型计算机　　（C）大型计算机（D）个人计算机
5. 下面体积最小的计算机是（　　）。
   （A）巨型计算机　　（B）小型计算机　　（C）微型计算机（D）中型计算机
6. 世界上第一台电子数字计算机的英文缩写名是（　　）。
   （A）ENIAC　　（B）EDVAC　　（C）EDSAC　　（D）MARK-II
7. 第三代计算机采用的电子器件主要是（　　）。
   （A）电子管　　　　　　（B）晶体管
   （C）集成电路　　　　　（D）大规模和超大规模集成电路

8. 第二代计算机采用的电子器件主要是（　　　）。
    （A）集成电路　　　　　　　　（B）晶体管
    （C）电子管　　　　　　　　　（D）大规模和超大规模集成电路

9. 使用计算机控制钢厂炼钢过程，属于（　　　）方面的应用。
    （A）数值计算　　（B）信息处理　　（C）过程控制　　　（D）计算机辅助设计

10. 第一代计算机采用的电子器件主要是（　　　）。
    （A）电子管　　　　　　　　　（B）晶体管
    （C）集成电路　　　　　　　　（D）大规模和超大规模集成电路

11. 使用计算机书写文章，属于（　　　）方面的应用。
    （A）数值计算　　（B）数据处理　　（C）过程控制　　（D）人工智能

12. CAI 的含义是（　　　）。
    （A）计算机辅助设计　　　　　（B）计算机辅助制造
    （C）计算机辅助教学　　　　　（D）计算机管理

13. CAM 的含义是（　　　）。
    （A）计算机辅助设计　　　　　（B）计算机辅助制造
    （C）计算机辅助教学　　　　　（D）计算机管理

14. CAD 的含义是（　　　）。
    （A）计算机辅助设计　　　　　（B）计算机辅助制造
    （C）计算机辅助教学　　　　　（D）计算机管理

15. CAT 的含义是（　　　）。
    （A）计算机辅助设计　　　　　（B）计算机辅助制造
    （C）计算机辅助教学　　　　　（D）计算机辅助测试

16. CAE 的含义是（　　　）。
    （A）计算机辅助设计　　　　　（B）计算机辅助工程
    （C）计算机辅助教学　　　　　（D）计算机辅助测试

17. 关于电子计算机的特点，以下叙述错误的是(　　　)。
    （A）运算速度快　　　　　　　（B）运算精度高
    （C）具有记忆和逻辑判断能力　　（D）运行过程不能自动、连续，需要人工干预

18. 就工作原理而言，当代计算机都是基于美籍匈牙利数学家（　　　）提出的存储程序控
    制原理，人们尊称他为"计算机之父"。
    （A）图灵　　（B）牛顿　　（C）布尔　　（D）冯·诺伊曼

计算机系统的组成

一、判断题

1. 运算器是完成算术和逻辑运算的核心部件，通常称之为 CPU。　　　　　　（　　　）

2.　键盘是标准的输入设备。　　　　　　　　　　　　　　　　　　（　　　）
3.　计算机中统一指挥和控制计算机各部分自动、连续、协调一致运行的部件是控制器。
　　　　　　　　　　　　　　　　　　　　　　　　　　　　　　　　（　　　）
4.　鼠标是计算机必不可少的输入设备。　　　　　　　　　　　　　（　　　）
5.　微型计算机的性能主要取决于微处理器的性能。　　　　　　　（　　　）
6.　字节的英文名称是 byte。　　　　　　　　　　　　　　　　　　（　　　）
7.　显示器显示的信息既有用户输入的内容，又有计算机输出的结果，所以显示器既是
　　输入设备，又是输出设备。　　　　　　　　　　　　　　　　　（　　　）
8.　微型计算机的 CPU 包括运算器、控制器。　　　　　　　　　　（　　　）
9.　程序必须送入到计算机内存中才可以运行。　　　　　　　　　（　　　）
10.　软件系统可分为 DOS 系统和 Windows 系统两类。　　　　　（　　　）
11.　1 GB=1024 MB。　　　　　　　　　　　　　　　　　　　　　（　　　）
12.　随机存储器（RAM）和只读存储器（ROM），断电后所存的信息都不会丢失。（　　　）
13.　计算机高级语言是与计算机的 CPU 型号无关的计算机语言。　（　　　）
14.　操作系统是计算机最基本的系统软件。　　　　　　　　　　　（　　　）
15.　汇编语言是一种高级语言。　　　　　　　　　　　　　　　　　（　　　）
16.　操作系统是一种应用软件。　　　　　　　　　　　　　　　　　（　　　）
17.　操作系统的主要作用是管理计算机的软硬件资源。　　　　　（　　　）
18.　计算机采用存储程序的工作原理。　　　　　　　　　　　　　（　　　）
19.　计算机的系统资源只是指硬件资源。　　　　　　　　　　　　（　　　）
20.　只能从 RAM 中读取数据，但不能将数据写入 RAM 中。　　　（　　　）
21.　计算机工作时，能随机读/写 ROM 中的数据。　　　　　　　　（　　　）
22.　软件是程序和程序所使用的数据的总称。　　　　　　　　　　（　　　）
23.　主频（即时钟频率）是影响微机速度的重要因素之一。主频越高，运算速度越快。
　　　　　　　　　　　　　　　　　　　　　　　　　　　　　　　　（　　　）

二、单项选择题

1.　计算机中用来表示存储空间大小的最小单位是（　　　）。
　　（A）KB　　　　（B）bit　　　（C）byte　　（D）MB
2.　计算机内进行算术与逻辑运算的功能部件是（　　　）。
　　（A）硬盘　　（B）运算器　　（C）控制器　　（D）内存储器
3.　下面正确的是（　　　）。
　　（A）1 MB=1000 KB　　　　　　　（B）1 MB=1024 KB
　　（C）1 MB=1000 B　　　　　　　　（D）1 MB=1024 B
4.　（　　　）属于微型计算机的外存储器。
　　（A）ROM　　（B）RAM　　（C）磁盘　　（D）虚拟盘
5.　下列软件中，不属于应用软件的是（　　　）。
　　（A）档案管理程序　　　　　　　（B）Word 字处理软件
　　（C）Windows　　　　　　　　　　（D）杀毒软件

6. 操作系统属于（   ）。
   （A）管理软件　（B）编辑软件　（C）应用软件　（D）系统软件

7. 计算机软件系统是由（   ）组成的。
   （A）系统软件和应用软件　　　　（B）操作系统和数据库管理系统
   （C）操作系统和系统维护软件　　（D）Word 和 Excel

8. 属于输入设备的是（   ）。
   （A）显示器　（B）绘图仪　（C）激光打印机　（D）手写板

9. CPU 的中文含义是（   ）。
   （A）计算机硬件系统　　　　　　（B）计算机主机
   （C）中央处理器　　　　　　　　（D）内存储器

10. 下面正确的是（   ）。
    （A）1 KB=1000 bit　　　　　　（B）1 KB=1000 byte
    （C）1 KB=1024 bit　　　　　　（D）1 KB=1024 byte

11. 先试用、后付费的软件属于（   ）。
    （A）共享软件　（B）免费软件　（C）测试软件　（D）盗版软件

12. CPU 的频率反映了它的（   ）。
    （A）运算器的位数　（B）工作电压　（C）缓冲存储器的容量　（D）运算速度

13. 字长是 CPU 的主要性能指标之一，它表示的是（   ）。
    （A）CPU 能并行处理二进制数据的位数　　（B）最长的十进制整数的位数
    （C）最大的有效数字位数　　　　　　　　（D）计算结果的有效数字长度

14. （   ）位二进制数组成 1 个字节。
    （A）4　　　　（B）6　　　　（C）8　　　　（D）10

15. 在计算机中的五大部件中，负责控制和协调其它部件工作的是（   ）。
    （A）运算器　（B）存储器　（C）控制器　（D）输入输出设备

16. （   ）主要包括运算器和控制器，它的性能很大程度上决定了微机的性能和档次。
    （A）RAM　（B）ROM　　（C）UPS　　（D）CPU

17. 下列叙述中，属于 RAM 特点的是（   ）。
    （A）可随机读写数据，断电后数据不会丢失
    （B）可随机读写数据，断电后数据将全部丢失
    （C）只能读出数据，断电后数据不会丢失
    （D）只能读出数据，断电后数据全部丢失

18. 存储的内容在读出后并不被破坏，这是（   ）的特性。
    （A）内存　　（B）磁盘　　（C）只读存储器　　（D）存储器共同

19. 计算机系统包括的两大部分是（   ）。
    （A）硬件系统和软件系统　　　　（B）主机和软件
    （C）CPU 和软件　　　　　　　　（D）CPU 和系统软件

20. 一台微型计算机必须具备的输入设备是（   ）。
    （A）显示器　　（B）键盘　　（C）扫描仪　　（D）数字化仪

21. 内存通常是指计算机中的（   ）。

（A）ROM　　　　　（B）RAM　　　　（C）硬盘　　　　（D）软盘
22. 计算机中最小的信息单位是（　　　）。
　　　（A）KB　　　　　　（B）bit　　　　　（C）MB　　　　　（D）byte
23. 计算机硬件的五大部件中不包含（　　　）。
　　　（A）输入设备　　　（B）存储器　　　（C）控制器　　　（D）打印机
24. 我们通常所说的"裸机"指的是（　　　）。
　　　（A）机箱尚未加盖的计算机　　　　　　（B）只安装了操作系统的计算机
　　　（C）不带输入输出设备的计算机　　　　（D）未安装任何软件的计算机
25. 下面属于输出设备的是（　　　）。
　　　（A）鼠标　　　　　（B）扫描仪　　　（C）打印机　　　（D）数码照相机
26. 计算机中用于保存原始数据、中间运算结果和最后运算结果的是（　　　）。
　　　（A）运算器　　　　（B）存储器　　　（C）控制器　　　（D）输出设备
27. 在计算机指令中，规定其所执行操作功能的部分称为（　　　）。
　　　（A）地址码　　　　（B）源操作数　　（C）操作数　　　（D）操作码
28. 在所列的软件中：1. WPS Office 2003；2. Windows 2000；3. 财务管理软件；4. UNIX；
　　　5.学籍管理系统；6. MS-DOS；7. Linux。属于应用软件的有（　　　）。
　　　（A）1，2，3　　　（B）1，3，5　　　（C）1, 3. 5，7　　（D）2，4，6，7
29. 冯·诺伊曼（VonNeumann）型体系结构的计算机硬件系统的五大部件是（　　　）。
　　　（A）输入设备、运算器、控制器、存储器、输出设备
　　　（B）键盘和显示器、运算器、控制器、存储器和电源设备
　　　（C）输入设备、中央处理器、硬盘、存储器和输出设备
　　　（D）键盘、主机、显示器、硬盘和打印机
30. 计算机能直接识别、执行的语言是（　　　）。
　　　（A）汇编语言　　　（B）机器语言　　（C）高级程序语言　　（D）C语言

三、填空题

1. 计算机系统由（　　　）组成。
2. 硬件按功能分为（　　　）、（　　　　）、（　　　　）、（　　　　）和（　　　　）
　　 五部分。
3. （　　　）和（　　　）称为中央处理处理器，简称（　　　）。
4. 存储器分为（　　　）和（　　　）。
5. 内存分为（　　　）和（　　　）。
6. ROM 的特点是（　　　　　　）。RAM 的特点是（　　　　　　）。
7. 中央处理处理器和内存合称为（　　　　　）。
8. （　　　）、（　　　　）和（　　　　）合称为外设。
9. 软件分为（　　　）和（　　　）。
10. 系统软件的核心是（　　　）。
11. 计算机程序设计语言分为（　　　　）、（　　　　）和（　　　）。

计算机中的信息表示及进制转换

一、判断题

1. 在微机内部，用来传送、存储、加工处理的信息表示形式是二进制码。 （　　）
2. 计算机内部采用十进制进行运算。 （　　）
3. 计算机中的字节（byte）是个常用的单位，1个字节可以保存一个英文 ASCII 字符。
（　　）

二、单项选择题

1. 与十进制数 161 等值的十六进制数是（　　）H。
（A）A1 　　（B）B1 　　（C）C1 　　（D）D1
2. 下列四个不同数制表示的数中，数值最小的是（　　）。
（A）二进制数 11010101 　　　　（B）八进制数 225
（C）十进制数 118 　　　　　　（D）十六进制数 FD
3. 与二进制数值 10100001 等值的十进制数是（　　）。
（A）161 　　（B）171 　　（C）163 　　（D）174
4. 微型计算机中使用最普遍的字符编码是（　　）。
（A）EBCDIC 码 　　（B）国标码 　　（C）BCD 码 　　（D）ASCII 码
5. 标准 ASCII 码使用 1 个字节的低（　　）位作为不同字符的编码。
（A）4 　　（B）5 　　（C）6 　　（D）7
6. 下列四个不同数制表示的数中，数值最小的是（　　）。
（A）二进制数 10110101 B 　　　　（B）八进制数 263 O
（C）十进制数 245D 　　　　　　（D）十六进制数 FD H
7. ASCII 码的全称是（　　）。
（A）国标码 　　　　　　　　（B）二-十进制编码
（C）十进制编码 　　　　　　（D）美国标准信息交换码
8. 下列字符中，ASCII 码值最小的是（　　）。
（A）a 　　（B）A 　　　　（C）x 　　　　　　（D）Y
9. 在微型计算机中，一个汉字占（　　）个字节。
（A）1 　　（B）2 　　　　（C）3 　　　　　　（D）4
10. 1 KB 的存储空间最多可以存储（　　）汉字代码。
（A）1024 　　（B）512 　　（C）600 　　（D）800
11. 标准的 ASCII 码用 7 位二进制位表示，可表示不同的编码个数是（　　）。
（A）127 　　（B）128 　　（C）255 　　（D）256
12. 已知三个用不同数制表示的整数 A=001111O1B，B=3CH，C=64D，则能成立的 比
较关系式是（　　）。
（A）A<B<C 　　（B）B<C<A 　　（C）B<A<C 　　（D）C<B<A
13. 在 ASCII 码表中，根据码值由小到大的排列顺序是（　　）。

（A）空格字符、数字符、大写英文字母、小写英文字母

（B）数字符、空格字符、大写英文字母、小写英文字母

（C）空格字符、数字符、小写英文字母、大写英文字母

（D）数字符、大写英文字母、小写英文字母、空格字符

14. 现代计算机中采用二进制数字系统是因为（   ）。

（A）代码表示简短，易读

（B）物理上容易表示和实现、运算规律简单、可节省设备且便于设计

（C）容易阅读，不易出错

（D）只有 0 和 1 两个数字符号，容易书写

15. 下列叙述中，正确的是（   ）。

（A）一个英文字符的标准 ASCII 码占有一个字节的存储量，其最高位二进制总为 0。

（B）大写英文字母的 ASCII 码值大于小写英文字母的 ASCII 码值

（C）同一字英文字母（如 A）的 ASCII 码和它在汉字系统下的全角内码是相同的

（D）一个英文字符的 ASCII 码与它的内码是不同的

三、填空题

1. 十进制数 12 转换为二进制数是（   ）。

2. 两位二进制可表示（   ）种状态。

3. 二进制数 10010111 转换为十六进制数是（   ）。

4. 八进制数 15 转换为二进制数是（   ）。

5. 十六进制数 D5 转换为二进制数是（   ）。

6. 二进制数用（   ）和（   ）内个数码表示，基数是（   ）。

四、计算题

1. $(706.5)_8 = (\quad)_{10}$

2. $279 = (\quad)_8$

3. $0.4375 = (\quad)_8$

4. $0.27 = (\quad)_2$ 保留 6 位小数

5. $5A.0CH = (\quad)_8$

6. $123.045 = (\quad)H$ 保留 3 位小数

7. $98\frac{5}{6} = (\quad)_2$ 保留 10 位小数

8. $35\frac{5}{16} = (\quad)_2$

9. $FFFEH = (\quad)_8$

10. $275.6875 = (\quad)_8$

11. $(10111.10101)_2 = (\quad)_8 = (\quad)H$

12. $43\frac{1}{4} = (\quad)_2 = (\quad)_8 = (\quad)H$

微型计算机的组成、基本操作及安全

一、判断题

1. 显示器的亮度和对比度都可以自己调节。　　　　　　　　　　　　　（　　）
2. 喷墨打印机需要使用色带。　　　　　　　　　　　　　　　　　　　（　　）
3. 常用的 CD-ROM 是只读型光盘。　　　　　　　　　　　　　　　　　（　　）
4. 数码照相机是输入设备。　　　　　　　　　　　　　　　　　　　　（　　）
5. 手写板可用于输入汉字。　　　　　　　　　　　　　　　　　　　　（　　）
6. 硬盘存储数据的可靠性比软盘高得多。　　　　　　　　　　　　　　（　　）
7. 触摸屏属于输入设备。　　　　　　　　　　　　　　　　　　　　　（　　）
8. 打印机是计算机必不可少的输出设备。　　　　　　　　　　　　　　（　　）
9. 扫描仪是输出设备。　　　　　　　　　　　　　　　　　　　　　　（　　）
10. 用数码照相机得到的照片可以输入到计算机中进行编辑处理。　　　　（　　）
11. 扫描仪主要用于把图片或文字输入到计算机中。　　　　　　　　　　（　　）
12. 激光打印机属于针式打印机。　　　　　　　　　　　　　　　　　　（　　）
13. 某微机的配置是：P4/1G/320G，其中 P4 是指 CPU 的型号。　　　　（　　）
14. 计算机读取硬盘数据的速度比读取软盘数据的速度快。　　　　　　　（　　）
15. 计算机病毒是一种人为编制、特殊的能够自我繁殖的计算机程序。　　（　　）
16. 可以利用键盘上的 Ctrl+Alt+Del 组合键重启电脑。　　　　　　　　（　　）
17. 键盘上主键盘区的数字键与小键盘区的数字键都可以输入数字。　　　（　　）
18. 按住 Alt 键不放再去按双字符键，可以输入上档字符。　　　　　　　（　　）
19. 杀毒软件通常都滞后于计算机病毒。　　　　　　　　　　　　　　　（　　）
20. 多媒体计算机能够处理文字、图片、图形图像、动画、声音和视频等类型的信息。
　　　　　　　　　　　　　　　　　　　　　　　　　　　　　　　（　　）
21. 用一种杀毒软件能够清除任何病毒。　　　　　　　　　　　　　　　（　　）
22. 键盘上的 Ctrl 键单独按下不起作用。　　　　　　　　　　　　　　（　　）
23. 正版的杀毒软件一般能免费更新病毒库。　　　　　　　　　　　　　（　　）
24. 计算机断电后，机器内部的计时系统将停止工作。　　　　　　　　　（　　）
25. 计算机既可以用硬盘启动，也可以用 U 盘启动。　　　　　　　　　　（　　）
26. 计算机感染病毒的可能原因是软盘表面不清洁。　　　　　　　　　　（　　）
27. 计算机病毒只能传染给可执行文件。　　　　　　　　　　　　　　　（　　）
28. 格式化磁盘能将磁盘中原有的文件全部清除。　　　　　　　　　　　（　　）
29. 计算机病毒是在运行时能将自身复制或拷贝到其它程序内的一种程序。（　　）
30. 计算机开机时应先打开主机电源，再打开外部设备电源。　　　　　　（　　）
31. 在使用过程中，发现普通接口键盘的某个键失灵，可以不关机拔下键盘，换上另一个键盘。　　　　　　　　　　　　　　　　　　　　　　　　　　（　　）
32. 使用微机要注意防尘。　　　　　　　　　　　　　　　　　　　　　（　　）
33. 磁盘和计算机网络是计算机病毒传播的重要媒介。　　　　　　　　　（　　）

34. 显示器应当远离强磁场放置。（　　　）
35. 使用计算机时，要避免外力振动计算机。（　　　）
36. 按指法规定，R 键属于左手中指管。（　　　）
37. 在多媒体计算机中，声卡是用来处理声音信息的硬件设备。（　　　）
38. 机械鼠标的指针移动不灵，通常是由于鼠标内的污垢引起的，只要清除污垢即可恢复正常。（　　　）
39. 数据压缩是多媒体发展的关键技术。（　　　）
40. 键盘上的 Enter 键是回车换行键。（　　　）
41. 软盘的写保护具有防止病毒入侵，保护数据不被误删除的功能。（　　　）
42. 键盘上的 CapsLock 键是数字锁定键。（　　　）
43. 要编辑一个已有的磁盘文件，应首先把文件读至内存储器。（　　　）
44. 当键盘处于小写状态时按下 Shift+A 组合键，输入的字符是大写字母 A。（　　　）
45. 多媒体计算机是集计算机、图形图像、动画、声音和视频等技术为一体的产物。（　　　）

二、单项选择题

1. 微型计算机的发展以（　　　）技术为特征标志。
   （A）操作系统　　（B）微处理器　　（C）磁盘　　（D）软件
2. 放置显示器时，不需考虑的因素是（　　　）。
   （A）附近是否有强磁场　　　　（B）附近是否较潮湿
   （C）环境空气中的灰尘是否较多　　（D）附近是否有较强的噪声
3. 使用墨水，且能打印彩色图片的打印机属于（　　　）。
   （A）复印机　　（B）针式打印机　　（C）喷墨打印机　　（D）激光打印机
4. 下列设备中（　　　）是输入设备。
   （A）CD-ROM　　　（B）显示器　　（C）软磁盘驱动器　　（D）光笔
5. 显示器的分辨率一般用（　　　）表示。
   （A）能显示多少个字符　　　　（B）能显示的信息量
   （C）横向点数 × 纵向点数　　　（D）能显示的颜色数
6. 需要使用色带的打印机是（　　　）。
   （A）复印机　　　（B）针式打印机　　　（C）喷墨打印机　　　（D）激光打印机
7. CD-ROM 是一种（　　　）的外存储器。
   （A）可以读出，也可以写入　　　（B）只能写入
   （C）只能读出，不能写入　　　　（D）可以写入，但断电后信息就会丢失
8. 下列打印机中打印效果最好的是（　　　）。
   （A）针式打印机　　（B）喷墨打印机　　（C）激光打印机　　（D）复印机
9. 读/写速度最慢的是（　　　）。
   （A）硬盘　　（B）软盘　　（C）光盘　　（D）内存
10. 下列术语中，属于显示器性能指标的是（　　　）。
   （A）速度　　（B）精度　　　（C）可靠性　　（D）分辨率

11. 下面不是安装在主机箱内的是（　　　）。
　　（A）CPU　　（B）显卡　　（C）键盘　　（D）硬盘
12. 操作电脑时的错误做法是（　　　）。
　　（A）先开显示器后开主机　　　（B）不能在开机时随意搬动各种计算机设备
　　（C）先关主机后关显示器　　　（C）在开机状态下，可以随意插拔各种外设电缆
13. 下面列出的四项中，不属于计算机病毒特征的是（　　　）。
　　（A）潜伏性　　（B）触发性　　（C）传染性　　（D）免疫性
14. 输入键盘上的K键时，应该用（　　　）击键。
　　（A）右手的食指　　（B）左手的食指　　（C）右手的中指　　（D）右手的无名指
15. Print Screen 键是（　　　）。
　　（A）大小写锁定键　（B）数字锁定键　（C）删除键　（D）屏幕打印键
16. 鼠标连接在微机的（　　　）上。
　　（A）CPU　　（B）主板　　（C）显示器　　（D）内存条
17. 键盘操作时，两手无名指的基本位置应是（　　　）。
　　（A）左手无名指在D键，右手无名指在L键
　　（B）左手无名指在S键，右手无名指在L键
　　（C）左手无名指在S键，右手无名指在K键
　　（D）左手无名指在D键，右手无名指在L键
18. 内存条插在（　　　）上。
　　（A）主板　　（B）硬盘　　（C）显卡　　（D）打印机
19. 下列存储部件中读写数据最快的是（　　　）。
　　（A）软盘　　（B）硬盘　　（C）光盘　　（D）内存
20. 在汉字系统中，拼音码、五笔字型码等统称为（　　　）。
　　（A）外码（输入码）　　　（B）内码（机内码）
　　（C）交换码　　　　　　　（D）字形码
21. @在数字键2的上档，按指法规定，要输入符号@，正确的操作是（　　　）。
　　（A）右手按住右边的 Shift 键不放，左手按数字键2
　　（B）左手一个手指按住左边的 Shift 键不放，另一个手指按数字键2
　　（C）左手按住左边的 Shift 键不放，右手按数字键2
　　（D）右手按住左边的 Shift 键不放，左手按数字键2
22. 可中断程序运行的组合键是（　　　）。
　　（A）Ctrl+Shift+Del　　　（B）Ctrl+Alt+Del
　　（C）Ctrl+Break+Del　　　（D）Ctrl+Tab+Del
23. 不是多媒体计算机必需的设备是（　　　）。
　　（A）声卡　　（B）网卡　　（C）音箱或耳机　　（D）光驱
24. 只读光盘必须使用（　　　）才能读出其中的数据。
　　（A）硬盘　　（B）CD-ROM 驱动器　　（C）软驱　　（D）扫描仪
25. 多媒体计算机必不可少的设备是（　　　）。
　　（A）网卡　　（B）数据解压卡　　（C）硬盘还原卡　　（D）声卡

26. 操作计算机时，应当离 CRT 显示器远一些，最主要原因是 CRT 显示器（   ）。
    （A）会发热   （B）光太强   （C）有辐射   （D）有磁性

27. 键盘上的退格键的功能是（   ）。
    （A）锁定数字   （B）大小写字母切换   （C）插入空格   （D）删除光标左侧的字符

28. 计算机标准键盘上的（   ）键只有一个。
    （A）回车   （A）退格   （A）Shift   （A）Alt

29. 当磁盘感染了计算机病毒后，最恰当的处理方法是（   ）。
    （A）格式化该磁盘   （B）报废该磁盘
    （C）继续使用   （D）使用防病毒软件清除病毒后再使用

30. 关于磁盘格式化的叙述中，正确的是（   ）。
    （A）未经格式化的磁盘不能使用
    （B）格式化后的磁盘都可以启动计算机
    （C）快速格式化可以保留磁盘上原有的文件
    （D）格式化能够增大磁盘的容量

31. 下面不属于杀毒软件的是（   ）。
    （A）KV3000   （B）瑞星   （C）金山毒霸   （D）Office

32. 下面各键中不需与其它键配合即可起作用的键是（   ）。
    （A）Ctrl   （B）Shift   （C）Alt   （D）Tab

33. 大小写状态转换键是（   ）。
    （A）CapsLock   （B）Ctrl   （C）Alt   （D）NumLock

34. 下列诸因素中，不是 U 盘（闪存）取代软盘的原因是（   ）。
    （A）U 盘比软盘的价格便宜   （B）U 盘比软盘的读/写速度快
    （C）U 盘比软盘的存储容量大   （D）U 盘比软盘的数据可靠性高

35. 当前计算机中的病毒不会感染（   ）。
    （A）硬盘   （B）U 盘   （C）只读光盘   （D）计算机程序

36. 计算机病毒是一种（   ）。
    （A）特殊的计算机部件   （B）特殊的生物病毒
    （C）人为编制的特殊的计算机程序   （D）自动产生的计算机程序

37. 下列叙述中，错误的是（   ）。
    （A）硬盘在主机箱内，它是主机的组成部分
    （B）硬盘是外部存储器之一
    （C）硬盘的技术指标之一是每分钟的转速 r/min
    （D）硬盘与 CPU 之间不能直接交换数据

38. 汉字国标码（GB2312_1980）把汉字分成（   ）。
    （A）简化字和繁体字两个等级
    （B）一级汉字、二级汉字和三级汉字三个等级
    （C）一级常用汉字、二级常用汉字两个等级
    （D）常用字、次常用字、罕见字三个等级

39. 下列叙述中，正确的是（   ）。

（A）计算机病毒只在可执行文件中传染

　（B）计算机病毒主要通过读/写移动存储器或 Internet 网络进行传播

　（C）只要删除所有感染了病毒的文件就可以彻底消除病毒

　（D）计算机杀病毒软件可以查出和清除任意已知的和未知的计算机病毒

40. 在 CD 光盘上标记有 "CD-RW" 字样，此标记表明这光盘（　　）。

　（A）只能写入一次，可以反复读出的一次性写入光盘　　（B）可多次擦除型光盘

　（C）只能读出、不能写入的只读光盘　　　　　　　　（D）RW 是 Read and Write 的缩写

41. 字长为 7 位的无符号二进制整数能表示的十进制整数的数值范围（　　）。

　（A）0～128　　（B）0～255　　（C）0～127　　（D）1～127

42. 计算机的系统总线是计算机各部件间传递信息的公共通道，它分为（　　）。

　（A）数据总线和控制总线　　　　（B）数据总线、控制总线和地址总线

　（C）地址总线和数据总线　　　　（D）地址总线和控制总线

43. 目前使用的防病毒软件的主要作用是（　　）。

　（A）检查计算机是否感染病毒，消除已被感染的任何病毒

　（B）杜绝病毒对计算机的侵害

　（C）查出计算机已感染的任何病毒，清除其中一部分病毒

　（D）检查计算机是否已被已知病毒感染，并清除该病毒

44. 对计算机病毒的防治也应以 "预防为主"。下列各项措施中，错误的预防措施是（　　）。

　（A）对重要数据文件及时备份到移动存储设备上

　（B）用杀病毒软件定期检查计算机

　（C）不要随便打开/阅读身份不明的发件人发来的电子邮件

　（D）在硬盘中再备份一份

45. 存储一个 24×24 点的汉字字形码需要（　　）。

　（A）32 字节　　（B）48 字节　　（C）64 字节　　（D）72 字节

46. 下列有关多媒体计算机概念描述正确的是（　　）。

　（A）多媒体技术可以处理文字、图像和声音，但不能处理动画和影像

　（B）多媒体计算机系统主要由多媒体硬件系统、多媒体操作系统、图形用户界面及
多媒体数据开发的应用工具软件组成

　（C）传输媒体主要包括键盘、显示器、鼠标、声卡及视频卡等

　（D）多媒体技术具有同步性、集成性、交互性和综合性的特征

47. 计算机的技术性能指标主要是指（　　）。

　（A）计算机所配备的语言、操作系统、外部设备

　（B）硬盘的容量和内存的容量

　（C）显示器的分辨率、打印机的性能等配置

　（D）字长、运算速度、内/外存容量和 CPU 的时钟频率

48. 3.5 英寸软盘片角上有一带黑色滑块的小方孔，当小方孔被打开透光时，其作用是使
该盘片（　　）。

　（A）只能读不能写　　　　　　（B）能读也能写

　（C）禁止读也禁止写　　　　　　（D）能写入但不能读

49. 计算机指令由两部分组成，它们是（　　）。
　　（A）运算符和运算数　　　　　（B）操作数和结果
　　（C）操作码和操作数　　　　　（D）数据和字符

50. 根据汉字国标码 GB231280 的规定，将汉字分为常用汉字（一级）和非常用汉字（二级）两级汉字。一级常用汉字的排列是按（　　）。
　　（A）偏旁部首　　　（B）汉字拼音字母　　　（C）笔画多少　　　（D）使用频率

51. 假设在每屏 1024×768 个像素的显示器上显示一幅真彩色（24 位）的图形，其显存容量需（　　）个字节。
　　（A）1024×768×24　　（B）1024×768×3　　（C）1024×768×2　　（D）1024×768×12

52. 下列叙述中错误的是（　　）。
　　（A）内存储器 RAM 中主要存储当前正在运行的程序和数据
　　（B）高速缓冲存储器（Cache）一般采用 DRAM 构成
　　（C）外部存储器（如硬盘）用来存储必须永久保存的程序和数据
　　（D）存储在 RAM 中的信息会因断电而全部丢失

53. 下列说法中，正确的是（　　）。
　　（A）同一个汉字的输入码的长度随输入方法不同而不同
　　（B）一个汉字的区位码与它的国标码是相同的，且均为 2 字节
　　（C）不同汉字的机内码的长度是不相同的
　　（D）同一汉字用不同的输入法输入时，其机内码是不相同的

54. 一个汉字的机内码与它的国标码之间的差是（　　）。
　　（A）2020H　　　（B）4040H　　　　（C）8080H　　　　（D）A0A0H

55. 在现代的 CPU 芯片中又集成了高速缓冲存储器（Cache），其作用是（　　）。
　　（A）扩大内存储器的容量　　　　（B）解决 CPU 与 RAM 之间的速度不匹配问题
　　（C）解决 CPU 与打印机的速度不匹配问题　　　　（D）保存当前的状态信息

三、多项选择题

1. 下列部件中属于外存储器的有（　　）。
　　（A）软盘　　　　　（B）硬盘　　　　　（C）光盘　　　　　（D）U 盘

2. 计算机病毒可通过（　　）来传染。
　　（A）网络　　　　　（B）磁盘　　　　　（C）光盘　　　　　（D）U 盘

3. 属于系统软件的有（　　）。
　　（A）WINXP　　　　（B）FoxPro　　　　（C）DOS　　　　　（D）Office

4. 常见的打印机有（　　）。
　　（A）针式打印机　　（B）喷墨打印机　　（C）复印机　　　　（D）激光打印机

5. 计算机病毒的特征有（　　）。
　　（A）传染性　　　　（B）隐蔽性　　　　（C）破坏性　　　　（D）潜伏性

6. 下列对于计算机必不可少的有（　　）。
　　（A）CPU　　　　　（B）键盘　　　　　（C）显示器　　　　（D）打印机

7. 下面属于应用软件的有（　　）。

（A）Windows 98　　　（B）Word 2000　　（C）DOS 6.22　　（D）KV3000

8. 断电后不会丢失数据信息的存储器是（　　）。

　　（A）RAM　　　　　　（B）ROM　　　　　（C）硬盘　　　　　　（D）软盘

9. Shift 键的作用可用于（　　）。

　　（A）输入大/小写字母　　　　　　　　（B）转换插入/改写状态

　　（C）输入空格　　　　　　　　　　　　（D）输入双字符键的上部字符

10. 可以输入数据的方法有（　　）。

　　（A）键盘输入　　　（B）手写板输入　　　（C）语音输入　　　　（D）触摸屏输入

11. 可用于大小写字母输入转换的键是（　　）。

　　（A）Esc　　（B）Caps Lock　　　（C）Shift+字母键　　（D）NumLock

12. 只能读出信息，不能向其写入信息的存储器是（　　）。

　　（A）RAM　　　　　（B）ROM　　　　　　　（C）CD-ROM　　　　（D）硬盘

13. Windows 中提供的中文输入法有（　　）。

　　（A）郑码输入法　　（B）智能 ABC 输入法　（C）全拼输入法　　（D）五笔型输入法

14. 多媒体计算机可处理的对象包含（　　）。

　　（A）文字　　　（B）图形　　　　（C）声音　　　　（D）影像

15. 下面描述中正确的有（　　）。

　　（A）内存储器也可称为主存储器　　　　　（B）显示器是标准输出设备

　　（C）因为硬盘比软盘大，所以它的速度比软盘慢　（D）键盘是标准输入设备

16. 属于操作系统的有（　　）。

　　（A）DOS　　　　（B）Windows　　　（C）Linux　　　（D）Word

17. 下列开关机操作中正确的是（　　）。

　　（A）先开外设，后开主机　　　　　　　（B）先开主机，后开外设

　　（C）先关外设，后关主机　　　　　　　（D）先关主机，后关外设

18. 下面描述正确的有（　　）。

　　（A）硬盘比软盘的容量大，但速度比软盘慢　（B）内存储器又称为主存储器

　　（C）声卡是构成多媒体电脑的重要部件　　（D）Del 键可删除光标后的字符

19. 常用的杀毒软件有（　　）。

　　（A）KV3000　　　（B）金山毒霸　　　　（C）瑞星　　　　　　（D）Word

四、填空题

1. 1 GB =（　　　）KB。

2. 1024 KB=（　　）MB=（　　　）B。

3. 开机的顺序是：先开（　　　），再开（　　　）；关机的顺序是：先关（　　　），再关（　　　）。

4. 计算机病毒的特点有（　　）、（　　　）、（　　　）、（　　　）和（　　　）。

5. 计算机中最小的数据单位是（　　　），最基本的容量单位是（　　　）。

Windows XP
操作系统复习题

Windows XP 基础知识和基本操作

一、判断题

1. 在 Windows 中,直接关闭计算机电源开关,会丢失系统未保存的数据或信息。(　　)
2. 用鼠标指针指向窗口的标题栏并拖动,可改变窗口大小。(　　)
3. 在 Windows 中,用户一次只能运行一个程序。(　　)
4. 在 Windows 中,鼠标指针指向窗口边框或顶角时,会变成双向箭头,按住鼠标左键并拖动边框可改变窗口大小。(　　)
5. Windows 的桌面快捷图标的外观不可改变。(　　)
6. 按 Esc 键可退出 Windows 系统。(　　)
7. Windows 中的操作只能通过鼠标完成,不能用键盘代替。(　　)
8. Windows 的多个窗口在桌面上只能层叠,不能平铺。(　　)
9. Windows 桌面上的图标可按名称进行排列。(　　)
10. 鼠标指向 Windows 桌面上的某一对象,单击鼠标右键,会弹出该对象的快捷菜单。(　　)
11. Windows 的"附件"中提供了"画图"程序。(　　)
12. 用鼠标右击桌面的任何地方,弹出的快捷菜单都是一样的。(　　)
13. 在 Windows 的菜单中,深色显示的项目表明该项当前有效。(　　)
14. Windows 中提供的大部分开发工具和实用程序,可以在"开始"菜单的"程序"项中找到。(　　)
15. 在 Windows 中,窗口的滚动条分水平和垂直滚动条。(　　)
16. 如果由于窗口面积所限不能显示当前应显示的全部内容,则窗口的右边或下边会出现滚动条。(　　)
17. 正常退出 Windows 的操作是直接关闭电源开关。(　　)
18. 启动 Windows 时,"启动"组中的程序项目自动被执行。(　　)
19. Windows 是 Microsoft 公司开发的一种操作系统。(　　)
20. 最大化的窗口不能被拖动。(　　)
21. 在 Windows 中关闭某个窗口就意味着终止这个应用程序。(　　)
22. 桌面上图标的名称是不能改变的。(　　)
23. 在 Windows 中,应用程序只能从"开始"菜单中启动。(　　)

24. Windows 任务栏上的图标不可增删。　　　　　　　　　　　　　（　　　）

二、单项选择题

1. 下列关于 Windows 桌面图标的叙述中，正确的是（　　　）。
   （A）不能为图标创建快捷方式　　　（B）图标可以重新排列
   （C）图标不能被删除　　　　　　　（D）有些图标不能移动

2. Windows "开始" 菜单下的 "文档" 菜单中列出的是（　　　）。
   （A）最近新建的文档　　　　　　　（B）最近新建的文件夹
   （C）最近打开过的文档　　　　　　（D）最近运行过的程序

3. 在 Windows 中，对同时打开的 3 个窗口进行横向平铺排列，这些窗口（　　　）。
   （A）打开的窗口上下平铺在桌面上　（B）打开的窗口全部最大化
   （C）打开的窗口左右平铺在桌面上　（D）打开的窗口全部最小化

4. 在 Windows 中，当一个窗口已经最大化后，下列叙述中错误的是（　　　）。
   （A）该窗口可以还原　　　　　　　（B）该窗口可以移动
   （C）该窗口可以最小化　　　　　　（D）该窗口可以被关闭

5. 在 Windows 中，对 "任务栏" 的叙述正确的是（　　　）。
   （A）不能改变位置　　　　　　　　（B）既能改变位置也能改变大小
   （C）不能改变大小　　　　　　　　（D）既不能改变位置也不能改变大小

6. Windows 提供的两个文字编辑软件是记事本和（　　　）。
   （A）Word　　　（B）WPS　　　（C）写字板　　　（D）画图

7. 在 Windows 的菜单中，选中末尾带有三角形的菜单项意味着（　　　）。
   （A）将弹出级联菜单　　　　　　　（B）将执行该菜单命令
   （C）表明该菜单项已被选用　　　　（D）将弹出一个对话框

8. 在 Windows 附件中的画图应用程序里，要想使画的直线呈 45°，可在拖动鼠标时按（　　　）。
   （A）Alt　　　（B）Shift　　　（C）Ctrl　　　（D）Tab

9. Windows 的任务栏不可以放在（　　　）。
   （A）桌面底部　　　（B）桌面顶部　　　（C）桌面左边　　　（D）桌面中间

10. 关于 Windows 任务栏，不能实现的操作的是（　　　）。
    （A）移动位置　　　　　　　　　　（B）隐藏
    （C）调整高度（处于水平状态时）　（D）复制

11. Windows 属于（　　　）。
    （A）系统软件　　　　　　　　　　（B）应用软件
    （C）数据库管理软件　　　　　　　（D）多媒体信息处理系统

12. Windows 中停止程序运行的方法有许多，下列叙述中不正确的说法是（　　　）。
    （A）用鼠标单击程序屏幕右上角的 "关闭" 按钮　　（B）在键盘上，按 Alt + F4
    （C）打开程序的 "文件" 菜单，选择 "退出" 命令　（D）在键盘上，按 Esc 键

13. 关于桌面上的图标，下面说法正确的是（　　　）。
    （A）数目和位置是固定不变的

（B）数目可以增加，但位置无法人工调整

（C）位置可以改变，但数目不能增加或减少

（D）数目和位置都可以通过人工调整

14. 当一个应用程序窗口被最小化后，该应用程序将（　　）。

（A）被终止执行　　　　　　　（B）继续在前台执行

（C）被暂停执行　　　　　　　（D）转入后台执行

15. 可中断程序运行的组合键是（　　）。

（A）Ctrl+Shift+Del　　　　　　（B）Ctrl+Alt+Del

（C）Ctrl+Break+Del　　　　　　（D）Ctrl+Tab+Del

16. Windows 的任务栏不包括（　　）。

（A）输入法图标　（B）我的电脑图标　（C）系统时间　　　（D）开始按钮

17. 在 Windows 中关闭当前窗口，可以按（　　）键。

（A）Ctrl+F4　　　（B）Alt+F4　　　　（C）Esc　　　　（D）Ctrl+Esc

18. Windows XP 操作系统是（　　）。

（A）单用户单任务系统　　　　（B）单用户多任务系统

（C）多用户单任务系统　　　　（D）多用户多任务系统

19. 在 Windows 中，当窗口未最大化时，可以用鼠标拖动移动窗口的位置，但鼠标必须位于（　　）。

（A）窗口的标题栏中　　　　　（B）窗口的菜单栏中

（C）窗口的边框上　　　　　　（D）窗口中任意位置

20. 利用键盘操作，快速打开"资源管理器"中的"文件（F）"菜单的按键为（　　）。

（A）Alt + 空格键　　　（B）Alt + F　　　　（C）Esc　　　　（D）F

21. 在 Windows 中输入汉字时，要切换成全角状态，应按（　　）。

（A）Ctrl + Shift　　　（B）Ctrl + 空格键　　（C）Alt + F　　（D）Shift + 空格键

22. 能在各种输入法之间切换的是按键是（　　）。

（A）Ctrl+空格　　　　（B）Shift+空格　　　（C）Ctrl+Shift　（D）Ctrl+Alt

23. 在 Windows 中，为了实现中文输入法与英文输入法的切换，可按的键是（　　）。

（A）Shift+空格　　　（B）Shift+Ctrl　　　（C）Ctrl+Alt　（D）Ctrl+空格

24. 下面关于快捷菜单的描述中，（　　）是不正确的。

（A）快捷菜单可以显示出与某一对象相关的命令菜单

（B）选定需要操作的对象，单击左键，屏幕上就会弹出快捷菜单

（C）选定需要操作的对象，单击右键，屏幕上就会弹出快捷菜单

（D）按 Esc 键或单击桌面或窗口上的任一空白区域，都可以退出快捷菜单

25. 在 Windows 环境中，整个屏幕称为（　　）。

（A）窗口　　（B）图标　　（C）桌面　　（D）资源管理器

26. 在 Windows 中"画图"所产生的图形文件的扩展名为（　　）。

（A）GIF　　（B）JPG　　（C）BMP　　（D）DOC

27. 要将整个桌面的图像存入剪贴板，通过键盘上的（　　）键可以实现。

（A）Insert　　（B）Tab　　（C）Print Screen　　（D）Caps Lock

28. 要将当前窗口的图像存入剪贴板，通过键盘上的（　　　）键可以实现。
　　（A）Insert　　　（B）Tab　　　（C）Print Screen　　　（D）Alt+Print Screen

29. Windows 启动时按（　　　）键可以调出启动菜单。
　　（A）F1　　　　（B）F12　　　（C）F2　　　（D）F8

30. 在使用 Windows 的过程中，如果鼠标发生故障无法使用，可以打开"开始"菜单的操作是（　　　）。
　　（A）Shift+Tab　　　（B）Ctrl+Shift　　　（C）Ctrl+Esc　　　（D）空格键

31. 在 Windows 的菜单中，若某项命令附带有"对话框"，则在右面（　　　）。
　　（A）有黑色小三角符号　　　（B）有三个小点的删节号
　　（C）没有符号标记　　　　　（D）有""或"·"标记

32. 在 Windows 中，当程序因某种原因陷入死循环，（　　　）能较好地结束该程序。
　　（A）按 Ctrl + Alt + Del 键，然后选择"结束任务"结束该程序的运行
　　（B）按 Ctrl + Del 键，然后选择"结束任务"结束该程序的运行
　　（C）按 Alt + Del 键，然后选择"结束任务"结束该程序的运行
　　（D）直接按 Reset 键，使计算机结束该程序的运行。

三、多项选择题

1. 在 Windows 窗口中，位于标题栏右侧的按钮有（　　　）。
　　（A）最小化按钮　　（B）打开按钮　　（C）关闭按钮　　（D）最大化/还原按钮

2. 在 Windows 中，将一个应用程序窗口最小化后，下列叙述错误的是（　　　）。
　　（A）该程序完全停止运行　　　　（B）该程序暂时停止运行
　　（C）运行出错　　　　　　　　　（D）该程序仍在后台运行

3. Windows 中提供的中文输入法有（　　　）。
　　（A）郑码输入法　　（B）智能 ABC 输入法　　（C）全拼输入法　　（D）五笔型输入法

4. Windows 提供的字处理软件有（　　　）。
　　（A）Word　　　　（B）记事本　　　　　（C）写字板　　　（D）WPS

5. 操作系统分为（　　　）。
　　（A）单用户操作系统　　　　　　（B）批处理操作系统
　　（C）分时操作系统　　　　　　　（D）实时操作系统和网络操作系统

6. 排列图标时，可按如下哪些方式进行操作（　　　）。
　　（A）名称　　（B）大小　　（C）修改时间　　（D）类型

Windows XP 的文件及文件夹管理

一、判断题

1. 在同一个文件夹中，不能有相同名字的两个不同类型的文件。（　　　）
2. 在同一文件夹中，一个文件可以与一个文件夹同名。（　　　）
3. Windows 中的"资源管理器"只能管理计算机的硬件资源。（　　　）

4. 创建新文件夹只能用快捷菜单中的"新建"命令。　　　　　　　　（　　　）
5. Windows 中的文件名可以由任何符号组成。　　　　　　　　　　（　　　）
6. 当选定文件夹后，在键盘上按 Del 键也能删除该文件夹。　　　　（　　　）
7. Windows 中的文件名中不能有空格。　　　　　　　　　　　　　（　　　）
8. 不能通过鼠标右键移动文件或文件夹。　　　　　　　　　　　　（　　　）
9. 使用"资源管理器"，不能一次删除多个文件。　　　　　　　　（　　　）
10. 既可以创建文件的快捷方式，也可以创建文件夹的快捷方式。　（　　　）
11. 在 Windows 中管理文件通常使用"资源管理器"和"我的电脑"。（　　　）
12. 在 Windows 的桌面上不能创建文件夹。　　　　　　　　　　　（　　　）
13. 在资源管理器中选择多个不连续文件时，可按住 Ctrl 键不放，单击每个要选择的文件名。　　　　　　　　　　　　　　　　　　　　　　　　　　（　　　）
14. 若要取消单个已选定的文件，只需按住 Ctrl 键，并单击要取消的文件名。（　　　）
15. 若要取消全部已选定的文件,在非文件名的空白区单击即可。　（　　　）
16. 当选定文件或文件夹后，欲改变其属性，可单击鼠标右键，然后在弹出的菜单中选择"属性"命令。　　　　　　　　　　　　　　　　　　　　　　　（　　　）
17. 在"资源管理器"中，要浏览某个文件夹内包含的子文件夹，可在左窗格中单击该文件夹左边的"＋"。　　　　　　　　　　　　　　　　　　　　　（　　　）
18. Windows 中的文件名可长达 255 个字符。　　　　　　　　　　（　　　）
19. 可以通过资源管理器对文件夹进行移动或删除。　　　　　　　（　　　）
20. 在 Windows 中，myfile1.doc 和 MYFILE1.DOC 是指同一个文件。（　　　）
21. 对文件或文件夹进行操作之前首先要选定它。　　　　　　　　（　　　）
22. Windows 中，任何一个文件的大小、类型、位置以及修改时间等信息都包含在它的属性窗口中。　　　　　　　　　　　　　　　　　　　　　　　　　（　　　）
23. 在 Windows 中，文件或文件夹的属性只可以显示，不可以更改。（　　　）
24. 资源管理器的工具栏不可隐藏。　　　　　　　　　　　　　　（　　　）
25. 若想改变文件或文件夹的显示方式，可选择"资源管理器"窗口中的"查看"菜单。　　　　　　　　　　　　　　　　　　　　　　　　　　　　　　（　　　）
26. 剪贴板是内存中的一个区域。　　　　　　　　　　　　　　　（　　　）
27. 剪贴板可以在两个文件之间传递信息。　　　　　　　　　　　（　　　）
28. 在 Windows 中，"回收站"是内存中的一块区域。　　　　　　（　　　）
29. 在 Windows 中，默认情况下硬盘上被删除的文件或文件夹将存放在回收站中。　　　　　　　　　　　　　　　　　　　　　　　　　　　　　　　（　　　）
30. 回收站中的文件不经过还原就可以使用。　　　　　　　　　　（　　　）
31. 直接将回收站中的文件移动到原来的文件夹，可以还原文件。（　　　）
32. 回收站中的文件被删除后，不能恢复。　　　　　　　　　　　（　　　）
33. 回收站中的内容被清空后不可以恢复。　　　　　　　　　　　（　　　）
34. Windows 的文件搜索功能可以根据 Word 文档页眉中的文字查找 Word 文件。　　　　　　　　　　　　　　　　　　　　　　　　　　　　　　　（　　　）

二、单项选择题

1. 在 Windows 的"资源管理器"窗口中，若用鼠标选定多个连续的文件，正确的操作是（　　）。
   - （A）单击第一个文件然后单击最后一个文件
   - （B）右击第一个文件然后右击最后一个文件
   - （C）单击第一个文件，然后按住 Shift 键单击最后一文件
   - （D）单击第一个文件，然后按住 Ctrl 键单击最后一个文件

2. 在 Windows 中，剪切操作的快捷键是（　　）。
   - （A）Ctrl+C　　（B）Ctrl+T　　　（C）Ctrl+X　　　（D）Ctrl+V

3. 在 Windows 中，按下鼠标左键，在同一驱动器不同文件夹内拖动某一对象,结果是（　　）。
   - （A）移动该对象　　（B）复制该对象　　（C）无任何结果　　（D）删除该对象

4. 在 Windows 的"资源管理器"窗口中，如果想一次选定多个分散的文件或文件夹，正确的操作是（　　）。
   - （A）按住 Shift 键，用鼠标右键逐个选取
   - （B）按住 Ctrl 键，用鼠标左键逐个选取
   - （C）按住 Shift 键，用鼠标左键逐个选取
   - （D）按住 Ctrl 键，用鼠标右键逐个选取

5. 如果想快速地浏览 D 盘下的文本文件，最好的显示方式是（　　）。
   - （A）按大小　　（B）按名称　　　（C）按类型　　　（D）按日期

6. 在 Windows 中，若在某一文档中连续进行了多次复制操作，当关闭该文档后，"剪贴板"中存放的是（　　）。
   - （A）空白　　　　　　　　（B）所有复制过的内容
   - （C）最后一次复制的内容　　（D）第一次复制的内容

7. 删除 Windows 桌面上某个应用程序的快捷图标，意味着（　　）。
   - （A）只删除了该应用程序，对应的图标被隐藏
   - （B）该应用程序连同其图标一起被删除
   - （C）只删除了图标，对应的应用程序被保留
   - （D）该应用程序连同其图标一起被隐藏

8. 在 Windows 的窗口中，若同时要显示文件的名称、类型、大小等信息，则应该选择"查看"菜单中的（　　）。
   - （A）列表　　（B）详细信息　　（C）图标　　　（D）缩略图

9. 在 Windows 的"开始/搜索/文件或文件夹"菜单中不能完成的操作是（　　）。
   - （A）查找隐藏的文件　　　　（B）指定文件的大小范围进行查找
   - （C）根据文件的作者查找　　（D）根据文件的修改日期进行查找

10. 在 Windows 中，为避免文件被修改，可将它的属性设置为（　　）。
    - （A）只读　　（B）存档　　　（C）隐藏　　　（D）系统

11. 窗口中有 10 个文件夹，选定其中名为 STU 的文件夹，再执行编辑菜单的反向选择，则当前选定的文件夹有（　　）。

（A）STU 文件夹　　　　　　　（B）除 STU 以外的所有文件夹

（C）所有文件夹　　　　　　　（D）没有变化

12. 可以找到一个记不清保存在什么位置的文档的方法是（　　　）。

（A）用"开始"菜单中的"文档"命令打开

（B）用建立该文档的程序打开

（C）用"开始"菜单中的"搜索"命令找到该文档，然后双击它

（D）用"开始"菜单中的"运行"命令运行它

13. 当已选定文件夹后，下列操作中不能删除该文件夹的是（　　　）。

（A）在键盘上按 Del 键

（B）用鼠标右键单击该文件夹，打开快捷菜单，然后选择"删除"命令

（C）在文件菜单中选择"删除"命令

（D）用鼠标左键双击该文件夹

14. 利用键盘操作完成复制当前所选内容的按键是（　　　）。

（A）Ctrl + C　　　（B）Ctrl + V　　　（C）F1　　　　　（D）Alt + Esc

15. 用鼠标左键把一个文件拖入回收站，其作用是（　　　）该文件。

（A）复制　　　　　（B）重命名　　　　（C）删除　　　　　（D）无任何作用

16. 在 Windows 中查找文件功能不能完成的操作是（　　　）。

（A）查找文件夹、文件　　　　　（B）查找的文件带通配符（＊）

（C）查找该计算机中的病毒　　　（D）根据文档正文中的一个字串进行查找

17. 当工具栏中的"复制"按钮颜色黯淡，不能使用时，表示（　　　）。

（A）此时只能从"编辑"菜单中调用"复制"命令

（B）文档中没有选定任何内容

（C）剪贴板中已经有了要复制的内容

（D）不能多次使用剪贴板

18. Windows 文件夹的组织结构是一种（　　　）。

（A）线性结构　　　（B）表格结构　　　　（C）网状结构　　　　（D）树形结构

19. 资源管理器窗口有两个小窗口，左边小窗口称为（　　　）。

（A）文件夹窗口　　（B）资源窗口　　　　（C）文件窗口　　　　（D）对话框窗口

20. 在 Windows 中，"复制"命令在（　　　）菜单。

（A）【文件】　　　（B）【工具】　　　（C）【编辑】　　　（D）【视图】

21. 进行粘贴操作的快捷键是（　　　）。

（A）Ctrl+V　　　（B）Ctrl+C　　　　（C）Ctrl+X　　　　（D）Ctrl+Z

22. 在 Windows "资源管理器"窗口的左窗格中，若显示的文件夹图标前带有加号（＋），意味着该文件夹（　　　）。

（A）含有下级文件夹　　　　　（B）仅含有文件

（C）是空文件夹　　　　　　　（D）不含下级文件夹

23. 在 Windows 中，按下 Ctrl 键不放，用鼠标左键在同一驱动器不同文件夹间拖动某一对象，结果是（　　　）。

（A）移动该对象　　（B）复制该对象　　　（C）无任何结果　　　（D）删除该对象

24. 在 Windows 中，通过（　　　）操作不能打开资源管理器窗口。
　　（A）用鼠标右键单击"开始"按钮
　　（B）用鼠标左键单击"任务栏"空白处
　　（C）用鼠标右键单击"网上邻居"图标
　　（D）用鼠标右键单击"我的电脑"图标

25. 在 Windows 中直接删除文件（不放入回收站），可以按（　　　）键。
　　（A）Delete　　　（B）Shift+Delete　　　（C）Ctrl+Delete　　　（D）Alt+Delete

26. 对文件夹进行复制是指（　　　）。
　　（A）复制文件夹和其中所有文件和子文件夹
　　（B）只复制文件夹和其中的文件，不复制其下的子文件夹
　　（C）只复制文件夹，不复制其内容
　　（D）只复制文件夹和其中的子文件夹

27. 在 Windows 中能更改文件名的操作是（　　　）。
　　（A）用鼠标右键单击文件名，选择"重命名"，键入新文件名后按回车键
　　（B）用鼠标左键单击文件名，选择"重命名"，键入新文件名后接回车键
　　（C）用鼠标右键双击文件名，选择"重命名"，键入新文件名后接回车键
　　（D）用鼠标左键双击文件名，选择"重命名"，键入新文件名后接回车键

三、多项选择题

1. 下列（　　　）是 Windows 中合法的文件名。
　　（A）file.doc　　　　（B）sn.txt　　　　（C）setup.exe　　　（D）a*b

2. 在 Windows 中，回收站中存放的是（　　　）。
　　（A）硬盘上被删除的文件　　　　（B）软盘上被删除的文件
　　（C）硬盘上被删除的文件夹　　　　（D）硬盘上被剪切的文件或文件夹

3. 当已选定文件夹后，下列操作中能删除该文件夹的有（　　　）。
　　（A）在键盘上按 Del 键
　　（B）用鼠标右键单击该文件夹，在快捷菜单中选择"删除"命令
　　（C）在文件菜单中选择"删除"命令
　　（D）用鼠标左键双击该文件夹

4. 在 Windows 中查找文件时，可以指定（　　　）。
　　（A）文件的名称　　　　　　（B）文件所处的磁盘和文件夹
　　（C）文件的类型　　　　　　（D）文件的日期

5. 下面关于"回收站"的描述，不正确的是（　　　）。
　　（A）"回收站"中的文件暂存在内存中，关机会丢失
　　（B）删除的软盘和硬盘文件都保留在"回收站"中，一旦需要可以恢复
　　（C）在"资源管理器"中删除一些无用文件，可以增加硬盘可用空间
　　（D）在"回收站"中删除一些无用文件，可以增加硬盘可用空间

6. 在桌面上创建快捷方式的方法有（　　　）。
　　（A）用鼠标右键单击"桌面"空白处，选择"新建"→"快捷方式"

（B）用鼠标右键单击文件或文件夹，在弹出的快捷菜单中选择"发送到"→"桌面快捷方式"

   （C）在"资源管理器"中找出想要的文件，利用鼠标右键把它拖到桌面上，在弹出的菜单下选择"在当前位置创建快捷方式"

   （D）用鼠标左键单击"桌面"空白处，选择"新建"→"快捷方式"

7. 下面关于 Windows 文件名的描述中，正确的有（   ）。
   （A）文件名中可以使用汉字   （B）文件名中可以使用扩展名
   （C）文件名中可以使用空格   （D）文件名的长度没有限制

8. 在 Windows 中，复制文件或文件夹的方法有（   ）。
   （A）用【编辑】菜单中的"复制"和"粘贴"命令
   （B）用鼠标拖动到其它驱动器
   （C）用【文件】菜单中的"发送到"复制到可移动盘
   （D）用【编辑】菜单中的"剪切"和"粘贴"命令

9. 使用"资源管理器"，可以（   ）。
   （A）一次删除多个文件   （B）一次拷贝多个文件
   （C）一次选择多个文件   （D）一次重命名多个文件

10. 在 Windows 中能更改文件名的操作是（   ），待文件名处于更名状态时，键入新文件名后按回车键。
   （A）用鼠标右键单击文件名，在快捷菜单中选择"重命名"
   （B）用鼠标左键单击文件名，选择"文件"菜单下的"重命名"命令
   （C）用鼠标左键单击文件名，按 F2 键
   （D）用鼠标左键慢速双击文件名

Windows XP 的系统设置

一、判断题

1. 鼠标指针在系统执行不同的操作时，会有不同的形状。   （   ）
2. Windows 系统提供了磁盘扫描程序。   （   ）
3. Windows 的屏幕保护程序可以设置口令。   （   ）
4. 当屏幕的指针为沙漏加箭头时，表明 Windows 正在等待执行任务。   （   ）
5. 在 Windows 中用户可以根据需要任意安装和删除某种汉字输入法。   （   ）
6. Windows 桌面背景只能是 Windows 提供的图案。   （   ）
7. 在 Windows 中，进行系统硬件配置的程序组称为控制面板。   （   ）
8. 利用控制面板窗口中的添加新硬件向导工具，可以安装新硬件。   （   ）

二、填空题

1. 在 Windows 中，为了设置屏幕的分辨率，应用鼠标右键单击桌面空白处，然后在弹出的快捷菜单中选择（   ）项，再选择（   ）选项卡。

2. 在 Windows 中，如果要添加 Windows 组件，就选择控制面板中的（　　　）。

3. 如果要在"画图"程序中画一个正圆，在画圆的同时要按住（　　）键。

4. 在 Windows 中，要调出软键盘菜单，用鼠标（　　）击"软键盘"按钮。

5. 要想修改系统的当时日期和时间，可以在"任务栏"右侧（　　）击时间图标，进入属性对话框进行设置。

6. 在查找文件时，文件名中可以使用的通配符是（　　）和（　　）。

7. 文件和文件夹具有（　　）、（　　）和（　　）三种属性。

8. 新买的磁盘必须经过（　　）后才能使用。

9. 要安装打印机，可通过（　　）菜单或（　　）打开"添加打印机向导"对话框。

10. 若要隐藏窗口的地址栏，可单击（　　）菜单（　　）中的"地址栏"命令。

11. 查看文件的方式有缩略图、（　　）、（　　）、（　　）和（　　）五种。

12. 全部选择的快捷键是（　　）；复制的快捷键是（　　）；粘贴的快捷键是（　　）。

13. "任务栏"上单击鼠标右键，选择（　　　）命令，能将所有打开的窗口上下平铺在整个桌面上。

14. Windows 操作系统通过（　　）和（　　）两种途径对系统中的文件和文件夹进行管理。

15. Windows 操作系统中的文件名最多可由（　　）个字符组成。文件名中不能包含的 9 个字符是（　　　　　　　　）。

Word 2003 复习题

Word 的基础知识及基本操作

一、判断题

1. Word 是 Microsoft 公司推出的办公软件 Office 中的一个重要组件。　　　（　　）
2. 安装了操作系统 Windows 就可以使用 Word。　　　（　　）
3. 用户只能从"开始"菜单中启动 Word。　　　（　　）
4. 启动 Word 时，Word 会自动打开上次编辑的文档。　　　（　　）
5. 启动 Word 时将自动打开一个名为"文档 1"的新文档。　　　（　　）
6. 用 Word 可以编辑简单网页。　　　（　　）
7. 不能将 Word 文档保存为纯文本格式。　　　（　　）
8. Word 首次保存文档时，应当给它命名，否则系统以文档内容的最前面部分字符作文件名。　　　（　　）
9. Word 模板文件的扩展名是.DOT。　　　（　　）
10. 在 Word 保存新文件时默认位置是"我的文档"。　　　（　　）
11. 在退出 Word 时，它会提示是否保存修改过而没保存的文档。　　　（　　）
12. 在对文档实行修改后，既要保存修改后的内容，又不能改变原文档的内容，可以使用"文件"菜单中的"另存为"命令。　　　（　　）
13. Word 的工具栏不能由用户自己新建。　　　（　　）
14. Word 中的工具栏可由用户根据需要显示或隐藏。　　　（　　）
15. Word 的工具栏只能固定出现在 Word 窗口上方。　　　（　　）
16. 在 Word 中可以删除用户自定义的工具栏。　　　（　　）
17. 在 Word 中可以重命名"格式"工具栏。　　　（　　）
18. 在 Word 中可以删除"格式"工具栏。　　　（　　）
19. 在 Word 中用工具栏上的"新建"按钮创建新文档时可以选择文档类型。　　　（　　）
20. 在 Word 中可以打开文本文件。　　　（　　）
21. 从 Word 的"文件"菜单中使用"属性"命令，可以指定文件的某些属性，如作者或文档的大意等。　　　（　　）
22. 在 Word 中，用"插入"菜单下的"日期和时间"命令插入的是计算机系统当前的日期和时间。　　　（　　）
23. 在 Word 中用户可同时打开多个文档窗口。　　　（　　）
24. 在 Word 中可以设置自动保存文档的时间间隔。　　　（　　）

二、单项选择题

1. 给 Word 文档加口令时，口令最多可包含（　　）个字符。

　（A）10　　　　（B）15　　　　（C）20　　　　（D）30

2. 为减少在编辑过程中由于突然掉电造成的文件丢失，应（　　）。

　（A）在新建文档时即立即保存文档

　（B）在编辑过程中隔一段时间就做一次存盘操作

　（C）在编辑完成后立即保存文档

　（D）将文档保存在硬盘上

3. 保存 Word 文档的快捷键是（　　）。

　（A）Ctrl+O　　　（B）Ctrl+S　　　　（C）Ctrl+N　　　　（D）Ctrl+V

4. 在 Word 环境下，为了防止突然断电或其他意外事故，而使正在编辑的文本丢失，因此应设置（　　）功能。

　（A）重复　　　（B）撤销　　　　（C）自动存盘　　　（D）存盘

5. 在 Word 窗口的工作区中，闪烁的垂直条表示（　　）。

　（A）鼠标位置　（B）插入点　　　（C）键盘位置　　（D）按钮位置

6. 在 Word 环境中，不用打开文件对话框就能直接打开最近编辑过的 Word 文档的方法是使用（　　）。

　（A）工具栏按钮　　　　　　　（B）菜单"文件"/"打开"

　（C）快捷键　　　　　　　　　（D）"文件"菜单中的文件列表

7. 如果想在 Word 窗口中显示或关闭某个工具条，应当使用的菜单是（　　）。

　（A）"视图"菜单　（B）"格式"菜单　（C）"编辑"菜单　（D）"窗口"菜单

8. Word 的"文件"菜单底部显示的文件名是（　　）。

　（A）当前文件夹下的文件　　　（B）当前新建的所有文件

　（C）最近打开过的文件　　　　（D）扩展名是.DOC 的所有文件

9. 在 Word 中，当建立具有相同格式的多个文档时，方便、快捷的方法是使用（　　）。

　（A）样式　　（B）向导　　（C）联机帮助　　（D）模板

10. 在 Word 中"打开"文档的作用是（　　）。

　（A）将指定的文档从内存中读入，并显示在当前窗口

　（B）为指定的文档打开一个空白窗口

　（C）将指定的文档从外存中读入，并显示在当前窗口

　（D）显示并打印指定的文档内容

11. Word 当前编辑的是 C 盘中的文档，要将该文档保存到 U 盘，应当使用（　　）。

　（A）"文件"菜单中的"另存为"命令　　　（B）"文件"菜单中的"保存"命令

　（C）"文件"菜单中的"新建"命令　　　　（D）"插入"菜单中的命令

12. Word 默认的文档扩展名是（　　）。

　（A）.TXT　　（B）.DOC　　（C）.BAK　　（D）.WOR

13. 在 Word 编辑状态下，当前输入的文字显示在（　　）。

　（A）鼠标光标处　　（B）插入点　　（C）文件尾部　　（D）当前行尾部

14. 按（   ）键，可获得 Word 的帮助信息。
（A）F1　　　　　（B）F2　　　　　（C）F3　　　　　（D）F4

15. 在 Word 中，选择右边带有三角形符号的菜单命令，将（   ）。
（A）打开一个对话框　　　　（B）打开一个窗口
（C）打开下级菜单　　　　　（D）打开一个工具栏

16. 新建 Word 文档的快捷键是（   ）。
（A）Ctrl+O　　（B）Ctrl+S　　（C）Ctrl+N　　（D）Ctrl+V

17. 在 Word 的编辑状态，打开文档 aaa，修改后另存为文档 xxx，则文档 aaa（   ）。
（A）被修改并关闭　　　　　（B）被修改未关闭
（C）未修改被关闭　　　　　（D）被文档 ABD 覆盖

18. 要设置 WORD 文档的自动保存时间间隔，应单击（   ）的"选项"命令。
（A）【工具】菜单　　（B）【编辑】菜单　　（C）【文件】菜单　　（D）【格式】菜单

19. 要新建工具栏，应使用（   ）命令。
（A）【工具】菜单中的"自定义"　　　　（B）【视图】菜单中的"工具栏"
（C）【文件】菜单中的"页面设置"　　　（D）【工具】菜单中的"选项"

20. 要修改某工具栏，应使用（   ）命令。
（A）【工具】菜单中的"自定义"　　　　（B）【视图】菜单中的"页眉/页脚"
（C）【文件】菜单中的"页面设置"　　　（D）【工具】菜单中的"选项"

21. 要恢复被修改的某工具栏，应使用（   ）命令。
（A）【工具】菜单中的"自定义"　　　　（B）【视图】菜单中的"页眉/页脚"
（C）【义件】菜单中的"页面设置"　　　（D）【工具】菜单中的"选项"

三、多项选择题

1. 能关闭 Word 的操作是（   ）。
（A）双击标题拦左边的"W"图标　　（B）单击标题栏右边的"×"
（C）单击"文件"菜单中的"关闭"　　（D）单击"文件"菜单中的"退出"

2. 在 Word 工作环境中，打开一个 Word 文档可以使用的方法是（   ）。
（A）选择"文件"菜单的"打开"命令
（B）选择"常用"工具栏的"打开"按钮
（C）选择"格式"菜单的"样式"命令
（D）选择"文件"菜单底部的文档名

3. Word 能保存的文档类型有（   ）。
（A）.doc　　（B）.txt　　　（C）.htm　　　（D）.dot

4. 在 Word 的状态栏中，用户可以得到（   ）。
（A）文档的页数　　（B）文档的节数　　（C）插入点的位置　　（D）文件的大小

5. 用 Word "文件"菜单中的"另存为"方式保存文档，能由用户指定的是（   ）
（A）文件位置　　（B）文件类型　　（C）文件名称　　　（D）义件人小

6. 在"统计信息"中，用户能得到的信息有（   ）。
（A）文件的长度　　（B）文档的页数　　（C）文档的段落数　　（D）文档的行数

Word 的基本编辑操作

一、判断题

1. 在 Word 中移动一段文字的方法是，首先选中要移动的文字，再按住鼠标左键拖动到目标位置。　　　　　　　　　　　　　　　　　　　　　　　（　　）
2. 在 Word 中，剪贴板中的内容可以多次多处粘贴。　　　　　　　　（　　）
3. 在 Word 编辑过程中，按 Insert 键可在插入与改写状态之间切换。（　　）
4. 用【插入】菜单中的"符号"命令可以插入符号和其他特殊字符。　（　　）
5. Word 打印预览时，只能预览一页，不能多页同时预览。　　　　　（　　）
6. Word 能够查找和替换带格式的文本。　　　　　　　　　　　　　（　　）
7. Word 打印预览时，可以对预览页面进行放大和缩小。　　　　　　（　　）
8. 在 Word 中的"替换"对话框中指定了查找内容但没有在"替换为"框中输入内容，则执行"全部替换"后，将把所有找到的内容删除。　　　　（　　）
9. 在 Word 中，将选定的文字复制到另外的位置，可以在按住 Ctrl 键的同时拖动鼠标到插入点位置。　　　　　　　　　　　　　　　　　　　　　　　（　　）
10. 在 Word 中编辑文本时，删除光标左边的一个字符可以按退格键 Backspace。（　　）
11. Word "常用"工具栏上的"打印"按钮与"文件"菜单的"打印"命令的功能相同。
　　　　　　　　　　　　　　　　　　　　　　　　　　　　　　　（　　）
12. 在 Word 中能以不同的比例显示文档。　　　　　　　　　　　　　（　　）
13. 在状态栏中，当"改写"是黑色时，Word 处于插入模式。　　　　（　　）
14. Word 文档的显示比例不能由用户指定。　　　　　　　　　　　　（　　）
15. 页面视图能够在屏幕上模拟打印所得到的文档，取得"所见即所得"的效果。（　　）

二、单项选择题

1. 在 Word 的默认状态下可以同时显示水平标尺和垂直标尺的视图方式是（　　　）。
　（A）普通视图　　　（B）Web 版式视图　　　（C）页面视图　　　　（D）大纲视图
2. 在 Word 的编辑状态下，全部选定整个文档的快捷键是（　　　）。
　（A）Ctrl+A　　　（B）Ctrl+V　　　　　（C）Alt+A　　　　　（D）Alt+V
3. 在 Word 中，要选择列块，应按住（　　　）键再拖动鼠标。
　（A）Ctrl　　　　（B）Shift　　　　　（C）Alt　　　　　　（D）Tab
4. 在 Word 的编辑状态下，要预览当前编辑文档的打印效果，则可以（　　　）。
　（A）单击"打印"按钮　　　　　　　（B）单击"打印预览"按钮
　（C）单击文件菜单中的"打印"命令　（D）单击视图菜单的"普通视图"命令
5. 在 Word 中，要取消刚才的操作，应使用（　　　）操作。
　（A）撤销　　　　（B）恢复　　　　　（C）删除　　　（D）修订
6. 在 Word 中，连续进行了两次"插入"操作后，再单击一次"撤销"按钮，则（　　　）。
　（A）将两次插入的内容全部取消　　　（B）将第一次插入的内容取消
　（C）将第二次插入的内容取消　　　　（D）两次插入的内容都不被取消

7. 在 Word 的编辑状态，按先后顺序依次打开了 D1、D2、D3、D4 四个文档，当前的活动窗口是（　　）。

（A）D1　　　（B）D2　　　（C）D3　　　（D）D4

8. 在编辑文档时，需在输入新的文字的同时替换原有文字，最快捷的操作是（　　）。

（A）直接输入新内容

（B）选定需替换的内容，直接输入新内容

（C）先用 Delete 删除需替换的内容，再输入新内容

（D）无法同时实现

9. 在 Word 中，将插入点移至文档尾部的快捷键是（　　）。

（A）PgUp　　（B）PgDn　　　（C）Ctrl+End　　（D）Ctrl+Home

10. 要在当前文档的插入点处插入另一 Word 文档的操作是选择"插入"菜单中的（　　）命令。

（A）文件　　（B）符号　　　（C）域　　　（D）对象

11. 在 Word 中，将插入点移至文档首部的快捷键是（　　）。

（A）PgUp　　（B）PgDn　　　（C）Ctrl+End　　（D）Ctrl+Home

12. 在 Word 中，可以选择一个自然段的操作是（　　）。

（A）右击段左侧的选择栏　　　（B）单击段左侧的选择栏

（C）双击段左侧的选择栏　　　（D）三击段左侧的选择栏

13. 在 Word 中，可以选择整个文档的操作是（　）。

（A）右击段左侧的选择栏　　　（B）单击段左侧的选择栏

（C）双击段左侧的选择栏　　　（D）三击段左侧的选择栏

14. 在 Word 中，可以选择一行的操作是（　　）。

（A）右击段左侧的选择栏　　　（B）单击段左侧的选择栏

（C）双击段左侧的选择栏　　　（D）三击段左侧的选择栏

15. 要想观察一个长文档的总体结构，应当使用（　　）方式。

（A）普通视图　　（B）页面视图　　（C）Web 版式视图　　（D）大纲视图

16. 当工具栏中的"复制"按钮颜色黯淡，不能使用时，表示（　　）。

（A）此时只能从"编辑"菜单中调用"复制"命令

（B）文档中没有选定任何内容

（C）剪贴板中已经有了要复制的内容

（D）不能多次使用剪贴板

17. 当用户使用全屏方式后，屏幕上（　　）。

（A）只显示页面内容和"全屏显示"对话框　　　（B）只显示标题条和页面内容

（C）只显示菜单栏和页面内容　　　　　　　　（D）只显示工具栏和页面内容

18. 在 Word 的编辑状态，要在文档中添加符号"★"，应该使用（　　）菜单中命令。

（A）"文件"　　（R）"编辑"　　（C）"格式"　　（D）"插入"

19. 当工具栏中的"粘贴"按钮颜色黯淡，不能使用时，表示（　　）。

（A）此时只能从"编辑"菜单中调用"粘贴"命令

（B）文档中没有选定任何内容

（C）剪贴板中无内容

（D）不能多次使用剪贴板

20. 下列说法中，正确的是（　　　）。

（A）如果句首为英文，则第一个字母可以为小写，也可以为大写，Word 并不处理它

（B）用户可以用键盘或鼠标执行 Word 的所有操作

（C）Word 不能够对英文拼写的错误进行自动检查

（D）中文 Word 不需要中文平台的支持就可以正常工作

21. 用户可以通过"工具"菜单中（　　　）命令对文档设置打开密码。

（A）自动更正　　　（B）拼写和语法　　　（C）选项　　　（D）保护文档

22. 要使 Word 能自动更正经常输错的英文单词，应使用（　　　）功能。

（A）拼写检查　　　（B）同义词库　　　（C）自动拼写　　　（D）自动更正

23. 在 Word 的"打印"对话框中设置打印页码为"1，3-6，9"，可打印的是（　　　）。

（A）第 1 页至第 9 页　　　　　（B）第 1 页、第 3 页至第 6 页、第 9 页

（C）第 3 页至第 6 页　　　　　（D）第 1 页至第 3 页、第 6 页至第 9 页

24. 在 Word 编辑文档时，如果在英文文字下方出现红色波浪下划线，表示该部分文字（　　　）。

（A）可能有拼写错误　（B）被修改过　（C）可能有语法错误　（D）应该大写

25. 在 Word 编辑文档时，如果在英文文字下方出现绿色波浪下划线，表示该部分文字（　　　）。

（A）可能有拼写错误　（B）被修改过　（C）可能有语法错误　（D）应该大写

26. 在 Word 中，对当前文档进行字数统计，应选择的菜单是（　　　）。

（A）【工具】菜单　　（B）【编辑】菜单　　（C）【文件】菜单　　（D）【格式】菜单

Word 文档的格式化

一、判断题

1. Word 中字号为"10"的字比字号为"12"的字大。　　　　　　　　　　（　　）

2. Word 中设置字符格式时，粗体、斜体和下划线可以组合使用。　　　　（　　）

3. 使用 Word 的"格式"菜单的"字体"命令，能设置行间距。　　　　　　（　　）

4. Word 的段落标记中，保存着整个文档的格式信息。　　　　　　　　　（　　）

5. 在"字体"对话框中不能设置段落缩进。　　　　　　　　　　　　　　（　　）

6. 在 Word 中，同一行的文字不允许使用不同的字号和字体。　　　　　　（　　）

7. 在 Word 中，使用格式刷可以把选定文本的格式复制到其它文本。　　　（　　）

8. 一个段落首行的起始位置在段落左边界的右侧时，称为悬挂缩进。　　　（　　）

9. 在 Word 中，按 Enter 键可以添加一个段落。　　　　　　　　　　　　（　　）

10. 使用 Word 的格式刷可以复制文本的格式。　　　　　　　　　　　　　（　　）

11. Word 中如果具有不同对齐方式的两个或更多段落被选中，工具栏中的所有四个"对齐方式"按钮都将弹起（未被选中）。　　　　　　　　　　　　　　　　（　　）

12. 如果在 Word 文档中没有选定字符，则所设置的字体作用于插入点处新输入的文字。

（　　）

13. Word 中设置的文字动态效果只能显示不能打印输出。 （   ）

14. 如果选定的文字中含有不同的字体，则在格式栏的"字体"框中将会显示所选文字中最后一种字体的名称。 （   ）

15. Word 中，首字下沉有 2 种方式：下沉和悬挂。 （   ）

16. 在同一段落中不能同时设置首行缩进和悬挂缩进。 （   ）

17. 可以通过标尺设置段落的缩进方式。 （   ）

二、单项选择题

1. 若要设置段落首字下沉，应该选择（   ）。
   （A）使用"文件"菜单　　　　　　　（B）使用"编辑"菜单
   （C）使用"插入"菜单　　　　　　　（D）使用"格式"菜单

2. 选择 Word 的"格式"菜单中的"段落"，可以设置（   ）。
   （A）字体　　（B）字符间距　　（C）首行缩进　　（D）字号

3. 在 Word 中进行字体设置操作后，按新设置的字体显示的文字是（   ）。
   （A）插入点所在段落中的文字　　　（B）文档中被选择的文字
   （C）插入点所在行中的文字　　　　（D）文档的全部文字

4. 如果要将选定格式多次应用于不同位置的文档内容，应该执行的操作是（   ）。
   （A）单击"格式刷"按钮　　　（B）双击"格式刷"按钮
   （C）按住<Ctrl>键，单击"格式刷"按钮
   （D）按住<Alt>键，单击"格式刷"按钮

5. 设置字体的菜单是（   ）。
   （A）编辑　　　（B）视图　　　　（C）插入　　　　（D）格式

6. Word 的"插入"菜单下不能完成的操作是插入（   ）。
   （A）文本框　　　（B）页码　　　（C）日期和时间　　（D）项目符号和编号

7. 不是 Word 文本的段落水平对齐方式的是（   ）。
   （A）两端对齐　　（B）分散对齐　　（C）右对齐　　　（D）下对齐

8. Word 中没有的字号是（   ）。
   （A）初号　　　（B）小二　　　（C）五号　　　　（D）九号

9. 将选择的文字设置为下标，应选择"格式"菜单中的（   ）。
   （A）"样式"　　（B）"字体"　　（C）"中文版式"　　（D）"首字下沉"

10. 在下面的操作中，能设置字符大小的操作是（   ）。
    （A）选择菜单栏中的"格式"，单击"段落"命令项，在对话框中设置
    （B）选择菜单栏中的"格式"，单击"字体"命令项，在对话框中设置
    （C）选择菜单栏中的"编辑"，单击"替换"命令项，在对话框中设置
    （D）单击工具栏中的"字体"列表框右侧的箭头，在拉开的列表框中选择

11. 在中文 Word 中，文件可以采取多种对齐方式，默认的对齐方式是（   ）。
    （A）居中对齐　　（B）两端对齐　　（C）左对齐　　（D）右对齐

12. 在 Word 中设置段落的编号时，应进行的操作是（   ）。
    （A）依次输入编号

（B）选择"插入"菜单的"符号"命令

（C）选择"格式"菜单的"项目符号和编号"命令

（D）选择"编辑"菜单的"全选"命令

13. 在 Word 的一个文本行中按一次回车键，将会（　　　）。

（A）把这一段文本分成两段　　　（B）选定这一行

（C）复制这一行　　　　　　　　（D）删除这一行

14. 要输入 2 的立方，除了使用公式编辑器输入外，还可以（　　　）。

（A）先输入 23，再将 3 单独设置为上标

（B）先输入 23，再将 3 单独设置为下标

（C）先输入 23，再将 3 单独设置为首字下沉

（D）先输入 23，再修改 3 的文字方向

三、多项选择题

1. 通过使用（　　　），可以设置或删除自定义制表位。

（A）水平标尺和鼠标　　（B）制表位对话框　　（C）字体对话框　　（D）段落

2. 下列属于段落格式的有（　　　）。

（A）对齐方式　　　　（B）缩进　　　　（C）制表符　　　　（D）字体

3. 指出下图中所示的段落中包含的缩进方式。（　　　）

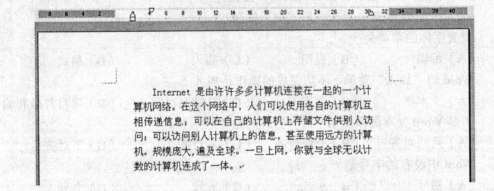

（A）悬挂缩进　　　（B）首行缩进　　　（C）左缩进　　　（D）右缩进

4. 指出下图中所示的段落中包含的缩进方式。（　　　）

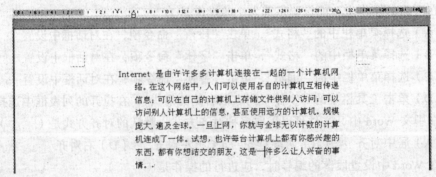

（A）悬挂缩进　　　（B）首行缩进　　　（C）左缩进　　　（D）右缩进

页面编排

一、判断题

1. 版面的版心包括页眉和页脚。 （　　）
2. 在 Word 的 "页面设置" 中能够设置页边距、纸张类型。 （　　）
3. 在 Word 中打印时，纸张的尺寸不能由用户设定。 （　　）
4. 中文 Word 能对英文文章进行排版。 （　　）
5. 在 Word 中，页码是系统自动设定并显示的。 （　　）
6. 在页眉/页脚输入框中把所有页眉或页脚信息彻底清除，并恢复其默认的字体、字号和对齐方式，就可取消页眉和页脚。 （　　）
7. Word 的页眉和页脚可以是图片。 （　　）
8. 使用页眉和页脚对话框，可以插入日期、页数以及页码。 （　　）
9. 在 Word 中，不能为奇数页和偶数页分别设置不同的页眉和页脚。 （　　）
10. 页眉和页脚中的字体字号是固定的，不能修改。 （　　）
11. 文档的页码只能是数字，不能是其他符号。 （　　）
12. 在编辑文档过程中，用户必须插入分页符才能将该页放不下的行放入下一页。（　　）
13. 在 Word 中可以将文档分为多栏进行排版。 （　　）
14. Word 中可以插入的分隔符只有分栏符。 （　　）
15. Word 具有分栏功能，最多可以设 4 栏。 （　　）
16. 在 Word 中，能显示分栏效果的视图是普通视图。 （　　）
17. 在 Word 中，整个文档只能是一节。 （　　）
18. 在 Word 中，可以对每一节采用不同的格式排版。 （　　）
19. 可以用标尺改变页边距。 （　　）

二、单项选择题

1. 在 Word 中设定打印纸张大小时，应当使用的命令是（　　）。
 （A）文件菜单中的 "打印预览" 命令　　（B）视图菜单中的 "工具栏" 命令
 （C）文件菜单中的 "页面设置" 命令　　（D）视图菜单中的 "页面视图" 命令
2. 使用（　　）可以设置页眉和页脚。
 （A）插入菜单中的 "页眉和页脚" 命令　（B）视图菜单中的 "工具栏" 命令
 （C）视图菜单中的 "页眉和页脚" 命令　（D）视图菜单中的 "页面视图" 命令
3. 在文档中每一页都要出现的内容可放到（　　）中。
 （A）文本　　（B）图文框　　（C）页眉页脚　　（D）图片
4. 在 Word 中，要求打印文档时每一页上都有页码，（　　）。
 （A）可执行 "文件" 菜单的 "页面设置" 命令，进行设置
 （B）可执行 "插入" 菜单中的 "页码" 命令，进行设置
 （C）用户在每一页中自行录入页码
 （D）不须用户设置，Word 在编辑中会自动产生页码
5. 在 Word 中，如果已有页眉或页脚，再次进入页眉页脚区只需双击（　　）就行了。

（A）文本区 （B）菜单区 （C）工具栏区 （D）页眉页脚区

6. 在 Word 中，能显示页眉和页脚的视图方式是（ ）。

（A）页面视图 （B）全屏幕视图 （C）大纲视图 （D）普通视图

7. 在普通视图方式下，自动分页处显示（ ）。

（A）一个实心三角形 （B）一个空心三角形 （C）一条实线 （D）一条单虚线

8. 当一页已满，而仍然继续输入文档，Word 将插入（ ）。

（A）硬分页符 （B）硬分节符 （C）软分页符 （D）软分节符

9. 当一页未满，而需要换页继续输入文档，应插入（ ）。

（A）硬分页符 （B）硬分节符 （C）软分页符 （D）软分节符

10. 下列对分栏的描述正确的是（ ）。

（A）只能对所选的段落进行分栏 （B）最多可分 3 栏

（C）可以根据需要设置栏间距 （D）栏与栏之间不能加分隔线

11. 用户进行分栏设置是通过（ ）菜单中的"分栏"命令项进行的。

（A）文件 （B）编辑 （C）格式 （D）工具

12. 在 Word 中，能显示分栏效果的视图是（ ）。

（A）页面视图 （B）大纲视图 （C）普通视图 （D）文档结构图

13. 取消在文档中设置的分栏，正确的操作是：将分栏的部分选定，（ ）。

（A）打开"格式"菜单中的"分栏"，选择"一栏"，单击"确定"

（B）打开"格式"菜单中的"分栏"，单击"取消"

（C）单击"编辑"菜单中的"清除" （D）按 Delete 键

14. 在 Word 中如果在同一文档中使用不同的页面设置，则必须用（ ）来实现。

（A）分节 （B）分栏 （C）用不同的显示方式 （D）分段

15. 在 Word 中，对删除分页符的正确描述是（ ）。

（A）自动分页符不可以删除，手工分页符可以删除

（B）自动分页符和手工分页符都可以删除

（C）自动分页符可以删除，手工分页符不可以删除

（D）自动分页符和手工分页符都不可以删除

三、多项选择题

1. 在页面设置对话框中设置的有（ ）。

（A）版式 （B）纸张大小 （C）纸张来源 （D）打印机

2. 在给文档分页时，可用的方法是（ ）。

（A）选择"插入"菜单中的"分隔符"命令 （B）Alt+回车键

（C）Ctrl+Enter （D）PageDown

3. 在"分隔符"对话框中，能设置插入的分隔符有（ ）。

（A）分页符 （B）分节符 （C）段落分隔符 （D）分栏符

4. 分节符的类型有（ ）。

（A）连续 （B）下一页 （C）奇数页 （D）偶数页

表格制作

一、判断题

1. Word 的表格中不能画斜线。　　　　　　　　　　　　　　　　　　　（　　）
2. 在 Word 中能够利用公式计算表格中的数据。　　　　　　　　　　　　（　　）
3. Word 中可以把文字转换为表格,但不能把表格转换成文字。　　　　　（　　）
4. Word 中,表格线可由用户指定线型。　　　　　　　　　　　　　　　　（　　）
5. 选定表格的一行,再执行"编辑"菜单中的"剪切"命令,则该行各单元格中的内容被清除。　　　　　　　　　　　　　　　　　　　　　　　　　　　　　　（　　）
6. 在表格中根据某列各单元格内容的大小可以调整各行的上下顺序,这种操作称为排序。　　　　　　　　　　　　　　　　　　　　　　　　　　　　　　　　　（　　）
7. 选定表格的一列,再执行"编辑"菜单中的"清除"命令,则删除该列,表格减少一列。　　　　　　　　　　　　　　　　　　　　　　　　　　　　　　　　　　（　　）
8. 删除 Word 表格的方法是将整个表格选定,然后按 Del 键。　　　　　　（　　）
9. 文字、数字、图形都可以作为 Word 表格的内容。　　　　　　　　　　（　　）
10. 改变表格行高时,只能改变一整行的高度,不能单独改变某个单元格的高度。（　　）
11. 在 Word 中,一个表格的行数不能超过一页。　　　　　　　　　　　　（　　）
12. 在 Word 表格中,按住 Ctrl 键后单击单元格,可以选中多个不连续的单元格。（　　）

二、单项选择题

1. Word 表格的单元格的高度和宽度(　　　　)。
（A）固定不变　　（B）仅高度可以改变　　（C）仅宽度可以改变　　（D）都可以改变
2. 在 Word 表格处理中下列说法错误的是(　　　　)。
（A）能够平均分布行高和列宽
（B）只能对表格中的数据进行升序排列,不能降序排列
（C）能够拆分表格,也能合并表格
（D）能够利用公式对表格中的数据进行计算
3. 在表格处理中,下列说法不正确的是(　　　　)。
（A）能够平均分配行高和列宽　　　　　　　　（B）能够插入行或列
（C）表格中文字只能水平居中,不能垂直居中　　（D）能够画斜线
4. 当前插入点在表格中某行的最后一个单元格内,按 Enter 键则(　　　　)。
（A）插入点所在的行加高　　　　　　（B）插入点所在的列加宽
（C）在插入点的下一行插入一行　　　（D）对表格不起作用
5. 当前插入点在表格中某行的最后一个单元格外侧,按 Enter 键则(　　　　)。
（A）插入点所在的行加高　　　　　　（B）插入点所在的列加宽
（C）在插入点的下一行插入一行　　　（D）对表格不起作用
6. 当前插入点在表格中最后一行的最后一个单元格内,按 Tab 键则(　　　　)。
（A）插入点所在的行加高　　　　　　（B）插入点所在的列加宽
（C）在插入点的下一行插入一行　　　（D）对表格不起作用

7. 在 Word 文档中插入表格的命令在（　　）菜单中。

（A）表格　　　　（B）编辑　　　　（C）工具　　　　（D）插入

8. 在 Word 中，可以将一段文字转换为表格，对这段文字的要求是（　　）。

（A）必须是一个段落　　　（B）每行的几个部分之间必须用统一符号分隔

（C）必须是一节　　　　　（D）每行的几个部分之间必须用空格分隔

9. 将使用统一分隔符的文字转换成表格的第一步是（　　）。

（A）调整文字的间距　　　（B）选择要转换的文字内容

（C）单击"表格"下拉菜单中的"将文字转换成表格"命令

（D）设置页面格式

10. 在 Word 中，要将表格中的相邻的两个单元格变成一个单元格，在选定此单元格后，应执行"表格"下拉菜单中的（　　）命令。

（A）删除单元格　　（B）合并单元格　　（C）拆分单元格　　（D）绘制表格

11. 可以通过（　　）菜单来插入或删除行、列和单元格

（A）格式　　　　（B）编辑　　　　　（C）视图　　　　（D）表格

12. 在下列的 Word 表格中，计算"李平"的实发工资，则应在"表格/公式"对话框的公式框中，输入（　　）。

姓名	收入		支出		实发
	工资	奖金	水电	天然气	
李平					
张三					
孙开明					

（A）=B2+C2-D2-E2　　　　　（B）=B3+C3-D3-E3

（C）=SUM（B2：E2）　　　　（D）=SUM（LEFT）

13. 在 Word 中当跨页表格需要每一页都有表头时，则先选择（　　），然后（　　）就可以完成操作。

（A）表格的标题行、在下一页复制同一标题行

（B）任一表行、在下一页复制同一标题行

（C）表格的标题行、单击"表格"菜单中的"标题行重复"命令

（D）任一表行、单击"表格"菜单中的"标题行重复"命令

14. 关于 Word 表格，以下说法不正确的是（　　）。

（A）单元格中文本的对齐方式有 5 种

（B）在前面的表格中，用公式计算张三的实发时，应输入的公式是"=b4+c4-d4-e4"

（C）Word 表格中可以对汉字按笔画数排序

（D）可以将一个表格拆分为上下两个表格

三、多项选择题

1. 删除 Word 表格中已经选定的一行，正确的操作是（　　）。

（A）按 Delete 键　　　　　　　　　　（B）按退格键

（C）用"表格"菜单下的"删除行"命令　　（D）用工具栏中的的"剪切"按钮

2.　在 Word 表格中，对表格内容进行排序，能作为排序类型的有（　　）。

　（A）拼音　　（B）数字　　（C）偏旁部首　　（D）笔画

3.　能在表格中移动插入点的方法有（　　）。

　（A）在单元格中单击鼠标左键　　　　（B）按 Tab 键

　（C）按 Shift+Tab 键　　　　　　　　（D）按键盘上的光标移动键

4.　下面关于表格中单元格的叙述正确的有：（　　）。

　（A）表格中行和列相交的格称为单元格

　（B）在单元格中既可以输入文本，也可以插入图形

　（C）可以以一个单元格为范围设定字符格式

　（D）单元格中可插入另一个表格

5.　在 Word 表格处理中下列说法正确的有（　　）。

　（A）只能对表格中的数据进行升序排列，不能降序排列

　（B）能够平均分布行高和列宽

　（C）能够拆分表格，也能合并表格

　（D）能够利用公式对表格中的数据进行计算

图片、艺术字及文本框

一、判断题

1.　在 Word 中可以插入图形文件。　　　　　　　　　　　　　　　　　（　　）

2.　在 Word 中，插入的图形文件只能是 .bmp 文件。　　　　　　　　　（　　）

3.　在 Word 文档中插入图片时只能插入剪贴画。　　　　　　　　　　　（　　）

4.　在文本框中只能包含文字和表格，不能有图形。　　　　　　　　　　（　　）

5.　在 Word 中，插入的图形文件只能是 .jpg 文件。　　　　　　　　　（　　）

6.　在 Word 文档中，艺术字作为图片处理，不能对其中的单个字进行旋转。（　　）

7.　对于艺术字而言，不能同时设置三维效果和阴影。　　　　　　　　　（　　）

二、单项选择题

1.　对"文本框"描述正确的是（　　）。

　（A）文本框的文字排列不分横竖　　　　（B）文本框的大小不能改变

　（C）文本框的边框可以根据需要进行设置　（D）文本框内的文字大小不能改变

2.　在 Word 的"插入"菜单下的"图片"子菜单中不能插入的是（　　）。

　（A）文本框　　（B）"来自文件"的图片　　（C）剪贴画　　（D）艺术字

3.　在 Word 中，位于文本框中的文字（　　）。

　（A）是竖排的　　　　　　　　　　　　（B）是横排的

　（C）可以设置竖排，也可以设置为横排　　（D）可以设置为任意角度排版

4.　当用 Word 图形编辑器的基本绘图工具绘制正方形、圆时，在单击相应的绘图工具

按钮后，必须按住（　　　）键来拖动鼠标绘制。

（A）Ctrl　　　　（B）Alt　　　　（C）Shift　　　　（D）Tab

5. 在 Word 中，要插入一个复杂的数学公式，最好使用 Word 附带的（　　　）。

（A）画图　　　（B）公式编辑器　　　（C）图像造成器　　　（D）剪贴板

6. 在 Word 中要用"公式编辑器"插入数学公式，应使用（　　　）。

（A）"插入"菜单中的"图片"命令　　　（B）"插入"菜单中的"对象"命令

（C）"表格"菜单中的"公式"命令　　　（D）"插入"菜单中的"图文框"命令

7. 在 Word 中进行图文混排时，不能进行的操作是（　　　）。

（A）改变图片的大小　　　　　　　　（B）移动图片的位置

（C）设置图片与文字的环绕方式　　　（D）按任意形状剪裁图片

8. 刚插入文档中的图片与文字的环绕方式是（　　　）。

（A）紧密型环绕　（B）浮于文字上方　（C）嵌入型　　（D）四周型环绕

9. 关于艺术字，以下说法不正确的是（　　　）。

（A）可以设置艺术字的字体和字号　　　（B）艺术字的形状选定后就不能再修改

（C）可以设置艺术字与文字的环绕方式　（D）可以重新选择艺术字样式

三、多项选择题

1. 在 Word 中，插入的图形文件可以是（　　　）文件。

（A）.BMP　　　　（B）.WMF　　　　（C）.GIF　　　　（D）.JPG

2. 对插入艺术字后的操作，错误的说法是（　　　）。

（A）可以改变艺术字的大小，也可以移动其位置

（B）可以改变艺术字的大小，不能移动其位置

（C）不能改变艺术字的大小，可以移动其位置

（D）不能改变艺术字的大小，也不能移动其位置

3. 下列操作中，执行（　　　）能在 Word 文档中插入图片。

（A）执行"插入"菜单中的"图片"命令

（B）使用剪贴板粘贴其他文件的部分图形或全部图形

（C）使用"插入"菜单中的"文件"命令

（D）使用"插入"菜单中的"对象"命令

四、填空题

1. 如果前一单元格的内容需要修改，可以按（　　　）键，使插入点跳到前一个单元格，也可以按（　　　）键来移动插入点。

2. 在单元格中输入文本与在 Word 中输入文本一样，按（　　　）键，可以使插入点在单元格中开始一个新的段落；按（　　　）键可以删除插入点右边的字符；按（　　　）键，可以删除插入点左边的字符。

3. 分节符只有在（　　　）与大纲视图方式中才可见到，不能在打印预览方式及打印结果中见到。

4. 一个表格显示多页的情况下，可以选择（　　　）菜单下的（　　　）命令实现每页都能显示表头。

5. 要为选定文字加上拼音，应选择（   ）菜单下（   ）当中的"拼音指南"命令。

6. 如果想设置页边距及纸张，应该单击（   ）菜单的（   ）命令。

7. 有一个文档被别人设置了很多格式，要想回到无格式状态，应该先选定该文档并单击"复制"按钮，单击（   ）菜单的"选择性粘贴"命令，再选择（   ）的粘贴形式。

8. 要在页面中显示网格线，应该单击（   ）菜单的（   ）命令。

9. 要设置页眉和页脚，应该单击（   ）菜单的（   ）命令。

10. 要在光标处分页，单击（   ）菜单的（   ）命令，选择（   ）。

11. 要在光标处插入当前的系统日期和时间，应该单击（   ）菜单的（   ）命令。

12. 文本框可以是（   ）和（   ）两种格式。

13. 文本框的四周有 8 个"小圆圈"，我们把它们叫做"句柄"，它们可以用来调整文本框的（   ）。

14. 想将作者的照片插入当前文档中，应该单击（   ）菜单的（   ）命令，选择（   ）。

15. 为文档中的段落设置编号，应该单击（   ）菜单的（   ）命令。

16. 要为页面的背景添加"水印"效果，应在"格式"菜单的（   ）命令中选择（   ）。

Excel 2003 复习题

Excel 的基础知识和基本操作

一、判断题

1. 在 Excel 中，只能在单元格内编辑输入的数据。　　　　　　　　　　（　　）
2. 要将身份证号码作为字符串输入，可在号码前加英文单引号。　　　　（　　）
3. 工作簿是指用来存储和处理工作数据的 Excel 文件。　　　　　　　　（　　）
4. 在 Excel 中，剪切到剪贴板的数据可以多次粘贴。　　　　　　　　　（　　）
5. 在 Excel 中，日期被视为数值数据的一种。　　　　　　　　　　　　（　　）
6. 单元格中输入公式表达式时，首先应输入"="号。　　　　　　　　　（　　）
7. 自动填充包括序列填充和复制填充。　　　　　　　　　　　　　　　　（　　）
8. Excel 中提供了很多现成的模板，可以建立具有固定格式的工作簿。　（　　）
9. 在名称框中输入单元格地址，按回车键可以快速定位单元格。　　　　（　　）
10. 单元格中显示的内容与编辑栏的编辑框中显示的内容绝对相同。　　（　　）
11. 自动填充是根据起始值决定以后的填充项，用鼠标点住初始值所在的右下角进行拖动，当初始值为纯文字或纯数字时，则填充相当于数据的复制。　　（　　）
12. Excel 中删除单元格与清除单元格操作效果相同。　　　　　　　　　（　　）
13. 对单元格设置数据有效性规则可以限制用户输入的数据类型或范围，防止用户输入错误，提高输入的效率。　　　　　　　　　　　　　　　　　（　　）
14. 在 Excel 中，用户可以自定义填充序列。　　　　　　　　　　　　　（　　）
15. 快捷键 Ctrl+Enter 在 Excel 中的作用与它在 Word 中的作用相同。　（　　）

二、单项选择题

1. 使用（　　）的方法可以只复制所选单元格的批注。
   （A）选择性粘贴　　　（B）粘贴　　　　（C）鼠标拖动　　　（D）Ctrl+鼠标拖动
2. 工作表中的列标表示方法为（　　）。
   （A）1、2、3　　　（B）A、B、C　　　（C）甲、乙、丙　　　（D）一、二、三
3. 在单元格中输入 10-1-5，则结果显示为（　　）。
   （A）2010-1-5　　（B）10-1-5　　　（C）2010-5-1　　　（D）10-5-1
4. 用 Del 键来删除选定单元格数据时，它删除了单元格的（　　）。
   （A）内容　　　（B）格式　　　（C）附注　　　　（D）全部
5. 在 Excel 窗口的不同位置，（　　）可以引出不同的快捷菜单。
   （C）双击鼠标右键　（D）双击鼠标左键　（A）单击鼠标右键　（B）单击鼠标左键

6. 在默认状态下，【文件】菜单的最后列出了（　　）个最近打开过的文档名。
（A）1　　　　　　（B）2　　　　　　（C）3　　　　　　（D）4

7. 若先选定 C1，按住 Shift 键，然后单击 D2，这时选定的单元格区域是（　　）。
（A）C1 和 D2　　（B）C1:D2　　　　（C）C2:D2　　　　（D）C1:D1

8. 在 Excel 中，不管光标所在任何位置，也能直接定位到 A1 单元格的按键是（　　）。
（A）Ctrl+End　　（B）Ctrl+Home　　（C）End　　　　　（D）Home

9. Excel 工作簿的默认文件名是（　　）。
（A）Sheet1　　　（B）Excel1　　　　（C）Xls　　　　　（D）Book1

10. 在单元格中输入当前日期的快捷键是（　　）。
（A）Alt+;　　　　（B）Shift+Tab　　　（C）Ctrl+;　　　　（D）Ctrl+=

11. 在 Excel 单元格中输入后能直接显示 "1/2" 的数据是（　　）。
（A）1/2　　　　　（B）0 1/2　　　　　（C）0.5　　　　　（D）2/4

12. Excel 工作表的行号范围是（　　）。
（A）0～65536　　（B）1～65535　　　（C）0～65535　　　（D）1～65536

13. Excel 的工作表列标范围是（　　）。
（A）A～IV　　　　（B）0～IU　　　　（C）A～IU　　　　（D）0～IV

14. 在 Excel 工作表中，如果没有预先设定工作表的对齐方式，则字符型的默认对齐方式为（　　）。
（A）左对齐　　　（B）居中对齐　　　（C）右对齐　　　　（D）根据内容多少而定

15. Excel 单元格在准备接收数据时，工作表的状态栏显示为（　　）。
（A）准备　　　　（B）等待　　　　　（C）就绪　　　　　（D）输入

16. 要在当前单元格中输入系统时间，可用的快捷键是（　　）。
（A）Ctrl+;　　　（B）Alt+;　　　　（C）Ctrl+Shift+;　　（D）Alt+Shift+;

17. 在 Excel 中，选取一行单元格的方法是（　　）。
（A）在名称框输入该行行号
（B）单击该行的任一单元格
（C）单击该行行号
（D）单击该行的任一单元格，并选【格式】菜单的 "行" 命令

18. 在 Excel 中，选取一列单元格的方法是（　　）。
（A）在名称框输入该列列标
（B）单击该列的任一单元格
（C）单击该列列标
（D）单击该行的任一单元格，并选【格式】菜单的 "列" 命令

工作表的移动、复制、改名、删除及格式化

一、判断题

1. 在单元格中，可按 Alt+Enter 键换行输入。　　　　　　　　　　　（　　）

2. 单元格的数据格式一旦选定后，不可以再改变。　　　　　　　　　　（　　　）

3. Excel 中出现"######"提示时,表示单元格宽度不够,需要再次调整该列宽度。（　　　）

4. 单击工作表标签，输入新名字并回车，可以对工作表重命名。　　　　（　　　）

5. Excel 中，单击第一个工作表标签，然后按下 Shift 键的同时单击最后一个工作表标签，可以选择连续的多个工作表。　　　　　　　　　　　　　　（　　　）

6. Excel 中，任何单元格的数据类型都可通过"单元格格式"对话框中的"数字"标签进行定义。　　　　　　　　　　　　　　　　　　　　　　　　（　　　）

7. 删除工作表之后，可以按"撤销"按钮恢复被删除的工作表。　　　　（　　　）

8. Excel 中使用条件格式可以为符合某些条件的数据设置特殊的格式。　（　　　）

9. Excel 中工作表只能在本工作簿中移动，不能移到别的工作簿中。　（　　　）

10. 双击 C 列与 D 列的列标分界线，可以调整 C 列的列宽到最适合的宽度。（　　　）

11. 如果将某列的列宽设置为 0，则可隐藏该列。　　　　　　　　　　（　　　）

12. 工作表的背景可以打印出来。　　　　　　　　　　　　　　　　　（　　　）

13. 可以改变工作表的标签颜色。　　　　　　　　　　　　　　　　　（　　　）

14. 假设一个单元格中的数为 23.456，设置该单元格显示小数位数为 2，则该单元格中显示"23.46"，但编辑栏中仍然显示原来的数 23.456。　　　　（　　　）

二、单项选择题

1. Excel 中，如果 A1 单元格设定的小数位数是"2"，如输入 11 则显示为（　　　）。

（A）11　　　　　（B）11.00　　　　（C）0.11　　　　（D）1.10

2. 如在 A1 单元格中输入字符串时，其长度超过 A1 单元格的显示长度，B1 单元格又为空，则字符串超出部分将（　　　）。

（A）被隐藏　　　　　　　（B）作为另一个字符串存入 B1 中

（C）显示#####　　　　　　（D）连续超格显示

3. 要在单元格 A1 中最终显示 0.2，可以输入（　　　）。

（A）1/5　　　（B）=1/5　　　（C）="1/5"　　　（D）"1/5"

4. 在 Excel 中，如要设置单元格的边框，则应使用（　　　）。

（A）【编辑】菜单　　　（B）【格式】菜单中的"单元格"命令

（C）【数据】菜单　　　（D）【插入】菜单中的"对象"命令

5. 在 Excel 的同一工作簿中把工作表 sheet3 移动到 sheet1 前面的方法是（　　　）。

（A）单击工作表 sheet3 标签，并按住 Ctrl 键沿着标签行拖动到 sheet1 前

（B）单击工作表 sheet3 标签，并沿着标签行拖动到 sheet1 前

（C）单击工作表 sheet3 标签，并复制，然后单击工作表 sheet1 标签，再粘贴

（D）单击工作表 sheet3 标签，并剪切，然后单击工作表 sheet1 标签，再粘贴

6. 在 Excel 中把一张工作表移动到另一个工作簿中的方法是（　　　）。

（A）用鼠标拖动　　　　　（B）使用【编辑】菜单

（C）使用【格式】菜单　　　（D）使用【数据】菜单

数据计算

一、判断题

1. Excel 中同一工作簿的工作表可以相互引用。 （   ）
2. 在公式=B\$5+C3 中，B\$5 是绝对引用，而 C3 是相对引用。 （   ）
3. 在 Excel 中，运算符有算术运算符、字符运算符和比较运算符三种。 （   ）

二、单项选择题

1. 如果在 A1 中存放"都江堰"，B1 中存放"成都"，则 C1=B1&A1 应该表示为（   ）。
   （A）"都江堰成都"   （B）"成都都江堰"
   （C）"都江堰" & "成都"   （D）"成都"& "都江堰"

2. 单元格 A1 中有公式=B2+C\$2，将 A1 中的公式复制到 A2 单元格中，A2 单元格中的公式为（   ）。
   （A）=B2+C\$2   （B）=B3+D\$3   （C）=B3+C\$2   （D）=B3+C\$3

3. 表达式 "=SUM（A1，B2，C3:E3）" 的数学意义是（   ）。
   （C）=A1+B2+C3+D3+E3   （D）= A1+A2+B1+B2+C3+D3+E3
   （A）=A1+B2+C3+E3   （B）=A1+A2+B1+B2+C3+E3

4. 已知 A1、B1 单元格中的数据为 2、3，其他单元格均为空，C1 中公式为 "=A1*B1"，若将 C1 中的公式复制到 C2，则 C2 单元格中显示的内容为（   ）。
   （A）6   （B）0   （C）=A1*B1   （D）=A2*B2

5. A1 单元格中的内容为 100，B1 中的公式为 "=A1"，将 A1 单元格移动到 B2 单元格，B1 单元格显示内容为（   ）。
   （A）0   （B）100   （C）B2   （D）A1

6. 在 Excel 中，若单元格引用随公式所在单元格位置的变化而改变，则称之为（   ）。
   （A）相对引用   （B）绝对引用   （C）混合引用   （D）直接引用

7. 在 Excel 中，公式的定义必须以（   ）符号开头。
   （A）=   （B）"   （C）:   （D）*

8. 在 Excel 中各运算符的优先级由高到低顺序为（   ）。
   （A）算术运算符、比较运算符、字符运算符
   （B）算术运算符、字符运算符、比较运算符
   （C）比较运算符、字符运算符、算术运算符
   （D）字符运算符、算术运算符、比较运算符

9. 在 Excel 工作表的单元格中，输入下列公式（   ）是错误的。
   （A）=（A1+20）/4   （B）=A1/C1   （C）SUM（A1:B1）/2   （D）=A1+B1

10. 函数 MAX（number1，number2，...）的功能是（   ）。
    （A）求括号中指定的各参数的总和
    （B）找出括号中指定的各参数中的最小值
    （C）找出括号中指定的各参数中的最大值

（D）求括号中指定的各参数的个数

11. 在 Excel 单元格中输入【=SUM（3，4，"1"）】，则结果显示（　　）。
　　（A）0　　　　　（B）7　　　　　（C）8　　　　　（D）错误信息

12. 在 Excel 工作表中，A1 至 A8 单元格的数值都为 1，A9 单元格的数值为 0，A10 单元格的数据为 Excel，在 A11 中输入 "=AVERAGE（A1：A10）"，则 A11 中显示的结果是（　　）。
　　（A）0.8　　　　　（B）1　　　　　（C）0.888889　　　　　（D）8/9

13. 在 Excel 工作表中，对 A1，A2，A3 三个单元格数据求和，公式运用不正确的是（　　）。
　　（A）=SUM(A1:A3)　　　　　（B）=SUM(A1+A2+A3)
　　（C）=SUM(A1,A3)　　　　　（D）=A1+A2+A3

14. 将下图中公式单元格 C1 中的数据为 "=$A1+B$1" 复制到 C2，再复制到 D2，则 D2 单元格中的结果将是（　　）。

C1	▼	fx	=$A1+B$1	
	A	B	C	D
1	1	2	3	
2	3	5		

　　（A）13　　　　（B）6　　　　（C）3　　　　（D）显示错误信息

15. 在以下的数据表中，求职工总人数，正确的公式是（　　）。

	A	B	C	D	E
1	职工号	姓名	性别	基本工资	奖金
2	101	张玲	男	1200	300
3	102	李达	女	980	200
4	103	刘号	女	1500	500
5	104	张颜	男	850	450
6	105	吴连	男	1400	287
7					
8	总人数：				

　　（A）=count（D2:D6）　　　　　（B）=count（B2:B6）
　　（C）=count（C2:C6）　　　　　（D）=cont（B2:B6）

16. 在单元格中输入 "=5&3"，则单元格中的结果在水平方向将以（　　）方式显示。
　　（A）左对齐　　　（B）右对齐　　　（C）居中对齐　　　（D）分散对齐

17. 在 Excel 中，下列引用地址为绝对引用的是（　　）。
　　（A）A1　　　　　（B）A$1　　　　　（C）$A1　　　　　（D）$A$1

数据管理

一、判断题

1. Excel 中的 "筛选" 功能是将不满足筛选条件的记录删除。　　　　　　　　（　　）
2. 自动筛选只能处理筛选条件出现在多列中且条件间为 "与" 的关系的情况。（　　）

3. 高级筛选的条件区域中，条件值在同一行是"或"的关系。   （   ）
4. 如果筛选条件出现在多列中，且列之间至少有一个"或"的关系，必须使用高级筛选。   （   ）
5. 数据清单中，每一行称为记录，每一列称为字段，要求同一列的数据是同一类型。   （   ）
6. 在记录单对话框中，删除记录可以被恢复。   （   ）
7. 在记录单对话框中，新建记录只能追加在数据列表的最后。   （   ）
8. 在记录单对话框中，可以对公式数据进行修改。   （   ）
9. 分类汇总前，必须先按分类字段排序。   （   ）

二、单项选择题

1. 下图是一个高级筛选的条件区域，正确的说法是（   ）。

数学	英语	性别
>=80		女
	>=75	女

（A）筛选出数学不低于 80 或英语不低于 75 的记录
（B）筛选出数学不低于 80 且英语不低于 75 的记录
（C）筛选出数学不低于 80 的女生记录或英语不低于 75 的女生记录
（D）筛选出数学不低于 80 且英语不低于 75 的女生记录

2. 在降序排序中，空白单元格的行（   ）。
（A）不被排序   （B）放在最前   （C）放在最后   （D）排序时提示出错

3. Excel 中最多能设（   ）个关键字段进行排序。
（A）1   （B）2   （C）3   （D）任意多个

图表操作

一、判断题

1. 若工作表数据已建立图表，则修改工作表数据的同时也必须手工修改对应的图表。
                                                                    （   ）
2. 图表向导共有 4 个步骤。   （   ）
3. 正确选择数据源是创建图表的关键。   （   ）
4. 设置图例是图表向导对话框的第 2 步操作。   （   ）
5. 按图表的位置分，图表分为独立式图表（即作为一个新工作表插入到当前工作簿）和嵌入式图表（即放在当前工作表中）。   （   ）

二、单项选择题

4. 一个工作簿中有三个工作表和一个图表，如果将它们保存起来，将产生（   ）个文件。

　　（A）1　　　　　　（B）2　　　　　　　（C）3　　　　　　　（D）4

5.　Excel 2003 总共提供了（　　）种标准类型图表。
　　（A）11　　　　　　（B）12　　　　　　　（C）13　　　　　　　（D）14

6.　以下对 Excel 中图表的介绍正确的是（　　）。
　　（A）工作表数据的图表表示　　　　（B）图片
　　（C）不能进行修改　　　　　　　　　　（D）用绘图工具绘制完成

7.　Excel 工作表中，选择 D4 单元格，执行【插入】|【分页符】命令，将在（　　）插入分页符。
　　（A）在 D4 单元格下方和 D4 单元格的左侧分别插入一个水平分页符和垂直分页符
　　（B）在 D4 单元格上方和 D4 单元格的左侧分别插入一个水平分页符和垂直分页符
　　（C）在 D4 单元格上方和 D4 单元格的右侧分别插入一个水平分页符和垂直分页符
　　（D）在 D4 单元格下方和 D4 单元格的右侧分别插入一个水平分页符和垂直分页符

8.　如要改变 Excel 工作表的打印方向（如横向），可使用（　　）。
　　（A）【文件】菜单中的"页面设置"命令
　　（B）【格式】菜单中的"单元格"命令
　　（C）【文件】菜单中的"工作表"命令
　　（D）【格式】菜单中的"工作表"命令

9.　以下说法不正确的是（　　）。
　　（A）选择工作表中的单元格 A3，再执行"插入/分页符"菜单命令，将产生一个垂直分页符
　　（B）在分页预览视图下，用户可以改变分页符的位置
　　（C）在 Excel 中插入的图表默认的是嵌入式图表（即放在本工作表中）
　　（D）在分类汇总之前应先按分类字段排序，使同一类记录排在一起

三、多项选择题

1.　Excel 可以保存的文件类型有（　　）。
　　（A）.xls　　　　（B）.xlt　　　　（C）.txt　　　　（D）.htm/.html

2.　以下有关编辑单元格内容的说法正确的有（　　）。
　　（A）双击要编辑的单元格可对其内容进行修改
　　（B）单元格的内容只能在编辑栏中进行修改
　　（C）要取消对单元格内容的修改，按 Esc 键
　　（D）单击要编辑的单元格，然后在编辑栏中进行修改

3.　Excel 中的公式可以使用的运算符有（　　）。
　　（A）算术运算　　　（B）字符运算　　　（C）比较运算　　　（D）逻辑运算

4.　在 Excel 中建立函数的正确方法有（　　）。
　　（A）编辑栏左边的插入函数按钮　　　　（B）直接在单元格中输入函数
　　（C）选择【插入】菜单下的【函数】命令
　　（D）利用工具栏上的自动求和函数下拉按钮

5.　以下单元格地址为混合引用的有（　　）。

（A）$A1　　　　（B）$A$1　　　　（C）A$1　　　　　　（D）A1

6. 选定 Excel 中的某一个单元格，可以进行的操作有（　　　）。

（A）命名　　　（B）插入批注　　（C）设置条件格式　　（D）自动套用格式

7. 要选取当前工作表中的所有单元格，可以（　　　）。

（A）单击工作表左上角的"全选"按钮　　（B）按下 Ctrl+C 快捷键

（C）按下 Ctrl+A 快捷键　　　　　　　　（D）在名称框中输入 A1:IV65536 并回车

8. Excel 中图表选项包含的有（　　　）。

（A）标题　　　　（B）图例　　　　（C）数据标志　　　　（D）数据表

9. 以下哪些方法可以取消对当前单元格的编辑。（　　　）

（A）按回车键　　　　　　　　　　　（B）单击别的单元格

（C）单击编辑栏上的取消按钮　　　　（D）按 Esc 键

10. 以下单元格范围地址表示正确的有（　　　）。

（A）A:A1-D:D2　　　（B）A1:D5　　　（C）A1:C3　　　（D）B2:E2

11. 在 Excel 中，要清除选定单元格中的内容，可进行的操作是（　　　）。

（A）按 Delete 键

（B）选择【编辑】下拉菜单中的"删除"命令

（C）单击工具栏中的"剪切"按钮

（D）选择【编辑】下拉菜单中的"清除"子菜单中的"内容"项

12. 使用选择性粘贴可以复制单元格的（　　　）。

（A）有效性验证　　（B）格式　　（C）数值　　（D）批注

13. 分类汇总的方式有（　　　）。

（A）求和　　　（B）求平均　　（C）求最大值　　（D）求最小值

四、填空题

1. Excel 和 Word 最经常使用两个工具栏是（　　　）和（　　　）工具栏。

2. 在 Excel 默认格式下，数值数据（　　　）对齐，字符数据（　　　）对齐，逻辑值（　　　）对齐，日期时间数据（　　　）对齐。

3. 单元格引用分为（　　　）、（　　　）、（　　　）三种。

4. Excel 文件的默认扩展名为（　　　）。

5. 在 Excel 中默认的第一个工作表的名称是（　　　）。

6. Excel 中，工作表行列交叉的位置称之为（　　　）。

7. 要在 Excel 单元格中输入内容，可以直接将光标定位在编辑栏中，输入完后单击编辑栏左侧的（　　　）按钮确定。

8. 选择不连续的单元格只需按住（　　　）键的同时选择所需单元格。

9. 填充柄在每个单元格的（　　　）下角。

10. 在 Excel 中被选中的单元格称为（　　　）。

11. 在 A1 单元格中引用 B2 单元格，相对引用表示方法是（　　　），绝对引用表示方法是（　　　），混合引用表示方法是（　　　）或（　　　）。

12. 一个工作簿中默认有（　　　）张工作表。

13. 要在单元格中输入日期，年、月、日可以用（　　　）或（　　　）符号分隔。

14. 要在单元格中输入时间，时、分、秒可以用（　　　）符号分隔。

15. 如果要将 A1 单元格中的 "Excel" 与 A2 单元格中的 "2003" 合并在 A3 单元格中，显示为 "Excel 2003"，则在 A3 单元格中应输入公式=（　　　　　）。

16. 在 Excel 中，要对表格中的某一字段进行分类汇总，必须先对该字段进行（　　　）操作。

17. 在当前单元格中换行的快捷键是（　　　）。

18. 要在一些单元格中输入相同的内容，最快的方法是选定这些单元格，输入内容后，按（　　　）快捷键。

19. 筛选分为（　　　）和（　　　）。

PowerPoint 2003 复习题

一、判断题

1. 选择【文件】菜单下的"新建"命令和单击常用工具栏上的"新建"按钮作用是完全相同的，都是建立一个空演示文稿。（ ）
2. 可以选择【视图】菜单下的"任务窗格"命令显示和隐藏任务窗格。（ ）
3. 演示文稿的封面是第一张幻灯片，且版式必须为"标题幻灯片"。（ ）
4. 演示文稿由多张包括文字、图形、多媒体等各种对象的幻灯片组成，一个演示文稿就是一个 PowerPoint 文件。（ ）
5. 已处理好的幻灯片，是不能再更改其版式的。（ ）
6. 在 PowerPoint 的普通视图中，各个窗格的大小是固定不变的。（ ）
7. 每一张幻灯片均可使用不同的版式。（ ）
8. 同一个对象可设置多种动画效果。（ ）
9. 系统默认新的演示文稿的文件名为"演示文稿 1"。（ ）
10. 若想在每张幻灯片中加入同样的对象，可以通过修改幻灯片母版提高制作效率。
（ ）

二、单选题

1. PowerPoint 文件默认扩展名为（ ）。
   （A）doc　　　　（B）txt　　　　（C）xls　　　　（D）ppt
2. PowerPoint 可保存为多种类型的文件格式，下列哪种格式不属于此类（ ）。
   （A）ppt　　　　（B）pot　　　　（C）txt　　　　（D）html
3. 如果想在当前幻灯片中插入一张图片，可以选择（ ）菜单。
   （A）【格式】　　（B）【插入】　　（C）【视图】　　（D）【工具】
4. 在幻灯片放映时，可以为每张幻灯片设置切换效果，方法是单击（ ）菜单，选择"幻灯片切换"命令。
   （A）【格式】　　（B）【工具】　　（C）【视图】　　（D）【幻灯片放映】
5. 在 PowerPoint 中打开了一个演示文稿，对文稿作了修改，并进行了"关闭"操作以后（ ）。
   （A）文稿被关闭，并自动保存修改后的内容
   （B）文稿不能关闭，并提示出错
   （C）文稿被关闭，修改后的内容不能保存
   （D）弹出对话框，并询问是否保存对文稿的修改
6. 幻灯片模板文件的默认扩展名是（ ）。

（A）pps　　　　　（B）ppt　　　　　（C）pot　　　　　（D）doc

7. 在一个演示文稿中选择了一张幻灯片，按下"Del"键，则（　　）。

（A）这张幻灯片被删除，且不能恢复

（B）这张幻灯片被删除，但能恢复

（C）这张幻灯片被删除，但可以利用"回收站"恢复

（D）这张幻灯片被移到回收站内

8. 在 PowerPoint 中，如果希望在演示过程中终止幻灯片的放映，则随时可按（　　）键。

（A）Esc　　　　（B）回车　　　　　（C）Ctrl+C　　　　　（D）Delete

9. 如果想为幻灯片中的某个对象添加动画效果，可以单击【幻灯片放映】菜单的（　　）命令。

（A）动作设置　　　（B）自定义动画　　　（C）幻灯片切换　　　（D）动作按钮

10. 在当前演示文稿中添加新幻灯片，可以单击（　　）菜单中的"新幻灯片"命令。

（A）【文件】　　　（B）【格式】　　　（C）【插入】　　　（D）【工具】

11. 幻灯片的背景颜色是可以自己设置的，单击鼠标右键，在快捷菜单中选择（　　）命令。

（A）背景　　　　（B）颜色　　　　（C）格式　　　　（D）标尺

12. 在 PowerPoint 的"幻灯片切换"对话框中，允许的设置是（　　）。

（A）设置幻灯片切换时的视觉效果和听觉效果

（B）只能设置幻灯片切换时的听觉效果

（C）只能设置幻灯片切换时的视觉效果

（D）只能设置幻灯片切换时的定时效果

13. 在 PowerPoint 中，通过"背景"对话框可对演示文稿进行背景和颜色的设置，打开"背景"对话框的正确方法是（　　）。

（A）【编辑】菜单中的"背景"命令　　　（B）【视图】菜单中的"背景"命令

（C）【插入】菜单中的"背景"命令　　　（D）【格式】菜单中的"背景"命令

14. PowerPoint 中，要切换到幻灯片的黑白视图，可选择（　　）。

（A）【视图】菜单的"幻灯片浏览"　　　（B）【视图】菜单的"幻灯片放映"

（C）【视图】菜单的"颜色/灰度"　　　（D）【格式】菜单的"背景"

15. PowerPoint 中，要对当前幻灯片运用设计模板，可单击（　　）菜单的"幻灯片设计"命令。

（A）【格式】　　　（B）【视图】　　　（C）【工具】　　　（D）【插入】

16. 下列操作中，不能退出 PowerPoint 的操作是（　　）。

（A）单击【文件】菜单的"关闭"命令　　　（B）单击【文件】菜单的"退出"命令

（C）按组合键 Alt+F4　　　　　（D）按 Esc 键

17. 演示文稿中不准备放映的幻灯片可以用（　　）下拉菜单中的"隐藏幻灯片"命令隐藏。

（A）【编辑】　　　（B）【工具】　　　（C）【视图】　　　（D）【幻灯片放映】

18. PowerPoint 中，在幻灯片浏览视图下，按住 CTRL 并拖动某幻灯片，可以完成（　　）。

（A）移动幻灯片　　（B）复制幻灯片　　（C）删除幻灯片　　（D）选定幻灯片

19. PowerPoint 中，有关幻灯片母版中页眉、页脚的说法错误的是（　　）。

（A）页眉、页脚是加在演示文稿中的注释性内容

（B）典型的页眉、页脚内容是日期、时间以及幻灯片编号

（C）在打印演示文稿的幻灯片时，页眉、页脚的内容也可打印出来

（D）不能设置页眉和页脚的文本格式

20. 在 PowerPoint 中，不能完成对个别幻灯片进行设计或修饰的对话框是（　　）。
（A）背景　　　　（B）幻灯片版式　　　（C）配色方案　　（D）应用设计模板

21. PowerPoint 中，（　　）视图主要用于对幻灯片的编辑。
（A）备注页　　　（B）幻灯片放映　　（C）幻灯片浏览　（D）普通

22. PowerPoint 中，（　　）视图用于查看幻灯片的放映效果。
（A）备注页　　　（B）幻灯片放映　　（C）幻灯片浏览　（D）普通

23. PowerPoint 中，各种视图方式切换的快捷按钮在 PowerPoint 窗口的（　　）。
（A）左上角　　　（B）右上角　　　　（C）左下角　　　（D）右下角

24. PowerPoint 中，关于在幻灯片中插入多媒体对象说法错误的是（　　）。
（A）可以插入声音　　　　　　（B）可以插入音乐
（C）可以插入影片　　　　　　（D）放映时只能自动放映，不能手动放映

25. 在 PowerPoint 中，要同时看到演示文稿中的所有幻灯片，可以使用（　　）。
（A）大纲视图　　　　　　　　（B）幻灯片视图
（C）幻浏览灯片视图　　　　　　（D）幻灯片放映视图

26. 在 PowerPoint 中，有关人工设置放映时间说法错误的是（　　）。
（A）只有单击鼠标时换页　　　（B）可以设置在单击鼠标时换页
（C）可以设置每隔一段时间自动换页　（D）B、C 两种方法都可以设置

27. 以下不属于 PowerPoint 放映方式的是（　　）。
（A）演讲者放映（全屏幕）　　　（B）观众自行浏览（窗口）
（C）在展台浏览（全屏幕）　　　（D）大纲放映

28. 幻灯片中的对象可以和（　　）建立超级链接。
（A）当前演示文稿中的幻灯片　　（B）Internet 上的其他 Web 页
（C）本地计算机中的可执行文件　　（D）以上都正确

29. 在 PowerPoint 中，做好的演示文稿可以用（　　）命令放到其他未安装 PowerPoint 的机器上放映。
（A）【文件】/发送　　　　　　（B）【文件】/打包成 CD
（C）复制　　　　　　　　　　（D）【幻灯片放映】/设置放映方式

30. PowerPoint 中，在（　　）视图，用户可以看到画面变成上下两半，上面是幻灯片，下面是文本框，可以记录演讲者讲演时所需的一些提示重点。
（A）备注页　　（B）幻灯片浏览　　（C）幻灯片放映　　（D）普通

31. PowerPoint 2000 中，建立超级链接时，下列说法不正确的是（　　）。
（A）可以链接到其它幻灯片上　　（B）可以链接到其它演示文稿上
（C）可以链接到其它应用程序文档上　（D）可以链接到幻灯片中的某个对象上

32. PowerPoint 2000 中，要结束幻灯片的放映，不正确操作的方法是（　　）
（A）按 Esc 键
（B）按回车键

（C）单击鼠标右键，从弹出的快捷菜单中选择"结束放映"

（D）单击放映屏幕左下角的条形按钮，在弹出的菜单中选中"结束放映"

33. 以下说法不正确的是（　　　）。

（A）打包演示文稿，可以避免遗漏超链接的文件或本机安装的特殊字体。

（B）使用幻灯片母版可以提高幻灯片的制作效率。

（C）对于幻灯片的配色方案，用户可以进行修改。

（D）在"大纲"选项卡中显示幻灯片上的文本和图形信息。

34. Powerpoint 2003 提供了（　　　）种版式。

　　（A）11　　　　（B）28　　　　（C）13　　　　（D）31

35. 以下说法不正确的是（　　　）。

（A）同一篇演示文稿中不同幻灯片的配色方案可以不同。

（B）同一篇演示文稿中不同幻灯片可应用不同的设计模板。

（C）在 Powerpoint 提供的普通视图下可对幻灯片上的对象进行编辑。

（D）一篇演示文稿中只允许使用一种母版。

三、多选题

1. PowerPoint 中创建的幻灯片有（　　　）。

　　（A）幻灯片母版　　　（B）标题母版　　（C）讲义母版　　（D）备注母版

2. 普通视图下，PowerPoint 窗口包含（　　　）窗格。

　　（A）幻灯片　　　　　（B）备注　　　　（C）讲义　　　　（D）大纲

3. PowerPoint 提供的视图方式有（　　　）。

　　（A）普通视图　（B）幻灯片浏览视图　（C）幻灯片放映视图　（D）备注页视图

4. 新建一个演示文稿可采用（　　　）等方法来实现。

　　（A）内容提示向导　　　　　　　（B）系统设计模版

　　（C）导入 Word 文件的大纲　　　（D）创建空演示文稿

5. 在 PowerPoint 中，可以插入的内容是（　　　）。

　　（A）文字、图表、图像　　　　　（B）声音、视频

　　（C）超级链接　　　　　　　　　（D）文本框、表格、组织结构

6. 在幻灯片的配色方案中，可对（　　　）进行配色。

　　（A）背景　　　（B）文本与线条　　　（C）阴影　　（D）强调文字和超链接

7. 在当前幻灯片中插入图表的方法是（　　　）。

　　（A）单击【插入】菜单的"图表"命令

　　（B）双击幻灯片中已插入的表格

　　（C）双击幻灯片中的"图表"占位符

　　（D）单击"格式"菜单中的"对象"命令

8. 在幻灯片"自定义动画"对话框的"效果"选项卡中，可对选定对象进行（　　　）等方面的动画效果设置。

　　（A）动画方式　　（B）动画声音　　（C）动画时间　　（D）动画顺序

9. 幻灯片中可设置动画效果的对象可以是（　　　）。

（A）文本　　　　　　（B）图形　　　　　　（C）表格　　　　　　（D）艺术字

10. 创建的超链接可跳到（　　　）等不同的位置。

（A）当前的幻灯片　　　　　　（B）另一张幻灯片

（C）某一应用程序　　　　　　（D）Internet 地址

11. PowerPoint 中，幻灯片的背景可以设置为（　　　）。

（A）颜色　　　　　（B）图案　　　　　（C）纹理　　　　　（D）图片

12. PowerPoint 中，可以改变幻灯片顺序的视图是（　　　）。

（A）幻灯片　　　　（B）幻灯片浏览　　　（C）幻灯片放映　　　（D）备注页

13. 对于幻灯片的切换，可以设置（　　　）。

（A）设置切换效果

（B）设置换页速度

（C）设置换页的方式，是单击鼠标换页还是间隔一段时间自动换页

（D）设置切换的声音效果

14. 插入新幻灯片的方法有（　　　）。

（A）"插入/幻灯片"菜单命令

（B）Ctrl+N 快捷键

（C）单击"常用"工具栏上的"新幻灯片"按钮

（D）在"幻灯片"选项卡中右击，选择"新幻灯片"命令

四、填空题

1. 在一个演示文稿中（　　　）（能、不能）同时使用不同的模板。

2. 一个幻灯片内包含的文字、图形、图片等称为（　　　）。

3. 一个演示文稿放映过程中，终止放映可以按键盘上的（　　　）键。

4. 在打印演示文稿时，一页纸上能包括几张幻灯片缩略图的打印方式称为（　　　）。

5. 在 PowerPoint 中，为幻灯片设置幻灯片切换方式，应使用【幻灯片放映】菜单下的（　　　）命令。

6. 演示文稿中的每一张幻灯片由若干（　　　）组成。

7. 创建新的幻灯片时出现的虚线框称为（　　　）。

8. 要连续选取多张幻灯片，应当在单击这些幻灯片时按（　　　）键。

9. PowerPoint 演示文稿的默认扩展名为是（　　　）。

10. 要删除幻灯片可以在选中幻灯片后直接按键盘上的（　　　）键删除。

11. 要在幻灯片中插入 mp3 音乐，可以执行（　　　）菜单，选择（　　　）菜单项下的（　　　）命令。

12. 在标题版式幻灯片中，若要在文本占位符之外输入文本，可以插入（　　　）。

13. 在 PowerPoint 中，如要给演示文稿中的幻灯片加上编号，可利用（　　　）菜单下的（　　　）命令。

14. 如果要选择多张不连续的幻灯片，在按住（　　　）键的同时分别单击需要选定的幻灯片。

15. 直接按（　　　）键可以从第一张幻灯片开始放映演示文稿。

16. 要设置幻灯片的放映范围，如从第 3 张到第 6 张，可单击（　　　）菜单，从中选择（　　　）命令。

Internet 应用基础复习题

一、判断题

1. WWW.NTJX.ORG 的顶级域名是 NTJX。   (   )
2. 计算机链接局域网的基本网络设备是网卡。   (   )
3. 负责管理整个网络各种资源、协调各种操作的软件叫做网络操作系统。   (   )
4. HTTP 叫做统一资源定位符。   (   )
5. 拨号网络中需要 Modem 是因为接收和发送信息需要进行信号转换。   (   )
6. 计算机网络的主要目的是实现资源共享和数据通信。   (   )
7. 在发送电子邮件时，可以上传任意大小的附件。   (   )
8. 计算机在接入 Internet 时必须拥有 IP 地址。   (   )
9. 网络防火墙主要用于防止网络中的计算机病毒。   (   )
10. URL 叫做超文本传输协议。   (   )
11. 将文件从 FTP 服务器传输到客户机的过程为下载。   (   )
12. 在计算机网络中，可以实现数据资源的共享。   (   )
13. 网络传输数据必须使用网线。   (   )
14. 在互联网上通过 E-mail 传播的病毒只会感染电子邮件。   (   )
15. 计算机网络是计算机技术和通信技术相结合的产物。   (   )
16. 互联网用户必须先申请 E-mail 邮箱，才能收发电子邮件。   (   )
17. 风靡全球的因特网主要体现计算机在网络化方面的发展趋势。   (   )
18. Internet Explorer 是最常用的网页浏览软件。   (   )
19. Internet 具有网络资源共享的特点。   (   )
20. 凡是从网络上下载的软件都是共享软件。   (   )
21. 电子邮件是 Internet 提供的服务之一。   (   )
22. Internet 提供的服务有软件下载、聊天、查看新闻等。   (   )

二、单项选择题

1. 当计算机以拨号方式接入 Internet 时，必须使用的设备是（   ）。
   （A）鼠标   （B）Modem   （C）电话机   （D）浏览器软件
2. 计算机网络的主要目的是实现（   ）。
   （A）数据处理   （B）文献检索   （C）资源共享和信息传输   （D）信息传输
3. 目前网络传输介质中传输速率最高的是（   ）。
   （A）双绞线   （B）同轴电缆   （C）光缆   （D）电话线
4. 统一资源定位器的英文缩写是（   ）。

（A）UPS （B）USB （C）ULR （D）URL

5. www.sohu.com 域名中的后缀.com 表示机构所属类型为（   ）。
（A）军事机构 （B）政府机构 （C）教育机构 （D）商业公司

6. 根据域名代码规定，域名为 uestc.edu.cn 表示的网站类别是（   ）。
（A）教育机构 （B）军事部门 （C）商业组织 （D）国际组织

7. 浏览 Web 网站必须使用浏览器，目前 windows 自带的浏览器是（   ）。
（A）Hotmail （B）Outlook （C）maxthon （D）Internet Explorer

8. Internet 实现了分布在世界各地的各类网络的互联，其最基础和核心的协议是
（   ）。
（A）TCP/IP （B）FTP （C）HTML （D）HTTP

9. 调制解调器（Modem）的作用是（   ）。
（A）将计算机的数字信号转换成模拟信号，以便发送
（B）将模拟信号转换成计算机的数字信号，以便接收
（C）将计算机数字信号与模拟信号互相转换，以便传输
（D）为了上网与接电话两不误

10. 最早出现的计算机网络是（   ）。
（A）Arpanet （B）Bitnet （C）Internet （D）Ethernet

11. 局域网的英文缩写为：（   ）。
（A）LAN （B）WAN （C）ISDN （D）MAN

12. 电子邮件地址的一般格式为（   ）。
（A）用户名@域名 （B）域名@用户名
（C）IP 地址@域名 （D）域名@IP 地址名<mailto：域名@IP 地址名>

13. IP 地址 "192.168.1.1" 属于（   ）
（A）A 类 （B）B 类 （C）C 类 （D）D 类

14. 如果保存主页的 HTML 文档同时还要保存动画、图片等信息，则在保存时应选择
（   ）选项。
（A）网页，全部 （A）Web 档案 （A）网页，仅 HTML （A）文本文件

15. 在局域网上多个用户共同使用一台打印机叫（   ）打印机。
（A）公共 （B）共用 （C）共享 （D）分享

16. 互联网用户必须先申请 E-mail 邮箱，才能（   ）。
（A）上网浏览 （B）从网上下载文件 （C）上网聊天 （D）收发电子邮件

三、多项选择题

1. Internet 提供的服务主要包括（   ）。
（A）信息浏览 （B）电子邮件 （C）文件传输 （D）远程登录

2. 以下为正确 IP 地址的有（   ）。
（A）1.1.1.1 （B）263.56.23.1 （C）1，1，1，1 （D）23.56.2.23

3. 目前常见的 Internet 接入方式有（   ）。
（A）ADSL （B）HFC （C）ISDN （D）光纤接入

4. 常用的下载工具有（　　）。

　　（A）迅雷　　　　　（B）网际快车　　　　（C）Outlook　　（D）Word

5. 在使用搜索引擎时，能将几个条件相连从而搜索同时拥有这几个字段信息的符合是
　　（　　）。

　　（A）""　　　　　（B）+　　　　　　　　（C）空格　　　　（D）-

6. 使用拨号上网，不可缺少的设备是（　　）。

　　（A）调制解调器　（B）电话线路　　　　　（C）打印机　　　（D）光驱

7. 电子邮件的内容可以是（　　）文件。

　　（A）文字　　　　　（B）声音　　　　　　　（C）图像　　　　（D）表格

四、填空题

1. Internet 上最基本的通信协议是（　　）。

2. 局域网是一种在小区域内使用的网络，其英文缩写为（　　）。

3. 计算机网络最本质的功能是实现（　　）。

4. 在计算机网络中，实现数字信号和模拟信号之间转换的设备是（　　）。

5. 计算机网络是计算机与（　　）结合的产物。

6. www.sina.com.cn 不是 IP 地址，而是（　　）。

7. 在计算机网络术语中，WAN 的中文意义是（　　）。

8. TCP/IP 协议的含义是（　　）。

9. 根据 Internet 的域名代码规定，域名中的.com 表示（　　）机构网站，.gov 表示（　　）
　　机构网站，.edu 代表（　　）机构网站。

10. HTTP 的中文名称是（　　）。

11. IP 地址由（　　）和（　　）组成，共（　　）位二进制数。

12. ADSL 的中文名称是（　　）。

13. URL 的中文名称是（　　）。

14. C 类 IP 地址的默认子网掩码是（　　）。

15. 电子邮件的通用的地址格式是（　　）。

16. 从客户机向服务器复制文件称为（　　），从服务器向客户机复制文件称为（　　）。

第四部分

全国计算机等级考试
（一级 B）训练题库

基础知识选择题

第 1 套

1. 标准 ASCII 码共有_____个不同的编码值。

（A）127　　　（B）128　　　（C）255　　　（D）256

2. 一个汉字的内码与它的国标码之间的差是_____。

（A）2020H　　（B）4040H　　（C）8080H　　　（D）A0A0H

3. 二进制数 10010110 减去二进制数 110000 的结果是_____。

（A）100110　（B）1000110　（C）1100110　（D）10000110

4. 下列软件中，属于应用软件的是_____。

（A）Windows 2000　（B）UNIX　（C）Linux　（D）WPS Office 2002

5. 在计算机中，条码阅读器属于_____。

（A）输入设备　（B）存储设备　（C）输出设备　　（D）计算机设备

6. 有一个末位为零的非零无符号二进制整数，若将其末位去掉，形成一个新的数，则新数的值是原数值的_____。

（A）四倍　　　（B）两倍　　　（C）四分之一　（D）二分之一

7. 一个 33 位的无符号二进制整数，化为十六进制数有_____位。

（A）10　　　（B）9　　　（C）8　　　（D）7

8. 能直接与 CPU 交换信息的存储器是_____。

（A）硬盘存储器　（B）CD-ROM　（C）内存储器　　（D）软盘存储器

9. 下面不属于计算机在现代教育中的应用的是_____。

（A）多媒体教室　（B）网上教学　（C）电子大学　　（D）家庭理财

10. 下列选项中，不属于计算机病毒特征的是_____。

（A）潜伏性　　（B）传染性　　（C）激发性　　（D）免疫性

11. DVD-ROM 属于_____。

（A）大容量可读可写外存储器　　（B）大容量只读外部存储器
（C）CPU 可直接存取的存储器　　（D）只读内存储器

12. 计算机系统软件中最核心的是_____。

（A）语文处理系统　（B）操作系统　（C）数据库管理系统　　（D）诊断程序

13. 已知 a = 33H，b = 50D，c = 110100B，则下列不正确的是_____。

（A）a > b　　　（B）b < c　　（C）c > a　　　（D）c < a

14. 下列计算机技术词汇的英文缩写和中文名字对照中，错误的是_____。

（A）CPU——中央处理器　　　（B）ALU——算术逻辑部件

（C）CU——控制部件　　　　　（D）OS——输出服务

15. 下列设备组中，完全属于输入设备的一组是_____。

（A）CD-ROM 驱动器，键盘，显示器　　（B）绘图仪，键盘，鼠标器

（C）键盘，鼠标器，扫描仪　　　　　　（D）打印机，硬盘，条码阅读器

16. 在下列字符中，其 ASCII 码值最大的一个是_____。

（A）4　　　　（B）w　　　（C）空格字符　　　（D）a

17. 下列叙述中，错误的是_____。

（A）把数据从内存传输到硬盘的操作称为写盘

（B）WPS Office 2003 属于系统软件

（C）把源程序转换为机器语言目标程序的过程叫做编译

（D）计算机内部对数据的传输、存储和处理都使用二进制

18. 计算机的技术性能指标主要是指_____。

（A）计算机所配备语言、操作系统、外部设备

（B）硬盘的容量和内存的容量

（C）显示器的分辨率、打印机的性能等配置

（D）字长、运算速度、内/外存容量和 CPU 的时钟频率

19. RAM 的特点是_____。

（A）海量存储器　　　（B）存储在其中的信息可以永久保存

（C）一旦断电，存储在其上的信息将全部消失

（D）只用来存储数据的

20. 控制器的功能是_____。

（A）指挥、协调计算机各部件工作　　（B）进行算术运算和逻辑运算

（C）存储数据和程序　　　　　　　　（D）控制数据的输入和输出

第2套

1. 计算机正常工作的温度以_____℃为宜。

（A）0～15　　　（B）15～35　　　（C）20～40　　　（D）30～40

2. 下列叙述中，正确的是_____。

（A）把数据从硬盘上传送到内存的操作称为输出

（B）WPS Office 2003 是一个国产的系统软件

（C）扫描仪属于输出设备

（D）将高级语言编写的源程序转换成为机器语言的程序叫做编译程序

3. 计算机语言的发展过程，依次是机器语言、_____和高级语言。

（A）汇编语言　　　（B）编辑程序　　　（C）解释程序　　　（D）编译程序

4. 下列编码中，正确的汉字机内码是_____。

（A）6EF6H　　　（B）FB6FH　　　（C）A3A3H　　　（D）C97CH

5. 计算机内部采用的数制是_____。
  （A）二进制 　　（B）十六进制 　　（C）十进制 　　（D）八进制

6. 目前市售的 USB FLASH DISK（俗称优盘）是一种_____。
  （A）输出设备 　　（B）输入设备 　　（C）存储设备 　　（D）显示设备

7. 计算机用户要以 ADSL 技术接入因特网，除了一台计算机外，还必须要配备的硬件是_____。
  （A）调制解调器（Modem） 　　（B）网卡 　　（C）集线器 　　（D）路由器

8. 汉字国标码规定的汉字编码每个汉字用_____个字节表示。
  （A）1 　　（B）2 　　（C）3 　　（D）4

9. 目前，度量中央处理器 CPU 时钟频率的单位是_____。
  （A）MIPS 　　（B）GHz 　　（C）GB 　　（D）Mbps

10. CD-ROM 是_____。
  （A）大容量可读可写外存储器 　　　　（B）大容量只读外部存储器
  （C）可直接与 CPU 交换数据的存储器 　　（D）只读内部存储器

11. 在所列的软件中：1. WPS Office 2003；2. Windows 2000；3.UNIX；4.AutoCAD；5.Oracle；6.Photoshop；7.Linux。属于应用软件的是_____。
  （A）1，4，5，6 　　（B）1，3，4 　　（C）2，4，5，6 　　（D）1，4，6

12. 计算机辅助制造的简称为_____。
  （A）CAD 　　（B）CAI 　　（C）CAM 　　（D）CAE

13. 操作系统的五大功能模块为_____。
  （A）程序管理、文件管理、编译管理、设备管理、用户管理
  （B）硬盘管理、软盘管理、存储器管理、文件管理、批处理管理
  （C）运算器管理、控制器管理、打印机管理、磁盘管理、分时管理
  （D）处理器管理、存储器管理、设备管理、文件管理、作业管理

14. 存储一个 32×32 点的汉字字形码需用的字节数是_____。
  （A）256 　　（B）128 　　（C）72 　　（D）16

15. 计算机的系统总线是计算机各部件间传递信息的公共通道，它分为_____。
  （A）数据总线和控制总线 　　（B）数据总线、控制总线和地址总线
  （C）地址总线和数据总线 　　（D）地址总线和控制总线

16. 一个 11 位的无符号二进制整数，化为八进制数有_____位。
  （A）2 　　（B）3 　　（C）4 　　（D）5

17. 下列四个不同数制表示的数中，数值最小的是_____。
  （A）二进制数 11011101 　　（B）八进制数 334
  （C）十进制数 219 　　（D）十六进制数 DA

18. 下列关于软件的叙述中，错误的是_____。
  （A）计算机软件系统由程序和相应的文档资料组成
  （B）Windows 操作系统是最常用的系统软件之一
  （C）Word 2000 是应用软件之一
  （D）软件具有知识产权，不可以随便复制使用的

19. 十进制数 57 转换成无符号二进制整数是_____。
　　（A）0111001　　（B）0110101　　（C）0110011　　（D）0110111

20. 计算机只懂机器语言，而现在人们一般用高级语言编写程序，将高级语言变为机器
　　语言程序需经过_____。
　　（A）编译程序　　（B）编辑程序　　（C）连接程序　　（D）装入程序

第 3 套

1. 英文缩写 CAM 的中文意思是_____。
　　（A）计算机辅助教学　　（B）计算机辅助制造
　　（C）计算机辅助设计　　（D）计算机辅助管理

2. 用"综合业务数字网"（又称"一线通"）接入因特网的优点是上网通话两不误，它的
　　英文缩写是_____。
　　（A）ADSL　　（B）ISDN　　（C）ISP　　（D）TCP

3. 计算机技术中，英文缩写 CPU 的中文译名是_____。
　　（A）控制器　　（B）运算器　　（C）中央处理器　　（D）寄存器

4. 下列编码中，正确的汉字机内码是_____。
　　（A）6EF6H　　（B）FB6FH　　（C）A3A1H　　（D）C97CH

5. 十进制数 111 转换成无符号二进制整数是
　　（A）01100101　　（B）01101001　　（C）01100111　　（D）01101111

6. 字长为 6 位的无符号二进制整数最大能表示的十进制整数是_____。
　　（A）64　　（B）63　　（C）32　　（D）31

7. 把用高级语言编写的源程序转换为可执行程序（.exe），要经过的过程叫做_____。
　　（A）汇编和解释　　（B）编辑和连接　　（C）编译和连接　　（D）解释和编译

8. 下列关于计算机病毒的叙述中，正确的是_____。
　　（A）反病毒软件可以查杀任何种类的病毒
　　（B）计算机病毒发作后，将对计算机硬件造成永久性的物理损坏
　　（C）反病毒软件必须随着新病毒的出现而升级，提高查、杀病毒的功能
　　（D）感染过计算机病毒的计算机具有对该病毒的免疫性

9. 下列说法中，正确的是_____。
　　（A）软盘片的容量远远小于硬盘的容量
　　（B）硬盘的存取速度比软盘的存取速度慢
　　（C）软盘是由多张盘片组成的磁盘组
　　（D）软盘驱动器是唯一的外部存储设备

10. 计算机技术中，下列度量存储器容量的单位中，最大的单位是_____。
　　（A）KB　　（B）MB　　（C）byte　　（D）GB

11. 操作系统管理用户数据的单位是_____。
　　（A）扇区　　（B）文件　　（C）磁道　　（D）文件夹

12. 下列的英文缩写和中文名字的对照中，正确的是_____。
    （A）WAN—广域网 　　　　　（B）ISP—因特网服务程序
    （C）USB—不间断电源 　　　　（D）RAM—只读存储器

13. 已知三个字符为：a、Z 和 8，按它们的 ASCII 码值升序排序，结果是_____。
    （A）8, a, Z 　　　（B）a, 8, Z 　　　（C）a, Z, S 　　　（D）8, Z, a

14. 计算机主要技术指标通常是指_____。
    （A）所配备的系统软件的版本
    （B）CPU 的时钟频率和运算速度、字长、存储容量
    （C）显示器的分辨率、打印机的配置 　　　（D）硬盘容量的大小

15. 与十进制数 254 等值的二进制数是_____。
    （A）11111110 　　　（B）11101111 　　　（C）11111011 　　　（D）11101110

16. 根据汉字国标 GB2312—80 的规定，1KB 的存储容量能存储的汉字内码的个数是_____。
    （A）128 　　　（B）256 　　　（C）512 　　　（D）1024

17. 目前，在市场上销售的微型计算机中，标准配置的输入设备是_____。
    （A）软盘驱动器+CD-ROM 驱动器 　　　（B）鼠标器+键盘
    （C）显示器+键盘 　　　　　　　　　　（D）键盘+扫描仪

18. Internet 提供的最简便、快捷的通信服务称为_____。
    （A）文件传输（FTP） 　　　　　　　（B）远程登录（Telnet）
    （C）电子邮件（E-mail） 　　　　　　（D）万维网（WWW）

19. 下列各组软件中，完全属于应用软件的一组是_____。
    （A）UNIX，WPS Office 2003，MSDOS
    （B）AutoCAD，Photoshop，PowerPoint2000
    （C）Oracle，FORTRAN 编译系统，系统诊断程序
    （D）物流管理程序，Sybase，Windows 2000

20. 3.5 英寸 1.44MB 软盘片的每个扇区的容量是_____。
    （A）128 bytes 　　　（B）256 bytes 　　　（C）512 bytes 　　　（D）1024 bytes

第 4 套

1. 微型计算机中使用的数据库属于_____。
   （A）科学计算机方面的计算机应用 　　　（B）过程控制方面的计算机应用
   （C）数据处理方面的计算机应用 　　　　（D）辅助设计方面的计算机应用

2. 计算机的应用领域可大致分为 6 个方面，下列选项中属于这几项的是_____。
   （A）计算机辅助教学、专家系统、人工智能
   （B）工程计算机、数据结构、文字处理
   （C）实时控制、科学计算、数据处理
   （D）数值处理、人工智能、操作系统

3. 十六进制数 2A3H 转换成十进制数为_____。
   （A）675   （B）678   （C）670   （D）679

4. 在下列字符中，其 ASCII 码值最大的一个是_____。
   （A）B   （B）b   （C）7   （D）空格

5. 字长是 CPU 的主要性能指标之一，它表示_____。
   （A）CPU 一次能处理二进制数据的位数   （B）最长的十进制整数的位数
   （C）最大的有效数字位数   （D）计算结果的有效数字长度

6. 下列叙述中，不正确的一条是_____。
   （A）硬盘在主机箱内，它是主机的组成部分
   （B）硬盘属于外部存储设备
   （C）硬盘驱动器既可做输入设备又可做输出设备用
   （D）硬盘与 CPU 之间不能直接交换数据

7. 用来存储当前正在运行的程序指令的存储器是_____。
   （A）RAM   （B）硬盘   （C）ROM   （D）CD-ROM

8. 某汉字的机内码是 A1C2H，它的国标码是_____。
   （A）3121H   （B）302lH   （C）2142H   （D）2041H

9. 下列叙述中，正确的说法是_____。
   （A）编译程序、解释程序和汇编程序不是系统软件
   （B）故障诊断程序、排错程序、人事管理系统属于应用软件
   （C）操作系统、财务管理程序、系统服务程序都不是应用软件
   （D）操作系统和各种程序设计语言的处理程序都是系统软件

10. 下列叙述中，正确的是_____。
    （A）激光打印机属于击打式打印机   （B）软磁盘驱动器是存储介质
    （C）CAI 软件属于系统软件   （D）计算机运行速度可以用 MIPS 来表示

11. 用汇编语言或高级语言编写的程序称为_____。
    （A）用户程序   （B）源程序   （C）系统程序   （D）汇编程序

12. 两个软件都属于系统软件的是_____。
    （A）DOS 和 Excel   （B）DOS 和 UNIX   （C）UNIX 和 WPS   （D）Word 和 Linux

13. SRAM 存储器是_____。
    （A）静态随机存储器   （B）静态只读存储器
    （C）动态随机存储器   （D）动态只读存储器

14. 域名 WYQ.HLW.ORG.CN 中主机名是_____。
    （A）WYQ   （B）HLW   （C）ORG   （D）CN

15. 在现代的 CPU 芯片中又集成了高速缓冲存储器（Cache），其作用是_____。
    （A）扩大内存储器的容量   （B）解决 CPU 与 RAM 之间的速度不匹配问题
    （C）解决 CPU 与打印机的速度不匹配问题   （D）保存当前的状态信息

16. RAM 具有的特点是_____。
    （A）海量存储
    （B）存储在其中的信息可以永久保存

（C）一旦断电，存储在其上的信息将全部消失且无法恢复

（D）存储在其中的数据不能改写

17. Word 字处理软件属于_____。

（A）管理软件　　　（B）网络软件　　　（C）应用软件　　　（D）系统软件

18. 将高级语言编写的程序翻译成机器语言程序，采用的两种翻译方法是_____。

（A）编译和解释　　　（B）编译和汇编　　　（C）编译和连接　　　（D）解释和汇编

19. 计算机病毒是指_____。

（A）编制有错误的计算机程序　　　（B）设计不完善的计算机程序

（C）已被破坏的计算机程序　　　（D）以危害系统为目的的特殊计算机程序

20. HTML 的正式名称是_____。

（A）Internet 编程语言　　　（B）超文本标记语言

（C）主页制作语言　　　（D）WWW 编程语言

第 5 套

1. 计算机病毒是指_____。

（A）带细菌的磁盘　　　　　（B）已损坏的磁盘

（C）具有破坏性的特制程序　　　（D）被破坏的程序

2. 有一 7 位二进制数，首位不为 0，它可能的大小范围是_____。

（A）64 ~ 128　　　（B）64 ~ 127　　　（C）63 ~ 128　　　（D）63 ~ 127

3. 下列不属于计算机采用二进制数的原因的是_____。

（A）简单可行，容易实现　　（B）运算规则简单　　（C）适合逻辑运算　　（D）便于阅读

4. 下列叙述中，正确的是_____。

（A）高级语言编写的程序的可移植性差

（B）机器语言就是汇编语言，无非是名称不同而已

（C）指令是由一串二进制数 0、1 组成的

（D）由机器语言编写的程序中可读性好

5. 操作系统管理用户数据的单位是_____。

（A）扇区　　　（B）文件　　　（C）磁道　　　（D）文件夹

6. 目前，在市场上销售的微型计算机中，标准配置的输入设备是_____。

（A）软盘驱动器+CD-ROM 驱动器　　　（B）鼠标器+键盘

（C）显示器+键盘　　　　　　　　　（D）键盘+扫描仪

7. 将下列字符的 ASCII 码值进行比较，错误的一个是_____。

（A）"4" < "x"　　　（B）"w"　 < "W"　　　（C）"空格字符"< "3"　　　（D）"a"　 > "A"

8. 将 1101010100 转换成十六进制数为_____。

（A）354H　　　（B）654H　　　（C）6A4H　　　（D）E60H

9. 下列说法中，正确的是_____。

（A）软盘片的容量远远小于硬盘的容量

（B）硬盘的存取速度比软盘的存取速度慢

（C）软盘是由多张盘片组成的磁盘组

（D）软盘驱动器是唯一的外部存储为设备

10. 下列数中最大的是_____。

（A）1101101B　　　（B）110D　　　（C）6CH　　　（D）157O

11. 下列的英文缩写和中文名字的对照中，正确的是_____。

（A）LAN　局域网　　　　　　　（B）ISP　因特网服务程序

（C）USB　不间断电源　　　　　（D）RAM　只读存储器

12. Internet 提供的最简便、快捷的通信服务称为_____。

（A）文件传输（FTP）　　　　　（B）远程登录（Telnet）

（C）电子邮件（E-mail）　　　　（D）万维网（WWW）

13. 下列关于汉字编码的叙述中，错误的是_____。

（A）BIG5 码通行于中国香港和中国台湾地区的繁体汉字编码

（B）一个汉字的区位码就是它的国标码

（C）无论两个汉字的笔画数目相差多大，但它们的机内码的长度是相同的

（D）同一汉字用不同的输入法输入时，其输入码不同但机内码却是相同的

14. 3.5 英寸 1.44 MB 软盘的每个扇区的容量是_____。

（A）128 bytes　　　（B）256 bytes　　　（C）512 bytes　　　（D）1024 bytes

15. 下列各组软件中，完全属于应用软件的一组是_____。

（A）UNIX，WPS office 2003，MS-DOS

（B）AutoCAD，Photoshop，PowerPoint2000

（C）Oracle，FORTRAN 编译系统，系统诊断程序

（D）物流管理程序，Sybase，Windows 2000

16. 在计算机中，对汉字进行传输、处理存储时使用汉字的_____。

（A）字形码　　　（B）国标码　　　（C）输入码　　　　（D）机内码

17. 计算机技术中，缩写 CPU 的中文译名是_____。

（A）控制器　　　（B）运算器　　　（C）中央处理器　　　（D）寄存器

18. 用高级程序设计语言编写的程序_____。

（A）计算机能直接运行　　　　　（B）可读性和可移植性好

（C）可读性差但执行效率高　　　（D）依赖于具体机器，不可移植

19. 1 KB 的存储容量能存储的汉字内码的个数是_____。

（A）128　　　（B）256　　　（C）512　　　（D）1024

20. 世界上公认的第一台电子计算机是_____。

（A）UNIVAC-I　　　（B）ENIAC　　　（C）EDVAC　　　（D）IBM650

第 6 套

1. 微型计算机外（辅）存储器是指_____。

（A）RAM　　　（B）ROM　　　（C）磁盘　　　（D）虚盘

2. 一台完整的计算机硬件系统是由_____、存储器、输入设备和输出设备等部分组成。
（A）硬盘　　　（B）软盘　　　（C）键盘　　　（D）运算控制单元

3. 下列关于存储器的叙述中正确的是_____。
（A）CPU能直接访问存储在内存中的数据，也能直接访问存储在外存中的数据
（B）CPU不能直接访问存储在内存中的数据，能直接访问存储在外存中的数据
（C）CPU只能直接访问存储在内存中的数据，不能直接访问存储在外存中的数据
（D）CPU既不能直接访问存储在内存中的数据，也不能直接访问存储在外存中的数据

4. 下列叙述中正确的是_____。
（A）ASCII码表中对大小写英文字母、阿拉伯数字、标点符号、控制符号及希腊字母规定了编码，共128个字符
（B）同一英文字母（如字母（A）的ASCII码和它在汉字系统下的全角内码是相同的
（C）一个字符的标准ASCII码占一个字节的存储量，其最高位二进制总为0
（D）小写英文字母的ASCII码值小于大写英文字母的ASCII码

5. 汉字机内码和国标码的关系是_____。
（A）机内码=国标码+3630H　　　（B）国标码=机内码+8080H
（C）国标码=机内码+3630H　　　（D）机内码=国标码+8080H

6. 计算机病毒可以使整个计算机瘫痪，危害极大。计算机病毒是_____。
（A）一种芯片　（B）一段特制的程序　（C）一种生物病毒　（D）一条命令

7. 将3BFH转换成二进制数为_____。
（A）1110111111B　　　　（B）1010111111B
（C）1111001111B　　　　（D）10010111111B

8. 1946年首台电子数字计算机问世后，冯·诺依曼在研制EDVAC计算机时，提出两个重要的改进，它们是_____。
（A）采用机器语言和十六进制
（B）采用二进制和存储程序控制的概念
（C）采用ASCII编码系统
（D）引入CPU和内存储器的概念

9. Cache的含义是_____。
（A）高速缓冲存储器　（B）只读存储器　（C）虚拟存储器　（D）随机存储器

10. 首位不是0的6位二进制数可表示的数的范围是_____。
（A）31~64　　　（B）32~64　　　（C）32~63　　　（D）64~127

11. 下列软件中，不是操作系统的是_____。
（A）Linux　　　（B）UNIX　　　（C）MS-DOS　　　（D）MS-Office

12. 十进制数60转换成无符号二进制整数是_____。
（A）0111100　　（B）0111010　　（C）0111000　　（D）0110110

13. 下列关于CPU的叙述中，正确的是_____。
（A）CPU能直接读取硬盘上的数据
（B）CPU能直接与内存储器交换数据
（C）CPU主要组成部分是存储器和控制器

（D）CPU 主要用来执行算术运算

14. 计算机能够直接执行的计算机语言是_____。

（A）汇编语言 （B）机器语言 （C）高级语言 （D）自然语言

15. 下列关于 ENIAC 的叙述中，正确的是_____。

（A）它主要采用晶体管和继电器

（B）它是为计算弹道和射击表面设计的

（C）它于 1973 年诞生于美国宾夕法尼亚大学

（D）它是首次采用存储程序和程序自动控制工作的电子计算机

16. 下列叙述中，正确的是_____。

（A）字长为 16 位表示这台计算机最大能计算一 16 位的十进制数

（B）字长为 16 位表示这台计算机的 CPU 一次能处理 16 位二进制数

（C）运算器只能进行算术运算

（D）SRAM 的集成度高于 DRAM

17. 下面关于随机存取存储器（RAM）的叙述中，正确的是_____。

（A）RAM 分静态 RAM（SRAM）和动态 RAM（DRAM）两大类

（B）SRAM 的价格比 DRAM 便宜

（C）DRAM 的存取速度比 SRAM 快

（D）DRAM 中存储的数据无须"刷新"

18. 汉字字符集 GBK 编码是由_____制定的。

（A）国家标准总局

（B）全国信息技术标准化技术委员会

（C）国际标准化组织

（D）国家技术监督局

19. 存储 1024 个 24×24 点阵的汉字字形码需要的字节数是_____。

（A）720 B （B）72 KB （C）7000 B （D）7200 B

20. TCP 协议的主要功能是_____。

（A）对数据进行分组 （B）确保数据的可靠传输

（C）确定数据传输路径 （D）提高数据传输速度

第 7 套

1. 下列关于电子邮件的说法中错误的是_____。

（A）发件人必须有自己的 E-mail 账户

（B）必须知道收件人的 E-mail 地址

（C）收件人必须有自己的邮政编码

（D）可使用 Outlook Express 管理联系人信息

2. 下列 URL 的表示方法中，正确的是_____。

（A）http://www.microsoft.com/index.html

（B）http:\www.microsoft.com/index.html

（C）http://www.microsoft.com\index.html

（D）http : www.microsoft.com/index.htmp

3. IE 收藏夹的作用是_____。

（A）收集感兴趣的页面地址 　　（B）记忆感兴趣的页面内容

（C）收集感兴趣的文件内容 　　（D）收集感兴趣的文件名

4. 个人计算机属于_____。

（A）小型计算机 　　（B）巨型机算机 　　（C）大型主机 　　（D）微型计算机

5. 专门为某种用途而设计的计算机，称为_____计算机。

（A）专用 　　　　（B）通用 　　　　（C）特殊 　　　　（D）模拟

6. 下列有关计算机的新技术的说法中，错误的是_____。

（A）嵌入式技术是将计算机作为一个信息处理部件，嵌入到应用系统中的一种技术，也就是说，它将软件固化集成到硬件系统中，将硬件系统与软件系统一体化

（B）网格计算利用互联网把分散在不同地理位置的电脑组织成一个"虚拟的超级计算机"

（C）网格计算技术能够提供资源共享，实现应用程序的互联互通，网格计算与计算机网络是一回事

（D）中间件是介于应用软件和操作系统之间的系统软件

7. 下面设备中，既能向主机输入数据又能接收由主机输出数据的设备是_____。

（A）CD-ROM 　　（B）显示器 　　（C）软磁盘存储器 　　（D）光笔

8. CAT 的含义是_____。

（A）计算机辅助设计 　　（B）计算机辅助教学

（C）计算机辅助制造 　　（D）计算机辅助测试

9. 核爆炸和地震灾害之类的仿真模拟，其应用领域是_____。

（A）计算机辅助 　　（B）科学计算 　　（C）数据处理 　　（D）实时控制

10. 在十六进制数 CD 等值的十进制数是_____。

（A）204 　　（B）205 　　（C）206 　　（D）203

11. 标准 ASCII 码字符集共有_____个编码。

（A）128 　　（B）256 　　（C）34 　　（D）94

12. 计算机主机主要由 CPU 和内存储器两部分组成。下列术语中，属于显示器性能指标的是_____。

（A）速度 　　（B）可靠性 　　（C）分辨率 　　（D）精度

13. 下面四条常用术语的叙述中，有错误的是_____。

（A）光标是显示屏上指示位置的标志

（B）汇编语言是一种面向机器的低级程序设计语言，用汇编语言编写的程序计算机能直接执行

（C）总线是计算机系统中各部件之间传输信息的公共通路

（D）读写磁头是既能从磁表面存储器读出信息又能把信息写入磁表面存储器的装置

14. 下列不属于微型计算机的技术指标的一项是_____。

（A）字节 　　（B）时钟主频 　　（C）运算速度 　　（D）存取周期

15. 下列关于存储的叙述中，正确的是_____。

（A）CPU 能直接访问存储在内存中的数据，也能直接访问存储在外存中的数据

（B）CPU 不能直接访问存储在内存中的数据，能直接访问存储在外存中的数据

（C）CPU 只能直接访问存储在内存中的数据，不能直接访问存储在外存中的数据

（D）CPU 既不能直接访问存储在内存中的数据，也不能直接访问存储在外存中的数据

16. 半导体只读存储器(ROM)与半导体随机存取存储器(RAM)的主要区别在于_____。

（A）ROM 可以永久保存信息，RAM 在断电后信息会丢失

（B）ROM 断电后，信息会丢失，RAM 则不会

（C）ROM 是内存储器，RAM 是外存储器

（D）RAM 是内存储器，ROM 是外存储器

17. 以下关于流媒体技术的说法中，错误的是_____。

（A）实现流媒体需要合适的缓存

（B）媒体文件全部下载完成才可以播放

（C）流媒体可用于在线直播等方面

（D）流媒体格式包括 asf、rm、ra 等

18. 计算机网络最突出的优点是_____。

（A）运算速度快　　　　　　　　（B）存储容量大

（C）运算容量大　　　　　　　　（D）可以实现资源共享

19. 下列有关 Internet 的叙述中，错误的是_____。

（A）万维网就是因特网　　　　　（B）因特网上提供了多种信息

（C）因特网是计算机网络的网络　（D）因特网是国际计算机互联网

20. 因特网属于_____。

（A）万维网　（B）广域网　（C）城域网　（D）局域网

第 8 套

1. 计算机辅助教育的英文缩写是_____。

（A）CAD　　　（B）CAE　　　（C）CAM　　　（D）CAI

2. 在计算机术语中，bit 的中文含义是_____。

（A）位　　　（B）字节　　　（C）字　　　（D）字长

3. 下列关于计算机的主要特性，叙述错误的_____。

（A）处理速度快，计算精度高　　（B）存储容量大

（C）逻辑判断能力一般　　　　　（D）网络和通信功能强

4. 执行二进制逻辑乘运算（即逻辑与运算）01011001∧10100111 其运算结果是_____。

（A）00000000　（B）1111111　（C）00000001　（D）1111110

5. 与十进制数 254 等值的二进制数是_____。

（A）11111110　（B）11101111　（C）11111011　（D）11101110

6. 下面不是汉字输入码的是_____。

（A）五笔字形码　　（B）全拼编码　　（C）双拼编码　　（D）ASCII 码

7. 微型计算机，控制器的基本功能是_____。

（A）进行计算运算和逻辑运算　　　（B）存储各种控制信息

（C）保持各种控制状态　　　　　　（D）控制机器各个部件协调一致地工作

8. 微型计算机的主机包括_____。

（A）运算器和控制器　　　　　　　（B）CPU 和内存储器

（C）CPU 和 UPS　　　　　　　　　（D）UPS 和内存储器

9. 计算机系统由_____组成。

（A）主机和显示器　　　　　　　　（B）微处理器和软件

（C）硬件系统和应用软件　　　　　（D）硬件系统和软件系统

10. 微型计算机存储系统中，PROM 是_____。

（A）可读写存储器　　　　　　　　（B）动态随机存储器

（C）只读存储器　　　　　　　　　（D）可编程只读存储器

11. 微机中访问速度最快的存储器是_____。

（A）CD–ROM　　（B）硬盘　　　（C）U 盘　　　（D）内存

12. 下列关于系统软件的四条叙述中，正确的一条是_____。

（A）系统软件与具体应用领域无关

（B）系统软件与具体硬件逻辑功能无关

（C）系统软件是在应用软件基础上开发的

（D）系统软件并不是具体提供人机界面

13. 有关计算机软件，下列说法错误的是_____。

（A）操作系统的种类繁多，按照其功能和特性可分为批处理操作系统、分时操作系统和实时操作系统等；按照同时管理用户数的多少分为单用户操作系统和多用户操作系统

（B）操作系统提供了一个软件运行的环境，是最重要的系统软件

（C）Microsoft office 软件是 Windows 环境下的办公软件，但它并不能用于其他操作系统环境

（D）操作系统的功能主要是管理，即管理计算机的所有软件资源，硬件资源不归操作系统管理

14. 计算机硬件能够直接识别和执行的语言是_____。

（A）C 语言　　（B）汇编语言　　（C）机器语言　　（D）符号语言

15. 计算机病毒破坏的主要对象是_____。

（A）优盘　　　（B）磁盘驱动器　　（C）CPU　　　（D）程序和数据

16. 相对而言，下列类型的文件中，不易感染病毒的是_____。

（A）*.txt　　　（B）*.doc　　　（C）*.com　　　（D）*.exe

17. 下列不属于网络拓扑结构形式的是_____。

（A）星形　　　（B）环形　　　（C）总线型　　　（D）分支型

18. 计算机网络按地理范围可分为_____。

（A）广域网、城域网和局域网　　　（B）因特网、城域网和局域网

（C）广域网、因特网和局域网　　　　（D）因特网、广域网和对等网

19. 调制解调器的功能是_____。

（A）将数字信号转换成模拟信号　　　（B）将模拟信号转换成数字信号

（C）将数字信号转换成其他信号　　　（D）在数字信号与模拟信号之间进行转换

20. Internet 是覆盖全球的大型互联网络，用于链接多个远程网和局域网的互联设备主要是_____。

（A）路由器　　（B）主机　　（C）网桥　　（D）防火墙

第 9 套

（1）执行二进制算术加运算 11001001 + 00100111 其运算结果是_____。

（A）11101111　　（B）11110000　　（C）00000001　　（D）10100010

2. 二进制数 00111101 转换成十进制数是_____。

（A）58　　　　（B）59　　　　（C）61　　　　（D）65

3. 在下列各种编码中，每个字节最高位均是"1"的是_____。

（A）外码　　（B）汉字机内码　　（C）汉字国标码　　（D）ASCII 码

4. 计算机运算部件一次能同时处理的二进制数据的位数称为_____。

（A）位　　　　（B）字节　　　　（C）字长　　　　（D）波特

5. 下列选项中不属于计算机的主要技术指标的是_____。

（A）字长　　（B）存储容量　　（C）重量　　（D）时钟主频

6. 下列几种存储器，存取周期最短的是_____。

（A）内存储器　　（B）光盘存储器　　（C）硬盘存储器　　（D）软盘存储器

7. 下列四条叙述中，正确的一条是_____。

（A）假若 CPU 向外输出 20 位地址，则它能直接访问的存储空间可达 1 MB

（B）PC 机在使用过程中突然断电，SRAM 中存储的信息不会丢失

（C）PC 机在使用过程中突然断电，DRAM 中存储的信息不会丢失

（D）外存储器中的信息可以直接被 CPU 处理

8. SRAM 存储器是_____。

（A）静态只读存储器　　　（B）静态随机存储器

（C）动态只读存储器　　　（D）动态随机存储器

9. 下面四种存储器中，属于数据易失性的存储器是_____。

（A）RAM　　（B）ROM　　（C）PROM　　（D）CD-ROM

10. 下列关于硬盘的说法错误的是_____。

（A）硬盘中的数据断电后不会丢失

（B）每个计算机主机有且只能有一块硬盘

（C）硬盘可以进行格式化处理

（D）CPU 不能够直接访问硬盘中的数据

11. DRAM 存储器的中文含义是_____。

（A）静态随机存储器　　　　（B）动态随机存储器

（C）动态只读存储器　　　　（D）静态只读存储器

12. 计算机最主要的工作特点是_____。

（A）有记忆能力　　　　　　（B）高精度与高速度

（C）可靠性与可用性　　　　（D）存储程序与自动控制

13. 操作系统的功能是_____。

（A）将源程序编译成目标程序　　　（B）负责诊断计算机的故障

（C）控制和管理计算机系统的各种硬件和软件资源的使用

（D）负责外设与主机之间的信息交换

14. 计算机软件系统包括_____。

（A）系统软件和应用软件　　　　（B）程序及其相关数据

（C）数据库及其管理软件　　　　（D）编译系统和应用软件

15. CPU 中有一个程序计数器（又称指令计数器），它用于存储_____。

（A）正在执行的指令的内容　　　（B）下一条要执行的指令的内容

（C）正在执行的指令的内存地址　　（D）下一条要执行的指令的内存地址

16. 所有与 Internet 相链接的计算机必须遵守的一个共同协议是_____。

（A）http　　　（B）IFEE 802.11　　　（C）TCP / IP　　　（D）IPX

17. 因特网上的服务都是基于某一种协议的，Web 服务是基于_____。

（A）SMTP 协议　　（B）SNMP 协议　　（C）HTTP 协议　　（D）TELENET 协议

18. 在 Internet 中完成从域名到 IP 地址或者从 IP 到域名转换的是_____服务。

（A）DNS　　　（B）FTP　　　（C）WWW　　　（D）ADSL

19. 在一间办公室内要实现所有计算机联网，一般应选择_____网。

（A）GAN　　　（B）MAN　　　（C）LAN　　　（D）WAN

20. 计算机病毒实质上是_____。

（A）一些微生物　　（B）一类化学物质　　（C）操作者的幻觉　　（D）一段程序

第 10 套

1. 将高级语言编写的程序翻译成机器语言程序，采用的两种翻译方式是_____。

（A）编译和解释　　（B）编译和汇编　　（C）编译和连接　　（D）解释和汇编

2. 假设邮件服务器的地址是 email.bj163 .com，则用户的正确的电子邮箱地址的格式是_____。

（A）用户名 # email.bjl63.com　　　　（B）用户名@email.bjl63.com

（C）用户名 & email.bjl63.com　　　　（D）用户名 $ email.bjl63.com

3. 能保存网页地址的文件夹是_____。

（A）收件箱　　　（B）公文包　　　（C）我的文档　　　（D）收藏夹

4. 拥有计算机并以拨号方式接入 Internet 的用户需要使用_____。

（A）CD-ROM　　　（B）鼠标　　　（C）软盘　　　（D）Modem

5. 一个汉字的 16×16 点阵字形码的字节数是_____。

    （A）16   （B）24   （C）32   （D）40

6. 十进制数 59 转换成二进制整数是_____。

    （A）0110011   （B）0111011   （C）0111101   （D）0111111

7. 以下设备中不是计算机输出设备的是_____。

    （A）打印机   （B）鼠标   （C）显示器   （D）绘图仪

8. 根据汉字国标 GB 2312-80 的规定，一个汉字的内码码长为_____。

    （A）8 bit   （B）12 bit   （C）16 bit   （D）24 bit

9. 无符号二进制整数 111110 转换成十进制数是_____。

    （A）62   （B）60   （C）58   （D）56

10. 王码五笔字到输入法属于_____。

    （A）音码输入法   （B）形码输入法

    （C）音形结合的输入法   （D）联想输入法

11. 一个完整的计算机软件应包含_____。

    （A）系统软件和应用软件   （B）编辑软件和应用软件

    （C）数据库软件和工具软件   （D）程序、相应数据和文档

12. 汉字输入码可分为有重码和无重码两类，下列属于无重码类的是_____。

    （A）全拼码   （B）自然码   （C）区位码   （D）简拼码

13. 下列叙述中，错误的是_____。

    （A）把数据从内存传输到硬盘叫做写盘

    （B）WPS Office 2003 属于系统软件

    （C）把源程序转换为机器语言的目标程序的过程叫做编译

    （D）在计算机内部，数据的传输、存储和处理都使用二进制编码

14. 多媒体技术的主要特点是_____。

    （A）实时性和信息量大   （B）集成性和交互性

    （C）实时性和分布性   （D）分布性和交互性

15. 汉字国标码（GB2312-1980）把汉字分成_____。

    （A）简化字和繁体字两个等级

    （B）一级汉字、二级汉字和三级汉字三个等级

    （C）一级常用汉字、二级次常用汉字两个等级

    （D）常用字、次常用字、罕见字三个等级

16. 假设某台式计算机的内存储器容量为 128 MB，硬盘容量为 10 G。硬盘的容量是内存容量的_____。

    （A）40 倍   （B）60 倍   （C）80 倍   （D）100 倍

17. 下面关于 USB 优盘的描述中，错误的是_____。

    （A）优盘有基本型、增强型和加密型三种

    （B）优盘的特点是重量轻、体积小

    （C）优盘多固定在机箱内，不便携带

    （D）断电后，优盘还能保持存储的数据不丢失

18. 在 CD 光盘上标记有"CD-RW"字样，此标记表明这光盘_____。

（A）只能写入一次，可以反复读出的一次性写入光盘

（B）可多次擦除型光盘

（C）只能读出、不能写入的只读光盘

（D）RW 是 Read and Write 的缩写

19. 已知某汉字的区位码是 1221，则其国标码是_____。

（A）7468D　　（B）3630H　　（C）3658H　　（D）2C35H

20. 下列关于计算机病毒的叙述中，正确的是_____。

（A）计算机病毒的特点之一是具有免疫性

（B）计算机病毒是一种有逻辑错误的小程序

（C）反病毒软件必须随着新病毒的出现而升级，提高查、杀病毒的功能

（D）感染过计算机病毒的计算机具有对该病毒的免疫性

上机操作题

上机考试试卷 1

1. 基本操作

（1）在考生文件夹下 INSIDE 文件夹中创建名为 PENG 文件夹，并设置属性为隐藏。

（2）将考生文件夹下 JIN 文件夹中的 SUN.C 文件复制到考生文件夹下的 MQPA 文件夹中。

（3）将考生文件夹下 HOWA 文件夹中的 CNAEL.dbf 文件删除。

（4）为考生文件夹下 HFIBEI 文件夹中的 QUAN.for 文件建立名为 QUAN 的快捷方式，存放在考生文件夹下。

（5）将考生文件夹下 QUTAM 文件夹中的 MAN.dbf 文件移动到考生文件夹下的 ABC 文件夹中。

2. 汉字录入

尼尔·阿姆斯特朗曾是一位美国国家航空航天局的宇航员、试飞员、海军飞行员，因在执行第 1 艘载人登月宇宙飞船阿波罗 11 号任务时成为第 1 名踏上月球的人类而闻名。1969 年 7 月 16 日阿姆斯特朗成为"阿波罗 11 号"指挥官。他与年轻的宇航员迈克尔·柯林斯和巴兹·艾德林一起进行登月飞行。

3. 文字处理

在考生文件夹下打开文档 WD051.doc 文档，其内容如下：

【文档开始】

计算机网络技术课程

一、教学要求

计算机网络发展趋势探析：

（1）计算机网络应是覆盖全球的可随处链接的巨型网。

（2）计算机网络应具有前所未有的带宽以保证承担任何新的服务。

（3）计算机网络应是贴近应用的智能化网络。

（4）计算机网络应具有很高的可靠性和服务质量。

（5）计算机网络应具有延展性来保证迅速的发展。

（6）计算机网络应具有很低的成本。

二、课时安排

序号	教学内容	授课学时	实验学时
1	计算机应用基础	2	
2	网络基础知识	6	6
3	局域网	6	4
4	互联网技术	4	2
5	网络安全技术	6	3
6	网络设备和技术	8	6
7	电子商务	8	6
8	电子政务	6	6
9	高速网络技术	6	4
10	未来网络展望	4	

【文档结束】

按照要求完成下列操作并以原文件名保存文档。

（1）将标题段（"计算机网络技术课程"）文字设置为小二号蓝色阴影黑体、加粗、居中。

（2）将正文第 3～8 段（"（1）计算机网络应是……很低的成本。"）的中文文字设置为五号宋体、西文文字设置为五号 Times New Roman 字体；段落首行缩进 2 字符。

（3）将文中第 2 行（一、教学要求）设置成黑体红色小三号，段后间距 0.5 行。文中第 3 行（计算机网络发展趋势探析：）设置成宋体小四号、加粗、并加黄色底纹。

（4）将文中后 11 行文字转换为一个 11 行 4 列的表格。设置表格居中，表格每列列宽为 3.5 厘米，表格中所有文字中部居中。

（5）将表格标题行单元格文字设置为小四号红色空心黑体；设置表格所有框线为 1.5 磅蓝色单实线。

4. 电子表格

（1）在考生文件夹下打开 EXCEL051.xls 文件，内容如下：

	A	B	C	D	E	F	G
1	某地区降水量变化情况表						
2	年份	一月	二月	三月	四月	五月	六月
3	2006年	5.12	8.12	5.45	10.7	19.2	26.4
4	2007年	2.5	10.2	11.27	9.12	11.5	20.02
5	2008年	7.8	14.96	5.6	9.08	19.6	20.18
6	平均值						
7	最大值						
8	最小值						

① 将 sheet1 工作表的 A1：G1 单元格合并为 1 个单元格，内容水平居中；用公式计算三年各月降水量的平均值（利用 AVERAGE 函数，保留小数点后两位）；计算"最大值"和"最小值"行的内容（利用 MAX 函数和 MIN 函数，数值型，保留小数点后两位）；将 A2: G5 区域的全部框线设置为双线样式，颜色为蓝色，将工作表命名为"降水量变化情况表"。

② 选取 A2: G5 单元格区域的内容建立"堆积数据点折线图"，（系列产生在"行"），标

题为"降水量变化情况图"，图例位置在底部，网格线设置为 X 轴和 Y 轴显示主要网格线，将图插入到表的 A10: G28 单元格区域内，保存 EXCEL051.xls 文件。

（2）打开工作簿文件 EXCEL051A.xls ，内容如下图，对工作表"学校运动会成绩单"内的数据清单的内容进行分类汇总，条件为"各班级所有队员全部项目的总成绩"，汇总结果显示在数据下方，筛选后的工作表还保存在 EXCEL051A.xls 工作簿文件中，工作表名不变。

	A	B	C	D
1	班级	队员号码	项目	成绩
2	A班	991021	跳高	74
3	B班	992032	100m跑	87
4	C班	993023	三级跳远	65
5	D班	995034	跳高	74
6	A班	991076	三级跳远	91
7	E班	994056	跳高	77
8	C班	993021	三级跳远	60
9	B班	992089	跳高	73
10	B班	992005	100m跑	90
11	C班	993082	三级跳远	85
12	A班	991062	跳高	78
13	D班	995022	100m跑	69
14	E班	994034	跳高	89
15	A班	991025	三级跳远	62
16	C班	993026	跳高	66
17	E班	994086	100m跑	78
18	D班	995014	跳高	80
19	C班	993053	三级跳远	93
20	E班	994027	100m跑	68
21	A班	991021	100m跑	87
22	C班	993023	跳高	75
23	A班	991076	跳高	81
24	C班	993021	100m跑	75
25	B班	992005	三级跳远	67
26	D班	995022	三级跳远	71
27	A班	991025	跳高	68
28	E班	994086	跳高	76
29	C班	993053	100m跑	79
30	B班	992032	三级跳远	79

5. 上网

（1）某考试网站的主页地址是 http://ncre/ljks/index.html ，打开此主页，浏览"计算机考试"页面，查找"NCRE 二级介绍"页面内容，并将它以文本文件的格式保存到考生文件夹下，命名为"ljswks01.txt"。

（2）向财务部张主任发送一个电子邮件，并将考生文件夹下的一个 Word 文档 ncre.doc 作为附件一起发出，同时抄送总经理王先生。具体内容如下：

【收件人】zhangxl@163.om

【主题】差旅费统计表

【函件内容】"发去全年差旅费统计表，请审阅。具体计划见附件。"

上机考试试卷 2

1. 基本操作

（1）在考生文件夹下创建文件 GEAT.txt，并设置属性为隐藏。

（2）将考生文件夹下 FAS 文件夹中的 DAXI.bas，文件复制到考生文件夹下 JEEP 文件夹中。

（3）将考生文件夹下 LER 文件夹中的 VOC.red 文件删除。

（4）在考生文件夹下为 KAC 文件夹中的 TEER.exe 文件建立名为 TTER 的快捷方式。

（5）将考生文件夹下 CEED 文件夹中的 BAD 文件夹移动到考生文件夹下 PLES 文件夹中。

2. 汉字录入

随着我国行政体制改革的深入，2005 年我国电子政务建设步伐加快，国家电子政务总体框架初步形成，将管理融入服务之中的理念逐步渗透到电子政务的方方面面，电子政务建设的效益明显提高。"十五"期间，我国电子政务建设迈上了个新台阶，为"十一五"期间电子政务的发展奠定了坚实基础。

3. 文字处理

在考生文件夹下，打开文档 WD052.doc，其内容如下：

【文档开始】

北京福娃

福娃是北京 2008 年第 29 届奥运会吉祥物，其色彩与灵感来源于奥林匹克五环、来源于中国辽阔的山川大地、江河湖海和人们喜爱的动物形象。福娃向世界各地的孩子们传递友谊、和平、积极进取的精神和人与自然和谐相处的美好愿望。

每个娃娃都有一个朗朗上口的名字："贝贝"、"晶晶"、"欢欢"、"迎迎"和"妮妮"，在中国，重音名字是对孩子表达喜爱的一种传统方式。当把五个娃娃的名字连在一起，你会读出北京对世界的盛情邀请"北京欢迎你"。

福娃是五个可爱的亲密小伙伴，它们的造型融入了鱼、大熊猫、藏羚羊、燕子以及奥林匹克圣火的形象。

福娃的 5 个形象

福娃	原型	祝福
贝贝	鱼儿	繁荣
晶晶	熊猫	欢乐
欢欢	圣火	激情
迎迎	藏羚羊	健康
妮妮	燕子	好运

【文档结束】

按照要求完成下列操作并以该文件名保存文档。

（1）将标题段文字（北京福娃）文字设置为小二号蓝色阳文黑体、居中、字符间距加宽 2 磅、段后间距 0.5 行。

（2）将正文各段文字（福娃是北京……奥林匹克圣火的形象。）中的中文文字设置为小四号宋体；将正文第三段（福娃是五个……奥林匹克圣火的形象）移至第二段（"每个娃娃都有……"北京欢迎你"。）之前；设置正文各段首行缩进 2 字符、行距为 1.2 倍行距。

（3）设置页面上下边距各为 3 厘米。

（4）将文中最后 6 行文字转换成一个 6 行 3 列的表格. 在第 2 列与第 3 列之间添加一列，并依次输入该列内容"颜色"、"蓝"、"黑"、"红"、"黄"、"绿"；设置表格列宽为 2.5 厘米、行高为 0.6 厘米、表格居中。

（5）为表格第一行单元格添加黄色底纹；所有表格线设置为 1 磅红色单实线。

4. 电子表格

（1）打开工作簿文件 Excel052.xls，内容如下图。将工作表 sheet1 的 A1:F1 单元格合并为一个单元格，内容水平居中，计算"总计"行和"合计"列单元格的内容，将工作表命名为"某商场微波炉销售数量表"。

	A	B	C	D	E	F
1	某商场微波炉销售数量表					
2	品牌	一月	二月	三月	四月	合计
3	格力	567	342	125	345	
4	美的	324	223	234	412	
5	海尔	435	456	412	218	
6	总计					
7						

（2）打开工作簿文件 Excel052A.xls，内容如下图。对工作表"选修课程成绩单"内的数据清单的内容进行高级筛选，条件为"系别为计算机并且课程名称为计算机应用基础"（在数据表前插入三行，前二行作为条件区域），筛选后的结果显示在原有区域，筛选后的工作表还保存在 Excel052A.xls 工作簿文件中，工作表名不变。

	A	B	C	D	E
1	系别	学号	姓名	课程名称	成绩
2	新闻	995034	董小荷	计算机应用基础	86
3	新闻	995034	铁家英	大学语文	69
4	新闻	995034	铁家英	高等数学	71
5	新闻	995034	刘三山	计算机应用基础	80
6	计算机	995034	高孟郎	计算机应用基础	76
7	计算机	995034	高孟郎	大学语文	78
8	计算机	995034	孙八维	计算机应用基础	77
9	计算机	995034	赵四虎	计算机应用基础	89
10	计算机	995034	程麦月	大学语文	68
11	中文	995034	程麦月	高等数学	85
12	中文	995034	李十真	大学语文	79
13	中文	995034	周百年	高等数学	93
14	中文	995034	钱九城	计算机应用基础	66
15	中文	995034	刘三山	高等数学	65
16	中文	995034	刘三山	计算机应用基础	75
17	中文	995034	张一全	高等数学	60
18	中文	995034	张一全	大学语文	75
19	国际贸易	995034	黄立果	计算机应用基础	73
20	国际贸易	995034	王五国	高等数学	79
21	国际贸易	995034	王五国	大学语文	87
22	国际贸易	995034	赵四虎	高等数学	6
23	国际贸易	995034	赵四虎	大学语文	90
24	英语	995034	陈六强	计算机应用基础	81
25	英语	995034	陈六强	高等数学	91
26	英语	995034	郑七康	计算机应用基础	78
27	英语	995034	王二平	高等数学	62
28	英语	995034	王二平	计算机应用基础	68
29	英语	995034	金万尊	计算机应用基础	74
30	英语	995034	聂千鹤	大学语文	87

5. 上网

接收并阅读由 pets@ maitl.ncre8.net 发来的 E-mail，并将随信发来的附件以文件名 ncre8.txt 保存到考生文件夹下。

上机考试试卷 3

1. 基本操作

（1）将考生文件夹下 LOKE 文件夹中的文件 AIN.ip 复制到考生文件夹下 SEFI 文件夹中，并改名为 MEE.obj。

（2）将考生文件夹下的 STER 文件夹中的文件 JIUR.gif 删除。

（3）将考生文件夹下的文件夹 SWN 移动到考生文件夹下的 SERN 文件夹中。

（4）在考生文件夹下 VEW 文件夹中建立一个新文件夹 DCD。

（5）将考生文件夹下 LOLID 文件夹中的文件 FOOL.pas 设置为隐藏属性。

2. 汉字录入

2006 年 4 月 27 日 6 时 48 分，我国在太原卫星发射中心用"长征四号乙"运载火箭，成功地将"遥感卫星一号"送入预定轨道。这次发射升空的"遥感卫星一号"和用于发射卫星的"长征四号乙"运载火箭，以中国航天科技集团公司所属上海航天技术研究院为主，中国科学院、中国电子科技集团、中国空间技术研究院等单位参与研制。

3. 文字处理

（1）在考生文件夹下，打开文档 WD053.doc，按照要求完成下列操作并以该文件名保存文档。

【文档开始】

大闸蟹的没落

近年来，一直吆喝自涨身价的阳澄湖大闸蟹终于也遭遇了降价的命运。在某些水产批发市场，标明产地"阳澄湖"的一对"4 两雄、3 两雌"，最低的开价降到了 30 元。原因很简单，那些全国各地的大闸蟹商们，看准了这个吃蟹时节，统统大撒"渔网"，挤进这个仅仅能热销一个月的市场，结果就是，市场消化不良，大闸蟹们囤积了。

大闸蟹降价不是新闻，可标着"阳澄湖"商标的大闸蟹也加入降价的行列，实在让人大跌眼镜。因为这个大名鼎鼎的商标，螃蟹都涨价了。更因为有了这个商标，那一只只普通的螃蟹，也有了自己的协会、有了自己的防伪标志，甚至有了高低等级，更有了限量版本。"物极必反"的古训，套用在大闸蟹的没落上，十分恰当。

【文档结束】

① 将文中所有错词"大闸蟹"替换为"大闸蟹"；将标题段（"大闸蟹的没落"）文字设置为三号红色空心黑体、居中、字符间距加宽 2 磅。

② 将正文各段文字（近年来……十分恰当。）设置为小四号仿宋字体；各段落悬挂缩进 2 字符、段前间距 0.5 行。

③ 将文档页面的纸型设置为"16 开（18.4×26 厘米）"、左右边距各为 3 厘米；在页面

顶端（页眉）右侧插入页码。

（2）在考生文件夹下，打开文档 WD053A.doc，内容如下。按照要求完成下列操作并以该文件名保存文档。

【文档开始】

全国计算机等级考试一级科目

级别	科目	考试项目
一级	一级 MS Office	上机考试
	一级 B	上机考试
	一级 WPS Office	上机考试
	一级永中 Office	上机考试

【文档结束】

① 将表格标题（"全国计算机等级考试一级科目"）设置为三号宋体、加粗、居中；设置表格居中、表格中所有内容水平居中；表格中的所有内容设置为四号宋体。

② 设置表格列宽为 3 厘米、行高 0.7 厘米、外框线为红色 1.5 磅双实线、内框线为红色 0.75 磅单实线；设置第 1 行单元格为黄色底纹。

4. 电子表格

（1）在考生文件夹下打开 EXCEL053.xls 文件，内容如下图。将 Sheet1 工作表的 A1：D1 单元格合并为一个单元格，内容水平居中；用公式计算金额列的内容（金额=单价×数量），用公式计算合计行的内容，将工作表命名为"某计算机书店销售情况表"，保存 EXCEL053.xls 文件。

	A	B	C	D
1	某计算机书店销售情况表			
2	科目名称	单价（元）	数量	金额（元）
3	C语言教程	19.9	367	
4	Visual F	27.6	278	
5	Java开发	22.7	257	
6	网络技术	35.6	198	
7	从零开始	23.3	389	
8		合计		

（2）打开工作簿文件 EXCEL053A.xls，内容如下图。对工作表"计算机专业成绩单"内数据清单的内容进行高级筛选，条件为考试成绩高于 80 且实验成绩高于 15，条件区域应设置在数据区域的顶端（注意：条件区域和数据区域之间不应有空行），在原有区域显示筛选结果对筛选后的内容按主要关键字"总成绩"的递减次序和次要关键字"系别"的递增次序进行排序，保存 EXCEL053A.xls 文件。

	A	B	C	D	E	F
1	系别	学号	姓名	考试成绩	实验成绩	总成绩
2	信息技术	200810021	王力	80	15	95
3	计算机应	200820032	刘辉	68	16	84
4	自动控制	200830023	廖常青	91	18	109
5	信息技术	200810076	张小雷	85	13	98
6	计算机应	200820005	陈海兵	91	18	109
7	自动控制	200830082	李子欣	82	19	101
8	信息技术	200810062	肖键	79	20	99
9	经济管理	200850022	陈林	68	14	82
10	数字理论	200840034	张美红	87	15	102
11	信息技术	200810025	刘涵	73	16	89
12	自动控制	200830025	高林长	80	18	98

上机操作题

5. 上网

（1）发送邮件至 dudjdgrj@hotmail.com，主题为"通知"，邮件内容为：明天下午的会议，请准时参加。

（2）打开 http://ncre/ljks/index.html 页面，找到名为"新话题"的页面，查找"阿里巴巴神话"将该网页保存至考生文件夹下，重命名为"阿里.txt"。

上机考试试卷 4

1. 基本操作

（1）将考生文件夹下 CAN 文件夹中的 TEE.txt 文件移动到考生文件夹下的 ME 文件夹中。

（2）在考生文件夹下创建文件 GOOD.wri，并设置属性为隐藏。

（3）将考生文件夹下 CVER 文件夹中的 BOAT.bas 文件复制到考生文件夹下 SEA 文件夹中。

（4）将考生文件夹下 TIN 文件夹中的 PER.thn 文件删除。

（5）在考生文件夹下为 SET 文件夹中的 TON.exe 文件建立名为 TON 的快捷方式。

2. 汉字录入

国家体育场是北京 2008 奥运会的主会场，奥运会期间可容纳观众 9.1 万人。工程占地面积 204 公顷，建筑面积约 25.8 万平方米，檐高 68.5 m，东西长 297 m，南北长 333 m。体育场建筑呈椭圆的马鞍形，外壳由约 4.8 万吨钢结构有序编织成"鸟巢"状的独特建筑造型。

3. 文字处理

在考生文件夹下，打开文档 WD054.doc，按照要求完成下列操作并以该文件名保存文档。

【文档开始】

什么是"软考"？

全国纪算机软件水平考试是由国家信息化办公室宏观指导，中国纪算机软件专业技术资格和水平考试中心具体组织实施的全国性专业化纪算机水平考试。

自 1991 年开始实施至今，已经历近十年的锤炼与发展，考生规模不断扩大，在国内外产生了较大影响。

目前，软件水平考试每年举办 2 次，采取全国统一组织、统一大纲、统一命题、统一合格标准、颁发统一证书的方法进行。

某校软考各班平均成绩表

班级	程序员	软件设计师	网管员	网络工程师	软件测试师
一班	88	76	65	87	45
二班	76	78	45	62	67
三班	67	56	79	78	85
四班	54	74	98	87	92
五班	66	45	78	65	89
六班	65	65	44	34	51

【文档结束】

（1）将文中所有错词"纪算机"替换为"计算机"。

（2）将标题段文字（什么是'软考'？）设置为小二号蓝色仿宋体、加粗、居中、加双下划线，字符间距加宽 3 磅。

（3）设置正文各段（全国计算机软件水平考试……方法实行。）首行缩进 2 字符、左、右各缩进 1.2 字符、段前间距 0.7 行。

（4）将文中最后 7 行文字转换成一个 7 行 6 列的表格，设置表格第 1 列和第 6 列列宽为 3 厘米、其余各列列宽为 1.7 厘米、表格居中。

（5）设置表格所有文字中部居中；表格外框线设置为 0.75 磅红色双实线、内框线设置为 0.5 磅红色单实线。

4．电子表格

（1）在考生文件夹下打开 EXCEL054.xls 文件，内容如下图。将 Sheet1 工作表的 A1：D1 单元格合并为一个单元格，内容水平居中；用公式计算销售额列的内容（销售额=单价*数量），单元格格式的数字分类为货币（￥），小数位数为 0，用公式计算总计行的内容，将工作表命名为"电器销售情况表"，保存 EXCEL054.xls 文件。

	A	B	C	D
1	某超市电器销售情况表（元）			
2	产品	单价	数量	销售额
3	微波炉	6900	680	
4	洗衣机	1200	250	
5	电视机	3590	85	
6	空调器	378	220	
7	电磁炉	489	356	
8			总计	

（2）打开工作簿文件 EXCEL054A.xls，内容如下图。对工作表"成绩单"内的数据清单的内容进行分类汇总（提示分类汇总前先按班级递增次序排序），分类字段为"班级"，汇总方式为"平均值"，汇总项为"平均成绩"，汇总结果显示在数据下方，保存 EXCEL054A.xls 文件。

	A	B	C	D	E	F	G
1	学号	姓名	班级	大学语文	高等数学	英语	平均成绩
2	013007	曹操	3班	94	81	90	88.33
3	013003	夏侯淳	3班	68	73	69	70.00
4	011023	关羽	1班	67	78	65	70.00
5	012011	孙权	2班	95	87	78	86.67
6	011027	刘备	1班	50	69	80	66.33
7	013011	徐晃	3班	82	84	80	82.00
8	012017	周瑜	2班	80	79	50	69.33
9	013010	许褚	3班	76	51	75	67.33
10	011028	马超	1班	91	75	77	81.00
11	011029	赵云	1班	68	80	71	73.00
12	012016	乐进	3班	52	91	66	69.67
13	012020	吕蒙	2班	84	82	77	81.00
14	012013	陆逊	2班	65	76	67	69.33
15	011022	黄忠	1班	70	67	73	70.00
16	011021	张辽	3班	78	69	95	80.67
17	011030	张飞	1班	77	53	84	71.33
18	013005	夏侯渊	3班	52	87	78	72.33
19	011024	魏延	1班	82	73	87	80.67
20	012014	黄盖	2班	87	54	82	74.33
21	011025	庞统	1班	89	90	63	80.67
22	013008	庞德	3班	78	80	82	80.00
23	013004	典韦	3班	75	65	67	69.00
24	012012	甘宁	2班	73	68	70	70.33
25	013006	张颌	3班	86	63	73	74.00
26	012019	周泰	2班	71	76	68	71.67
27	012015	凌统	2班	63	82	89	78.00
28	013009	李典	3班	66	77	69	70.67

5. 上网

（1）某考试网站的主页地址是：http://ncre/ljk/index.html，打开此页，浏览"英语考试"页面，查找"PETS 考查能力"页面内容，并将它以文本文件的格式保存到考生文件夹下，命名为"ljswks26.txt"。

（2）向谭浩男同学发一个 E-mail，祝贺他获得省作文比赛第 1 名。具体内容如下：

【收件人】tanhaonan@163.com

【主题】祝贺

【函件内容】"由衷地祝贺你获得省作文比赛第 1 名，希望你再接再厉。"

上机考试试卷 5

1. 基本操作

（1）将考生文件夹下 HOME 文件夹中的 ROOM.txt 文件移动到考生文件夹下 BEDROOM 文件夹中。

（2）在考生文件夹下创建文件夹 EAT，并设置属性为隐藏。

（3）考生文件夹下 STUDY 文件夹中的 MADE 文件夹复制到考生文件夹下 HELP 文件夹中。

（4）将考生文件夹下 SWIM 文件夹下的 DANCE.wri 改名为 GAMF.wri。

（5）考生文件夹下为 TALK 文件夹中的文件 BUY.exe 创建名为 BUY 的快捷方式。

2. 汉字录入

这款原型机大小与 Sony 随身听相仿，重量约为 0.7 公斤。它是一款全功能 PC，可以运行 Windows 98 或 Windows 2000 以及相关的软件程序。此外，还支持 PC 卡插槽和连接无线设备、外部硬盘和 USB 端口等。用户可以通过戴在一只眼睛上的单镜片显示屏查看内容，可利用手持鼠标或语音识别软件来进行内容导航。

3. 文字处理

（1）考生文件夹下，打开文档 WD055.doc，按照要求完成下列操作并以该文件名保存文档。

【文档开始】

手机电视标准 CMMB 规划

2008 年 6 月，一颗专门为 CMMB 手机电视网络服务、名为 CMMB-STAR 的卫星将发射，采用卫星与地面相结合的方式，实现"天地一体、星网结合、统一标准、全国漫游"。广电行业手机电视标准 CMMB（中国移动多媒体广播）正在加紧部署一个大规模的网络。

媒体昨日从 CMMB 产业链核心负责人处获悉，广电总局相关部门最新的建网规划是，在 2008 年 7 月前将 CMMB 信号覆盖到 324 个城市。

【文档结束】

① 将标题段（"手机电视标准 CMMB 规划"）的中文设置为四号红色宋体、英文设置为四号红色 Arial 字体；标题段居中、字符间距加宽 2 磅。

② 将正文各段文字（2008 年 6 月……324 个城市）的中文设置为五号仿宋体，英文设置为五号 Arial 字体；将文中所有"手机电视"加着重号；各段落首行缩进 2 字符、段前间距 0.5 行。

③ 将正文第三段（"媒体昨日……324 个城市。"）分为等宽的两栏、栏宽 18 字符、栏间加分隔线。

（2）考生文件夹下，打开文档 WD055A.doc ，按照要求完成下列操作并以该文件名保存文档。

【文档开始】

X 真值	[X]
0	0
62H	62H
-62H	9EH
-7FH	81H

【文档结束】

① 对表格第 1 行第 2 列单元格中的内容"[X]"添加"补码"二字；设置表格居中；设置表格中第 1 行文字水平居中，其他各行文字右对齐。

② 设置表格列宽为 2 厘米、外框线为红色 1.5 磅双实线、内框线为绿色 0.75 磅单实线；第 1 行单元格为黄色底纹。

4. 电子表格

（1）在考生文件夹下打开 EXCEL055.xls 文件，内容如下图。

	A	B	C	D
1	等级考试成绩表			
2	准考证号	类别	分数	
3	12001	笔试	61	
4	12002	笔试	69	平均成绩：
5	12003	上机	79	笔试人数：
6	12004	笔试	88	上机人数：
7	12005	笔试	70	笔试平均成绩：
8	12006	上机	80	上机平均成绩：
9	12007	笔试	89	
10	12008	上机	75	
11	12009	上机	84	
12	12010	笔试	75	
13	12011	上机	78	
14	12012	笔试	89	
15	12013	上机	93	

① 将 Sheet1 工作表的 A1：E1 单元格合并为一个单元格，内容水平居中；在 E4 单元格内计算所有考生的平均分数（利用 AVERAGE 函数，数值型，保留小数点后 1 位），在 E5 和 E6 单元格内计算笔试人数和上机人数（利用 COUNTIF 函数），在 E7 和 E8 单元格内计算笔试的平均分数和上机的平均分数（先利用 SUMIF 函数分别求总分数，数值型，保留小数点后 1 位）；将工作表命名为"分数统计表"，保存 EXCEL055.xls 文件。

② 选取"准考证号"和"分数"两列单元格区域的内容建立"数据点折线图"，（系列产生在"列"），标题为"分数统计图"，图例位置靠左，网格线设置为 X 轴和 Y 轴显示次要网

格线，将图插入到表的 A16：E24 单元格区域内，保存 EXCEL055.xls 文件。

（2）打开工作簿文件 EXCEL055A.xls，内容如下图。对工作表"图书销售情况表"内数据清单的内容按主要关键字"图书名称"的递增次序和次要关键字"单价"的递减次序进行排序，对排序后的数据进行分类汇总，计算各类图书的平均价格，保存 EXCEL055A.xls 文件。

	A	B	C	D	E	F
1			图书销售情况表			
2	分店	图书名称	季度	数量	单价	销售额（元）
3	第1分店	道德经	4	278	23.50	￥ 6,533.00
4	第1分店	论语	3	281	32.80	￥ 9,216.80
5	第3分店	孟子	1	301	26.90	￥ 8,096.90
6	第3分店	论语	1	306	32.80	￥ 10,036.80
7	第3分店	道德经	2	309	23.50	￥ 7,261.50
8	第2分店	论语	2	312	32.80	￥ 10,233.60
9	第2分店	孟子	2	211	26.90	￥ 5,675.90
10	第3分店	孟子	3	218	26.90	￥ 5,864.20
11	第2分店	论语	1	221	32.80	￥ 7,248.80
12	第3分店	论语	4	230	32.80	￥ 7,544.00
13	第1分店	孟子	3	232	26.90	￥ 6,240.80
14	第1分店	道德经	3	234	26.90	￥ 6,294.60
15	第1分店	论语	4	236	32.80	￥ 7,740.80
16	第3分店	孟子	2	242	32.80	￥ 7,937.60
17	第3分店	孟子	3	218	32.80	￥ 7,150.40
18	第2分店	论语	1	221	32.80	￥ 7,248.80
19	第3分店	论语	3	230	32.80	￥ 7,544.00
20	第1分店	孟子	3	232	26.90	￥ 6,240.80
21	第1分店	道德经	3	234	23.50	￥ 5,499.00
22	第1分店	论语	3	345	32.80	￥ 11,316.00
23	第1分店	道德经	2	412	23.50	￥ 9,682.00
24	第1分店	论语	4	412	32.80	￥ 13,513.60
25	第2分店	道德经	3	451	23.50	￥ 10,598.50
26	第1分店	论语	1	569	32.80	￥ 18,663.20
27	第1分店	论语	2	645	32.80	￥ 21,156.00
28	第1分店	孟子	1	765	26.90	￥ 20,578.50

5. 上网

接收并阅读由 ksyz@mail.ncre8.net 发来的 E-mail ，并回复（回复主题：一切 OK。回复内容：邮件已经收到，不用担心！）。

上机考试试卷 6

1. 基本操作

（1）将考生文件夹下 JEMOVIE 文件夹中的文件 ISOP.enw 删除。

（2）在考生文件夹下 JSR\IIQXQ 文件夹中建立一个名为 MYDOC 的新文件夹。

（3）将考生文件夹下 FES\ZAP 文件夹中的文件 MAP.PAS 复制到考生文件夹下 BOOM 文件夹中。

（4）将考生文件夹下 WEF 文件夹中的文件 MICRO.old 设置成隐藏和存档属性。

（5）将考生文件夹下 DEEN 文件夹中的文件 MON-IE.fox 移动到考生文件夹下 KUNN 文件夹中，并改名为 M00N.idx 。

2. 汉字录入

嫦娥一号星体为立方体，两侧各有一个太阳帆板，最大跨度达 18.1 米，重 2350 千克，工作寿命一年，它将运行在距月球表面 200 千米的圆形轨道上。该卫星平台由结构分系统、热控分系统、制导分系统、导航与控制分系统、推进分系统、数据管理分系统、测控数传分系统、定向天线分系统和有效载荷分系统 9 个分系统组成。

3. 文字处理

（1）在考生文件夹下，打开文档 WD095.doc，按照要求完成下列操作并以该文件名保存文档。

【文档开始】

PART 系统的运作基础

波音在其已搭建的 Intranet（企业内联网）基础上，进一步利用 Internet 技术扩展而成自己的 Extranet（企业外联网），这一举措把其 Intranet 的潜在利用价值充分挖掘出来，为 PART 系统的良好运作奠定了必不可少的技术基础。

Intranet 把公司内部的服务器、终端相连接，形成数据库和应用程序的共享，并运用防火墙技术起到保护作用，把这些公司内部的敏感信息与外部的公众用户相隔离。可以说，Intranet 在网络上形成了一个虚拟的公司，它把雇员与雇员、雇员与公司之间的距离缩短为零，每个雇员都可以在自己的权力范围内了解公司的实际运作情况。公司的采购、库存、发货等工作能得以更高效地进行。除此之外，雇员还可以共享软件应用、技术支持，在内部网上获得公司培训，或是加强彼此之间的沟通联系，增进团队精神。

【文档结束】

① 将标题段文字（PART 系统的运作基础）设置为蓝色小三号阳文宋体（英文为 Arial 体）、加粗、居中。

② 设置正文各段落（波音在其已搭建……增进团队精神。）左右各缩进 0.5 字符、段后间距 0.5 行。

③ 将正文第一段（波音在其已搭建……的技术基础）分为等宽的两栏、栏间距为 0.5 个字符。

（2）在考生文件夹下，打开文档 WD095A.doc。按照要求完成下列操作并以该文件名保存文档。

【文档开始】

学号	班级	姓名	期中成绩	期末成绩	会考成绩
1031	一班	张永	70	83	80
2021	二班	李丽	85	54	78
3074	三班	鲍雷	78	84	78
1058	四班	柳燕	67	93	90

【文档结束】

① 在表格最右边插入一列，输入列标题"平均成绩"，并计算出各学生的平均成绩［平均成绩=（期中成绩＋期末成绩+会考成绩)/3］，四舍五入保留两位小数。

② 设置表格居中、表格列宽为 2 厘米，行高为 0.6 厘米、表格所有内容中部居中；设置表格所有框线为 0.75 磅红色双实线。

4. 电子表格

（1）打开工作簿文件 EXCEL095.xls，内容如下图。将工作表 Sheet1 的 A1：D1 单元格合并为一个单元格，内容水平居中，计算"增长比例"列的内容，[增长比例=(当年销量-去年销量)/去年销量，数字格式为百分比，保留两位小数]，将工作表命名为"近两年销售情况表"。

（2）选取"近两年销售情况表"的"产品名称"列和"增长比例"列的单元格内容，建立"柱形圆锥图"，X 轴上的项为产品名称（系列产生在"列"），图表标题为"近两年销售情况图"，插入到表的 A7：E18 单元格区域内。

	A	B	C	D
1	某企业产品近两年销售情况表			
2	产品名称	去年销量	当年销量	增长比例
3	手机	12416	22675	
4	电脑	5187	12490	
5	照相机	19708	21200	

5. 上网

同时向下列两个 email 地址发送一个电子邮件（注：不准用抄送），并将考生文件夹下的一个 word 文档 tablc.doc 作为附件一起发出去。具体如下：

【收件人】wurj@bjl63.com 和 kuohq@263.net.cn

【主题】统计表

【函件内容】"发去一个统计表，具体见附件。"

上机考试试卷 7

1. 基本操作

（1）将考生文件夹下的 RDEV 文件夹中的文件 KING.map 删除。

（2）在考生文件夹下 BEF 文件夹中建立一个名为 SEOG 的新文件夹.

（3）将考生文件夹下 RM 文件夹中的文件 PAIJY . prg 复制到考生文件夹下 BMP 文件夹中。

（4）将考生文件夹下 TEED 文件夹中的文件 KE-SUT.ave 设置为隐藏属性.

（5）将考生文件夹下 QENT 文件夹中的文件 PTITOR.frx 移动到考生文件夹下 KNTER 文件央中，并改名为 SOLE.cdx。

2. 汉字录入

公元 1900 年，一群采集海绵的希腊人在安梯基齐拉（Antikythera）附近的海底，发现一艘满载大理石和铜像的沉船。这些艺术品经打捞起来后研究的结果，发现这条船大约是两千年以前沉没的。将全部东西一一检查，找到一堆重要的东西，其重要性却超过全部复活岛上雕像的总和。

3. 文字处理

（1）在考生文件夹下，打开文档 WD096.doc，内容如下。按照要求完成下列操作并以该文件名保存文档。

【文档开始】

标准化、一体化、工程化和产品化

标准化：指国家相应出台了一系列有关中文信息处理方面的标准。如GB2312、GB5007等30余项汉字信息交换码及汉字点阵字形标准，以及GB13000l、GB16681/96大字符集和开放系统平台标准等。汉字输入法也在经历了大浪淘沙之后趋于集中。

一体化：指中文信息处理多项技术实现了有机、合理的结合。如软硬件技术的结合、输入输出技术的结合、多领域成果的结合。

工程化、产品化：指中文信息处理解决了在大规模应用、大规模生产以及市场营销中出现的问题，如规范性、可靠性、可维护性、界面友好性及各环节的包装。

经过20多年的努力，我国在中文信息处理方面已取得了十分可喜的成绩，在某些方面的研究已处于世界领先地位。例如，北大方正的激光照排技术，其市场份额独占鳌头。

【文档结束】

① 将文中所有错词"技木"替换为"技术"；将标题段（标准化、一体化、工程化和产品化）设置为黑体、红色、四号，字符间距加宽2磅，标题段居中。

② 将正文各段文字（标准化：指国家…… 独占鳌头。）的中文设置为五号仿宋体、英文设置为五号Arial字体；各段落左右各缩进1字符、段前间距0.5行。

③ 正文第一段（标准化：指国家…… 趋于集中。）首字下沉2行、距正文0.1厘米；为正文第二段（一体化：指中文……成果的结合。）和第三段（工程化、产品化：…… 独占鳌头。）分别添加编号1）、2）。

（2）在考生文件夹下，打开文档WD096A.doc，内容如下。按照要求完成下列操作并以该文件名保存文档。

【文档开始】

学号	Visual Basic	计算机应用基础	网络技术
2009209	80	89	82
20090215	57	73	62
20090222	91	62	86
20090202	66	82	69
20090220	78	85	86

【文档结束】

① 在表格最后一行的"学号"列中输入"平均分"；并在最后一行相应单元格内填入该门课的平均分。

② 表格中的所有内容设置为五号宋体、水平居中；设置表格列宽为3厘米、表格居中；设置外框线为1.5磅蓝色双实线、内框线为0.75磅绿色单实线、表格第一行为红色底纹。

4. 电子表格

（1）打开工作簿文件EXCEL096.xls，内容如下图。将工作表Sheetl的Al：Cl单元格合并为一个单元格，内容水平居中，计算投诉量的"总计"及"所占比例"列的内容（所占比

	A	B	C
1	消费者投诉统计表		
2	产品类型	投诉量	所占比例
3	房地产	43	
4	手机	134	
5	家电	87	
6	服装	45	
7	餐饮	56	
8	总计		

例=投诉量/总计，数字格式为"百分比"，保留两位小数），将工作表命名为"消费者投诉统计表"。

（2）选取"消费者投诉统计表"的"产品类别"列和"所占比例"列的单元格内容（不包括"总计"行），建立"分离型三维饼图"，系列产生在"列"，数据标志设置为"显示百分比"，图表标题为"消费者投诉统计图"，插入到表的 A9: E18 单元格区域内。

5. 上网

接收并阅读由 beed@sina.com 发来的 E-mail 将附件 ncres8.txt 保存在考生文件夹下，并按 E-mail 中的指令完成操作（按要求回复邮件，回复主题：收到。回复内容是：邮件已经收到了，谢谢！）。

上机考试试卷 8

1. 基本操作

（1）将考生文件夹下 LI\QIAN 文件夹中的文件夹 YANG 复制到考生文件夹下 WANG 文件夹中。

（2）将考生文件夹下 TIAN 文件夹中的文件 ARJ.exp 设置成隐藏和存档属性。

（3）在考生文件夹下 ZHAO 文件夹中建立一个名为 GIRL 的新文件夹。

（4）将考生文件夹下 SHEN\KANG 文件夹中的文件 BIAN.ARJ 移动到考生文件夹下 HAN 文件夹中，并改名为 QILIU. bak。

（5）将考生文件夹下 FANG 文件夹删除。

2. 汉字录入

因此，软件保护的问题主要归结为身份认证和识别的问题、加密问题。其实，随着电子商务的发展和普及，身份认证已经得到了越来越多的重视。在身份证中，证书的安全性是至关重要的，证书的发放和保管由 CA 选择。通常认为，通过 Internet 发送证书是不安全的，一般采用邮寄等传统方式。

3. 文字处理

在考生文件夹下，打开文档 WD097.doc，内容如下。按照要求完成下列操作并以该文件名保存文档。

【文档开始】

ASCII 玛

计算机中常用的字符编码有 EBCDIC 码和 ASCII 玛。IBM 系列大型机采用 EBCDIC 码，微型机一般采用 ASCII 玛。

ASCII 玛的全称是 American Standard Code for Information Interchange，即美国标准信息交换码，它有 7 位码和 8 位码两种版本。7 位 ASCII 玛是常用的编码，是用 7 位二进制数表示一个字符的编码，其编码范围从 0000000B～1111111B，共有 27=128 个不同的编码值，相应可以表示 128 个不同的编码。这 128 个编码按照 ASCII 玛值从小到大的排列见表1-2。

表 1-2　ASCII 玛值大小比较

大小顺序	ASCII 玛
1	控制符
2	特殊符号
3	阿拉伯数字（0～9）
4	特殊符号
5	大写字母（A～Z）
6	特殊符号
7	小写字母（a～z）
8	特殊符号

【文档结束】

① 将文中所有错词"ASCII 玛"替换为"ASCII 码"。

② 将标题段文字（ASCII 码）设置为三号蓝色宋体（西文使用 Times New Roman 字体）、倾斜、居中，并添加红色阴影边框。

③ 将正文各段文字（计算机中常用……　见表 1-2。）中的中文文字设置为五号宋体、英文文字设置为五号 Arial 字体；各段落首行缩进 2 字符。将第二段文字（ASCII 码的全称……见表1-2。）里"27=128"中"7"设置为上标表示形式。

④ 将文中后 9 行文字转换成一个 9 行 2 列的表格，设置表格列宽为 2.6 厘米、表格居中。

⑤ 设置表格中所有文字中部居中，为表格添加"灰色 20%"底纹；设置表格外框线为 2.25 磅蓝色双实线、内框线为 0.5 磅红色单实线。

4. 电子表格

（1）在考生文件夹下打开 EXCEL097.xls 文件，内容如下图。将下列某大学竞选学生会主席的 7 位学生得票数据建成一个数据表（存放在 A1:C8 的区域内），并计算出"支持率"（数字格式为"百分比"型，保留小数点后面两位），其计算公式是：支持率=得票数/得票数的总和，其数据表保存在 Sheet1 工作表中。

	A	B	C	D
1	竞选者	得票数	支持率	
2	王静	1000		
3	李思	864		
4	张凯	957		
5	金晶	798		
6	苏菲	687		
7	胡家树	1300		
8	总计			

（2）对建立的数据表选择"竞选者"、"得票数"和"支持率"3列数据（"总计"行不计）建立柱形圆柱图，图表标题为"竞选得票图"，并将其嵌入到工作表的A9:F19区域中。将工作表Sheetl更名为"竞选得票表"。

5. 上网

向课题组成员小王和小李分别发E-mail，具体内容为："定于本星期三上午在会议室开课题讨论会，请准时出席"，主题填写"通知"。这两位的电子邮件地址分别为：wangwh@mail.jmdx.edu.cn 和 ligf @ home.com。

上机考试试卷 9

1. 基本操作

（1）将考生文件夹下 TCRO 文件夹中的文件 TAK.Pas 删除。
（2）在考生文件夹下 IP \ DOWN 文件夹中建立一个名为 PISM 的新文件夹。
（3）将考生文件夹下 KEON\WEFW 文件夹中的文件 SIUGND.for 复制到考生文件夹下 LM 文件夹中。
（4）将考生文件夹下 JIUM 文件夹中的文件 CRO.new 设置成为隐藏和存档属性。
（5）将考生文件夹下 CAP 文件夹中的文件 PF. ip 移动到考生文件夹下 CEN 文件夹中，并改名为 QEPA.jpg 。

2. 汉字录入

2006年4月27日6时48分，我国在太原卫星发射中心用"长征四号乙"运载火箭，成功地将"遥感卫星一号"送入预定轨道。这次发射升空的"遥感卫星一号"和用于发射卫星的"长征四号乙"运载火箭，是以中国航天科技集团公司所属的上海航天技术研究院为主，由中国科学院、中国电子科技集团、中国空间技术研究院等单位参与研制。

3. 文字处理

对考生文件夹下 WD098.doc 文档中的文字进行编辑、排版和保存，内容如下。
【文档开始】
Web 2.0 时代
"Web 2.0"的概念开始于一个会议中，起始于 O'Reilly 公司和 MediaLive 国际公司之间的头脑风暴部分。互联网先驱——O'Reilly 公司的副总裁戴尔·多尔蒂（Dale Dougherty）注意到，与所谓的"崩溃"迥然不同，互联网比其他任何时候都更重要，令人激动的新应用程序和网站正在以令人惊讶的规律性涌现出来。
更重要的是，那些幸免于当初网络泡沫的公司，看起来有一些共同之处。那么会不会是互联网公司那场泡沫的破灭标志了互联网的一种转折，以至于呼吁"Web 2.0"的行动有了意义？我们都认同这种观点，Web 2.0 会议由此诞生。

网络公司广告收入

	第一季	第二季	第三季	第四季	全年合计
A 公司	12000	6000	8000	15000	41000
B 公司	20000	7000	8500	13000	48500
C 公司	10000	8000	7600	12000	37600
D 公司	14000	7500	7700	13500	42700
季度总计					

【文档结束】

（1）将标题段（Web 2.0 时代）文字设置为中文楷体、英文 Arial 字体、三号，红色、空心、加粗、居中并添加蓝色底纹。

（2）将正文各段落（"Web 2.0"的概念开始于……　Web 2.0 会议由此诞生。）中的西文文字设置为小四号 Times New Roman 字体、中文文字设置为小四号仿宋 GB2312 体；各段落首行缩进 2 字符、段前间距为 0.5 行。

（3）设置正文第二段（更重要的是……Web 2.0 会议由此诞生。）行距为 1.3 倍；在页面底端（页脚）居中位置插入页码（首页显示页码）。

（4）计算"季度总计"行的值；以"全年合计"列为排序依据（第一关键字）、以"数字"类型递减排序表格（除"季度总计"行外）。

（5）设置表格居中，表格第一列宽为 2.5 厘米；设置表格所有框线为 1.5 磅蓝色单实线。

4．电子表格

（1）打开工作簿文件 EXCEL098．xls ，内容如下图。将工作表 sheet1 的 A1∶C1 单元格合并为一个单元格，内容水平居中，计算人数"总计"及"所占百分比"列（所占百分比＝人数/总计），"所占百分比"列单元格格式为"百分比"型（保留小数点后两位），将工作表命名为"师资情况表"。

	A	B	C
1	某学校师资情况表		
2	职称	人数	所占百分比
3	教授	150	
4	副教授	500	
5	讲师	578	
6	助教	300	
7	总计		

（2）将"人数"列中小于 300 的数值置为红色。

5．上网

（1）某考试网站的主页地址是：http：//ncre/ljk/index.html，打开此主页，浏览"英语考试"在页面，查找"五类专升本考生可免试入学北外"页面内容，并将它以文本文件的格式保存到考生文件夹下，命名为"ljswks03．txt"。

（2）接收并阅读由 Qian@163.com 发来的 E-mail，并立即回复，回复主题：准时接机。回复内容是"我将准时去机场接您。"

上机考试试卷 10

1. 基本操作

（1）将考生文件夹下 PENCIL 文件夹中的 PET.txt 文件移动到考生文件夹下 BAG 文件夹中，并改名为 PEN.cil。

（2）在考生文件夹下创建文件夹 CUN，并设置属性为隐藏。

（3）将考生文件夹下 ANSWER 文件夹中的 BASKET.ans 文件复制到考生文件夹下 WHAT 文件夹中。

（4）考生文件夹下 PLAY 文件夹中的 WATER.ply 文件删除。

（5）考生文件夹下为 WEEKDAY 文件夹中的 HARD.exe 文件建立名为 HARD 的快捷方式。

2. 汉字录入

彗星吸引紫外线后产生了化学反应并释放出氢，氢脱离彗星的引力，产生了一个氢包层。由于大气的吸收，这个包层在地球上是无法看到的，但它能被探测器所发现。由于彗星中的物质的大小和质量不一致，在太阳射线冲击力和太阳风的作用下，彗星中的物质被吹离时的速度也不一致。

3. 文字处理

在考生文件夹下，打开文档 WD099.DOC，按照要求完成下列操作并以该文件名保存文档。

【文档开始】

强对流天汽预报

预计今天中午到明天中午，内蒙古中东部、华北中北部、东北中西部以及江南中东部、华南大部、云南大部等地的部分地区将有雷电天汽。上述局部地区并有雷雨大风或冰雹等强对流天汽。

请注意防范雷电、瞬时大风、冰雹等强对流天汽可能造成的灾害。

防御指南：

做好防风、防雷电准备。

注意有关媒体报道的雷雨大风最新消息和有关防风通知，学生应停留在安全地方。

把门窗、围板、棚架、临时搭建物等易被风吹动的搭建物紧固，人员应当尽快离开临时搭建物，妥善安置易受雷雨大风影响的室外物品。

各地市天汽预报

地区	天汽状态	最低温度（℃）	最高温度（℃）
北京	阴	10	20
天津	多云转阴	11	19
上海	小雨	15	25
重庆	阵雨	18	24
广州	晴	20	28

【文档结束】

（1）将文中所有错词"天汽"替换为"天气"。

（2）将标题段（强对流天气预报）文字设置为浅蓝色小三号仿宋体、居中、加绿色底纹。

（3）设置正文各段落（预计今天中午……室外物品。）左右各缩进 1.5 字符、段前间距 0.5 行、行距为 1.1 倍行距。为正文最后 3 段（做好防风…… 室外物品。）全部添加项目符号

（4）将文中后 6 行文字转换成一个 6 行 4 列的表格．并按"最高温度（℃）"列升序排列表格内容。

（5）设置表格列宽为 2.2 厘米、表格居中；设置表格外框线及第 1 行的下框线为红色 0.75 磅双实线、表格其余框线为红色 0.75 磅单实线。

4．电子表格

（1）打开工作簿文件 EXCEL099.xls，将下图所列某厂家生产的四种照明设备的寿命情况数据建成一个数据表（存放在 A1：E5 的区域内），计算出每种设备的损坏率，其计算公式是：损坏率=损坏数／照明时间（天），其数据表保存在 sheet1 工作表中。

	A	B	C	D	E
1	照明设备	功率（瓦）	照明时间	损坏数	损坏率
2	1	40	100	45	
3	2	100	101	50	
4	3	25	102	64	
5	4	80	103	55	
6					

（2）对表格进行排序，按第一关键字"损坏率"进行降序排列

（3）将工作表 Sheet1 更名为"照明设备寿命表"。

5．上网

（1）考试网站的主页地址是：http：//ncre/ljks/index .html ，打开此主页，浏览"英语考试"页面，查找"英语专业四、八级介绍"页面内容，并将它以文本文件的格式保存到考生文件夹下，命名为"ljswks02.txt"。

（2）部门王经理发送一个电子邮件，并将考生文件夹下的一个 Word 文档 plan.doc 作为附件一起发出，同时抄送总经理柳扬先生。具体如下：

【收件人】wangq@bj163.com

【抄送】liuy@263.net.cn

【主题】工作计划

【函件内容】"发去全年工作计划草案，请审阅。具体计划见附件。"

上机考试试卷 11

1．基本操作

（1）考生文件夹下 FENG\AI 文件夹中建立一个新文件夹 HTUOUT。

（2）考生文件夹下 HING\NY 文件夹中的文件 XIENG.new 移动到考生文件夹下 ZUIWO 文件夹中，并将该文件改名为 SUIM.eng 。

（3）考生文件夹下 TSAN 文件夹中的文件 ENE.sin 复制到考生文件夹下 XUE 文件夹中。

（4）考生文件夹下 PHU\MU 文件夹中的文件 ITK.dat 删除。

（5）考生文件夹下 LUI 文件夹中的文件 LINH.doc 设置为存档和隐藏属性。

2. 汉字录入

微型计算机的种类繁多。要想确定它属于哪一类、哪一种，只要问三个问题就能得到一些起码的认识：第一，这台机器是什么品牌的？第二，这台机器所用的是什么型号的微处理器芯片？第三，这个芯片是多少位的？在回答这些问题时，一定要先了解清楚厂家的名称及产品的名称和型号。

3. 文字处理

在考生文件夹下打开 WD100.doc 文档，按照要求完成操作并保存。

【文档开始】

空调的由来

被称为制冷之父的英国发明家威利斯·哈维兰德·卡里尔（有的地方译作开利）于 1902 年设计并安装了第一部空调系统。美国纽约的一个印刷厂发现温度的变化能够造成纸的变形，从而导致有色用水失调，该空调系统就是为它设计的。

1902 年 7 月 17 日，空调的时代就由这印刷厂首次使用冷气机开始。很快，其他的行业如纺织业、化工业、制药业、食品甚至军火业等，亦因空调的引进而使产品质量大大提高。1907年，第一台出口的空调，买家是日本的一家丝绸厂。1915 年，开利成立了一家公司，至今它仍是世界最大的空调公司之一。但空调发明后的 20 年，享受的一直都是机器，而不是人。直到 1924 年底特律的一家商场常因天气闷热而有不少人晕倒，于是首先安装了三台中央空调，此举大大成功，凉快的环境使得人们的消费欲大增，自此，空调成为商家吸引顾客的有力工具，空调为人们服务的时代正式来临了。

某商场畅销品牌销售表

品牌	型号	去年销量	今年销量
海尔	JS001	7690	6800
海尔	JS002	5650	4400
海尔	JS003	4440	4600
格力	DZ001	5000	3800
格力	DZ002	6760	4800
美的	BCD56	2690	6000
春兰	JJ001	5300	4500
春兰	JJ002	5900	4400
松下	HG001	4590	7200
LG	7690	5800	5800
西门子	BX987	2290	4000

【文档结束】

（1）将标题段（"空调的由来"文字设置为楷体四号红色字，绿色边框、黄色底纹、居中。

（2）设置正文各段落（"被称为制冷之父的…… 正式来临了。"）右缩进 1 字符、行距为 1.2 倍；各段落首行缩进 2 字符；将正文第一段（"被称为制冷之父的…… 为它设计的。"）分三栏（栏宽相等）、首字下沉 2 行，距正文 0.1 厘米。

（3）设置页眉为"我们不了解的小知识"、字体大小为"小五号字"。

（4）将文中后 12 行文字转换为一个 12 行 4 列的表格。设置表格居中，表格第一列列宽为 2 厘米，第二～四列列宽为 3 厘米，行高为 0.8 厘米，表格中所有文字中部居中。

（5）删除表格的最后 3 行；排序依据为"今年销量"列（第一关键字）、"数字"类型、递减。对表格进行排序，设置表格所有框线为 1 磅红色单实线。

4. 电子表格

（1）打开工作簿文件 EXCEL100.xls，将工作表 sheet1（内容如下图）的 A1:D1 单元格合并为一个单元格，内容居中；计算"总计"列与"合计"行的内容，将工作表命名为"图书发行情况表"。

	A	B	C	D
1	某出版社年图书发行情况表（万册）			
2	图书名称	2007年	2008年	总计
3	语文	200	265	
4	数学	180	280	
5	政治	150	210	
6	合计			

（2）打开工作簿文件 EXCEL100A.xls，对工作表"成绩表"（内容如下图）内的数据清单的内容进行自动筛选（自定义），条件为"分数大于或等于 75 并且小于或等于 85"，筛选后的工作表还保存在 EXCEL100A.xls 工作簿文件中，工作表名不变。

	A	B	C	D	E
1	系名	学号	姓名	课程名称	分数
2	信息技术	200810021	王力	多媒体应用	80
3	计算机应用	200820032	刘辉	计算机网络基础	68
4	自动控制	200830023	廖常青	图形图像设计	91
5	经济管理	200850034	文冰	多媒体应用	75
6	信息技术	200810076	张小雷	图形图像设计	96
7	数字理论	200840056	洪英	多媒体应用	67
8	自动控制	200830021	刘旭	图形图像设计	85
9	计算机应用	200820089	裴风	多媒体应用	78
10	计算机应用	200820005	陈海兵	计算机网络基础	91
11	自动控制	200830082	李子欣	图形图像设计	82
12	信息技术	200810022	肖健	多媒体应用	79
13	经济管理	200850022	陈林	计算机网络基础	68
14	数字理论	200840034	张芙红	多媒体应用	87
15	信息技术	200810025	刘函韵	图形图像设计	75
16	自动控制	200830026	高林长	多媒体应用	67
17	数字理论	200840086	张生风	计算机网络基础	77
18	经济管理	200850014	王子健	多媒体应用	83

（3）将 EXCELi00A .xls 中的工作表 sheet1 更名为"照明设备寿命表"。

5. 上网

向部门邓经理发送一个电子邮件，并将考生文件夹下的一个 Word 文档 jihua.doc 作为附件一起发出，同时抄送总经理 sun 先生。具体内容如下：

【收件人】denRqiang@163.com

【抄送】lsun@vip.sina.com

【主题】新产品上市计划

【函件内容】"发去新产品上市计划草案，请重点关注附件内容。"

参考文献

[1] 国家职业技能鉴定专家委员会，计算机专业委员会. 办公软件应用试题汇编（操作员级）[M].
       北京：北京希望电子出版社，2008.

[2] 武马群. 计算机应用基础[M]. 北京：人民邮电出版社，2009.

[3] 卓先德，钟红春，高洁. 大学计算机应用实验教程[M]. 北京：清华大学出版社，2006.

[4] 国家职业技能鉴定专家委员会，计算机专业委员会. 办公软件应用试题汇编（操作员
       级）[M]，北京：北京希望电子出版社，2008.

[5] 武马群. 计算机应用基础[M]. 北京：人民邮电出版社，2009.

[6] 卓先德，钟红春，高洁. 大学计算机应用实验教程[M]. 北京：清华大学出版社，2006.

[7] 全国计算机等级考试命题研究组. 全国计算机等级考试上机考试与题库解析（一级 B）
       （2112 年考试专用）[M]. 北京：北京邮电大学出版社，2012.